环保公益性行业科研专项经费项目系列丛书

新增列持久性有机污染物
环境监测技术研究

黄业茹　董　亮　主编

中国环境出版集团·北京

图书在版编目（CIP）数据

新增列持久性有机污染物环境监测技术研究/黄业茹，董亮
主编. —北京：中国环境出版集团，2017.9
ISBN 978-7-5111-3294-9

Ⅰ. ①新… Ⅱ. ①黄… ②董… Ⅲ. ①持久性—有机污
染物—环境监测—研究 Ⅳ. ①X5

中国版本图书馆 CIP 数据核字（2017）第 190114 号

出 版 人	武德凯
责任编辑	张维平
责任校对	任 丽
封面设计	宋 瑞

出版发行　**中国环境出版集团**
　　　　　（100062　北京市东城区广渠门内大街 16 号）
　　　　　网　　址：http://www.cesp.com.cn
　　　　　电子邮箱：bjgl@cesp.com.cn
　　　　　联系电话：010-67112765（编辑管理部）
　　　　　发行热线：010-67125803，010-67113405（传真）
印　　刷　北京建宏印刷有限公司
经　　销　各地新华书店
版　　次　2018 年 5 月第 1 版
印　　次　2018 年 5 月第 1 次印刷
开　　本　787×1092　1/16
印　　张　18
字　　数　410 千字
定　　价　86.00 元

《环保公益性行业科研专项经费项目系列丛书》

编著委员会

顾　问：黄润秋

组　长：邹首民

副组长：刘志全

成　员：禹　军　陈　胜　刘海波

新增持久性有机污染物监测技术和质量管理体系研究

（201009026-1）

项目负责人：黄业茹　研究员

课题负责人：董　亮　研究员

主要参加人员：张　烃　张利飞　史双昕

张秀蓝　杨文龙　周　丽

郭　婧　钮　姗　许鹏军

刘爱民　李玲玲　李　楠

序　言

目前，全球性和区域性环境问题不断加剧，已经成为限制各国经济社会发展的主要因素，解决环境问题的需求十分迫切。环境问题也是我国经济社会发展面临的困难之一，特别是在我国快速工业化、城镇化进程中，这个问题变得更加突出。党中央、国务院高度重视环境保护工作，积极推动我国生态文明建设进程。党的十八大以来，按照"五位一体"总体布局、"四个全面"战略布局以及"五大发展"理念，党中央、国务院把生态文明建设和环境保护摆在更加重要的战略地位，新修订了《环境保护法》，又先后出台了《关于加快推进生态文明建设的意见》《生态文明体制改革总体方案》《大气污染防治行动计划》《水污染防治行动计划》《土壤污染防治行动计划》等一批法律法规和政策性文件，我国环境治理力度前所未有，环境保护工作和生态文明的进程明显加快，环境质量有所改善。

在党中央、国务院的坚强领导下，环境问题全社会共治的局面正在逐步形成，环境管理正在走向系统化、科学化、法制化、精细化和信息化。科技是解决环境问题的利器，科技创新和科技进步是提升环境管理系统化、科学化、法制化、精细化和信息化的基础，必须加快建立和持续改善环境质量的科技支撑体系，加快建立科学有效防控人群健康和环境风险的科技基础体系，建立开拓进取、充满活力的环保科技创新体系。

"十一五"以来，中央财政加大对环保科技的投入，先后启动实施水体污染控制与治理科技重大专项、清洁空气研究计划、蓝天科技工程专项，同时设立了环保公益性行业科研专项。根据财政部、科学技术部的总体部署，环保公益性行业科研专项紧密围绕《国家中长期科学和技术发展规划纲要（2006—2020 年)》《国家创新驱动发展战略纲要》《国家科技创新规划》和《国家环境保护科技发展规划》，立足环境管理中的科技需求，积极开展应急性、培育性、基础性科学研究。"十一五"

以来，环境保护部组织实施了公益性行业科研专项项目479项，涉及大气、水、生态、土壤、固体废物、化学品、核与辐射等领域，共有包括中央级科研院所、高等院校、地方环保科研单位和企业等几百家参与，逐步形成了优势互补、团结协作、良性竞争、共同发展的环保科技"统一战线"。目前，专项取得了重要研究成果，已验收的项目中，共提交各类标准、技术规范997项，各类政策建议与咨询报告535项，授权专利519项，出版专著300余部，专项研究成果在各级环保部门中得到了较好的应用，为解决我国环境问题和提升环境管理水平提供了重要的科技支撑。

为广泛共享环保公益性行业科研专项项目研究成果，及时总结项目组织管理经验，环境保护部科技标准司组织出版《环保公益性行业科研专项经费项目系列丛书》。该丛书汇集了一批专项研究的代表性成果，具有较强的学术性和实用性，是环境领域不可多得的资料文献。丛书的组织出版，在科技管理上也是一次很好的尝试，我们希望通过这一尝试，能够进一步活跃环保科技的学术氛围，促进科技成果的转化与应用，不断提高环境治理能力的现代化水平，为持续改善我国环境质量提供强有力的科技支撑。

中华人民共和国环境保护部副部长

黄润秋

前　言

持久性有机物污染物（persistent organic pollutants，简称 POPs）污染成为当今各国共同关注的全球性重大环境问题。POPs 所引起的环境污染问题是影响我国环境安全的重要因素。随着 2004 年 11 月《关于持久性有机污染物的斯德哥尔摩公约》（以下简称"POPs 公约"）正式对我国生效，我国政府积极履行公约义务，在首批限定的 12 种 POPs 削减与污染防控方面开展了大量工作，得到国际社会的一致认可。尽管如此，我国面临履约及削减 POPs 的挑战依然巨大。2009 年和 2011 年"POPs 公约"受控名单中又分别增列了 9 种和 1 种 POPs，即α-六氯环己烷、β-六氯环己烷、商用五溴联苯醚和商用八溴联苯醚、十氯酮、六溴联苯、林丹、五氯苯、全氟辛烷磺酸及其盐和全氟辛烷磺酰氟以及硫丹等，并要求在全球范围开展削减与控制。由于我国针对上述 POPs 的污染现状不清，污染来源和排放特征不明，缺乏环境暴露和生态风险评价基础数据等是我国履约及控制 POPs 环境污染的最大障碍，也为国家 POPs 污染控制管理和国际履约工作带来很多困难。

新增列 POPs 近年来越来越多地受到环境科学研究者的广泛关注，其在环境中的残留特征、污染来源、演变趋势、迁移传输、生物累积和毒理效应方面的研究进展更多地依赖于环境监测和分析技术的发展。由于历史原因和社会经济发展水平的限制，我国多环境介质中新增 POPs 监测技术严重匮乏，分析方法缺乏国际间比对，数据可比性差，缺乏监测数据量值溯源的实物标准。为了增强我国对新增 POPs 的防控能力，迫切需要建立我国新增 POPs 监测技术和监测质量管理体系。2010 年环境保护部在环保公益性行业科研专项中设立"新增 POPs 环境管理决策支撑关键技术研究"项目（编号为 201009026），国家环境分析测试中心为项目承担单位，其中内容之一即为"新增 POPs 国家环境监测技术和监测质量管理体系研究"。在课题研究团队的共同努力下，通过本项目研究所建立的我国新增 POPs 环境监测技术规范和监测质量管理体系，进一步完善了我国环境监测技术和分析方法体系，实现对环境中新增 POPs 监测技术标准化，并填补新增POPs 标准样品库，为污染防治和相关研究提供实物基础和质量控制质量保证手段，提高我国环境监测技术和监测质量管理水平，为我国履行"POPs 公约"的国家行动计划和履约监测提供技术依据和标准储备。

　　本书是对上述研究成果的全面总结。由于编者水平有限、时间仓促，错误和不足之处在所难免，敬请广大读者批评指正。

目　录

第 1 章　新增持久性有机污染物

2009 年 5 月在瑞士日内瓦举行的缔约方大会第四届会议决定将全氟辛烷磺酸及其盐类、全氟辛烷磺酰氟、商用五溴联苯醚、商用八溴联苯醚、十氯酮（开蓬）、α-六六六、β-六六六、林丹、五氯苯和六溴联苯等九种新增化学物质列入公约附件 A、B 或 C 的受控范围。目前正在审查中的拟增列化学品还包括短链氯化石蜡（short chain chlorinated paraffins，SCCPs）、硫丹（endosulfans）、六溴环十二烷（hexabromocyclododecanes，HBCDs）、六氯丁二烯和五氯苯酚及其盐和酯等。至此，已有包括多溴联苯醚和全氟辛烷化合物等新型 POPs 在内的 21 种 POPs 被公约禁用。

1.1　商用八溴联苯醚

新增列的商用八溴联苯醚的主要成分为六溴联苯醚和七溴联苯醚。六溴联苯醚和七溴联苯醚系指 2,2′,4,4′,5,5′-六溴联苯醚（BDE153，化学文摘号 68631-49-2）、2,2′,4,4′,5,6′-六溴联苯醚（BDE154，化学文摘号 207122-15-4）、2,2′,3,3′,4,5′,6′-七溴联苯醚（BDE175，化学文摘号 446255-22-7）、2,2′,3,4,4′,5′,6-七溴联苯醚（BDE183，化学文摘号 207122-16-5）（图 1-1）以及商用八溴联苯醚中存在的其他六溴联苯醚和七溴联苯醚。

CAS No: 68631-49-2
CAS No: 207122-15-4
CAS No: 446255-22-7
CAS No: 207122-16-5

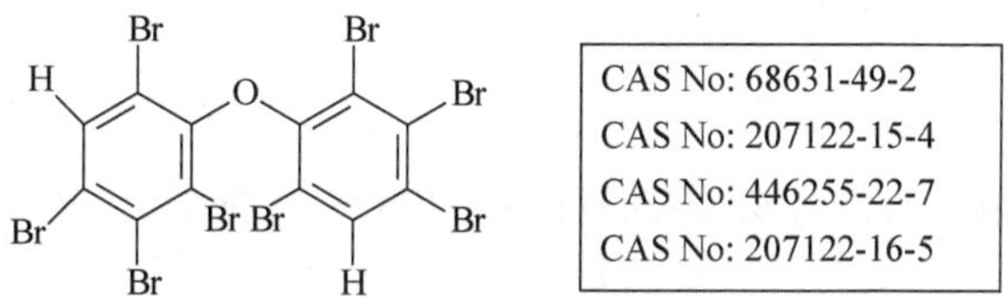

图 1-1　商用八溴联苯醚

商用八溴联苯醚混合物具有高持久性、高生物蓄积性和食物链生物放大性、长距离传输性。其唯一的降解途径是通过脱溴生成其他溴代联苯醚。目前还没有相关六溴联苯醚和七溴联苯醚的替代品的生产和使用信息，但是，据报道，许多在用的物品中依旧含有这些化学物质。多溴联苯醚可以发生脱溴反应，即芳香环上的溴被氢原子取代，为此，高溴代多溴联苯醚同类物（如九溴代和十溴代联苯醚）可以转换为毒性可能更强的低溴代同类物，因此，也可能是四溴联苯醚、五溴联苯醚、六溴联苯醚或七溴联苯醚的前驱体。

1.2 商用五溴联苯醚

商用五溴联苯醚的主要成分为四溴联苯醚和五溴联苯醚，而四溴联苯醚和五溴联苯醚系指 2,2′,4,4′-四溴联苯醚（BDE47，化学文摘号 40088-47-9）和 2,2′,4,4′,5-五溴联苯醚（BDE99，化学文摘号为 32534-81-9）（图 1-2）及其他商用五溴联苯醚中所含的四溴/五溴联苯醚。

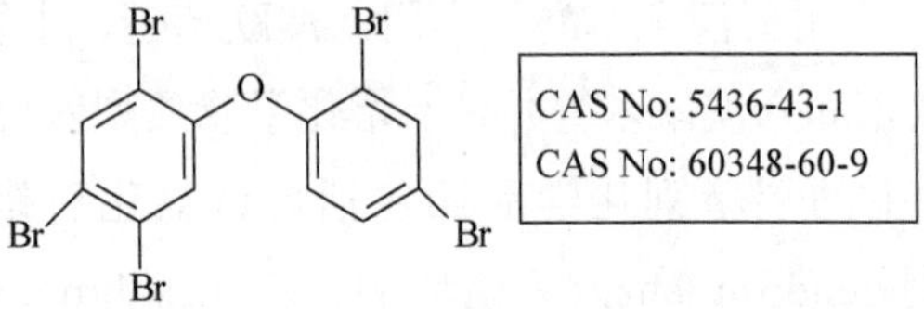
Br
Br
O
Br
Br
Br
CAS No: 5436-43-1
CAS No: 60348-60-9

图 1-2 商用五溴联苯醚

商用五溴联苯醚混合物在环境中具有持久性高，生物蓄积性强，具有长距离环境传输能力，有证据表明其对包括哺乳类在内的野生动物具有潜在毒性。四溴联苯醚和五溴联苯醚有替代产品，尽管这些期待产品也有可能对人类健康和环境造成有害影响，仍有许多国家将其用来替代四溴联苯醚和五溴联苯醚。同时，在对含有溴代联苯醚的设备和废物加以鉴别和处置等方面依旧面临挑战。包括四溴联苯醚、五溴联苯醚、六溴联苯醚和七溴联苯醚等的多溴联苯醚同类物可以阻止或扑灭有机材料的燃烧，因此被用作添加型阻燃剂。

1.3 全氟辛烷磺酸（PFOS）和全氟辛烷磺酰氟（PFOS-F）

PFOS 是一种全氟取代的阴离子（图 1-3），常作为盐使用或结合进较大的聚合物中。PFOS 及与其密切相关的化合物（它们可能含 PFOS 杂质或能够生成 PFOS）为全氟烷基磺酸物质大家庭的成员。

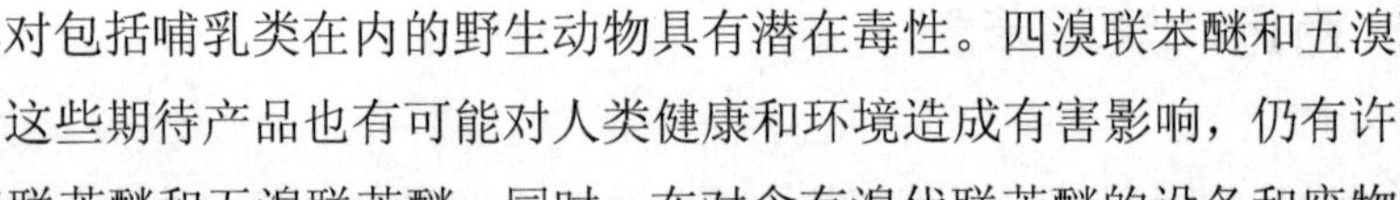
K+
O-
O
S
O
F
全氟辛烷磺酸（CAS No: 1763-23-1）及其盐
全氟辛烷磺酰氟（CAS No: 307-35-7）

图 1-3 全氟辛烷磺酸

PFOS 既是有意生产的化学物质，又是人为生产化学品的非有意降解产物。目前 PFOS 的有意使用非常普遍，包括电气和电子器件、泡沫灭火剂、照片成像、液压流体和纺织品等，PFOS 在一些国家仍在生产。

PFOS 持久性极强，具有明显的生物蓄积性和生物放大特性，尽管它不像其他 POPs 主要分布在脂肪组织中，但却结合在血液和肝脏的蛋白质上。PFOS 具有长距离传输的能力，符合斯德哥尔摩公约毒性评判标准。

1.4　六溴联苯

六溴联苯属于多溴联苯家族，即联苯中的氢原子被溴取代而生成（图 1-4）。

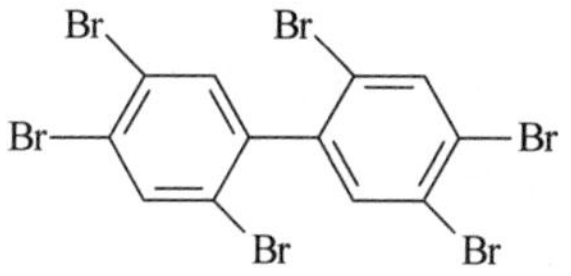

CAS No: 36355-01-8
商品名有 FireMaster BP-6 和
FireMaster FF-1

图 1-4　六溴联苯

六溴联苯是工业化学品，在 20 世纪 70 年代主要被用作阻燃剂，现有资料表明六溴联苯在多数国家已不再生产或使用。六溴联苯在环境中具有高持久性和生物蓄积性，长距离环境传输能力强。由于六溴联苯被分类为可能的人类致癌物，委员会将其推荐列入 POPs 名录中。

六溴联苯的所有用途都有其替代品，因此，禁止其生产和使用是廉价可行的。同时，在一些国家和国际组织的法规中也已经限制生产该化合物。

1.5　十氯酮（开蓬）

十氯酮为合成的氯代有机化合物，在化学结构（图 1-5）和化学性质上与灭蚁灵相近。主要用作农药，于 1951 年首次生产，商业生产始于 1958 年，目前其生产无相关报道。十氯酮在环境中是高持久性的，基于物理化学性质和模型数据表明，它具有高潜在性的生物蓄积性和生物放大性，是可能的人类致癌物，对水生生物毒性很高。

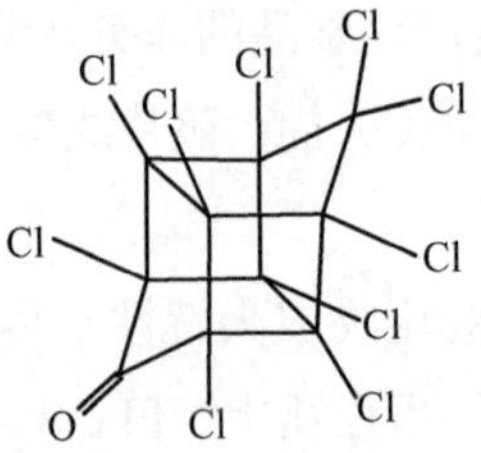

CAS No: 143-50-0
商品名有 Kepone®和 GC-1189

图 1-5 十氯酮（开蓬）

1.6 α-六六六和β-六六六

尽管早在几十年前α-六六六（化学结构见图 1-6）和β-六六六（化学结构见图 1-7）作为杀虫剂就已经被禁止使用，但是，这一化学物质仍然作为林丹的非有意副产物在生产。每生产 1 t 林丹产品中就有 6～10 t 包括α-六六六和β-六六六在内的其他异构体产生。因此，环境中依旧存在大量的α-六六六和β-六六六。

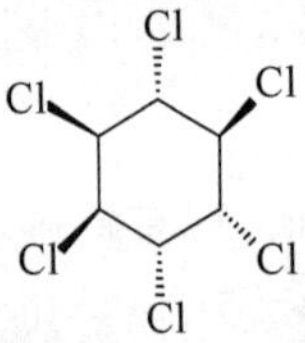

CAS No: 319-84-6

图 1-6 α-六六六

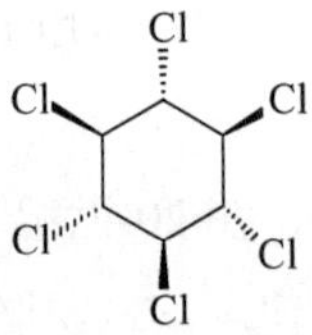

CAS No: 319-85-7

图 1-7 β-六六六

α-六六六和β-六六六在寒冷地区的水中持久性很强，可以在生物群和北极圈食物链中生物蓄积和生物放大。该化学物质可以长距离传输，对人体有潜在致癌性，在被污染地区对野生动物和人类健康具有负面作用。

1.7 林丹

林丹的化学名称为γ-六氯环己烷（HCH）（图 1-8），工业林丹为含 5 种形式的异构体混合物，即α-HCH、β-HCH、γ-HCH、δ-HCH 和ε-HCH。

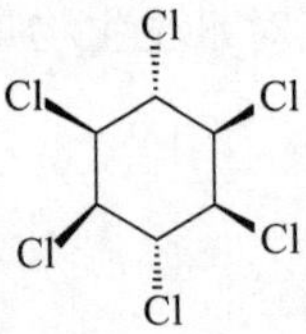

CAS No: 319-85-7

图 1-8 林丹

林丹一直被用作种子和土壤处理、叶敷和树木和木材处理中的广谱杀虫剂，也作为抗寄生虫药物在兽医及人群中应用。在过去的几年中林丹的生产迅速下降，目前只有为数很少的国家仍在生产。林丹具有持久性，容易在食物链中生物蓄积，生物浓缩迅速，有证据表明其长距离传输和对实验室动物和水生生物的毒性作用（包括免疫毒性、生殖和发育毒性等）。

1.8　五氯苯

五氯苯为氯代苯中的一类化合物（图 1-9），曾经用于多氯联苯（PCB）产品和染料载体中，用于杀真菌剂、阻燃剂和化学合成中间体如过去用于生产五氯硝基苯，现在可能仍然被用作中间体。五氯苯也是燃烧、热过程和工业生产过程中的副产物，也会在某些溶剂或农药中以杂质形式存在。

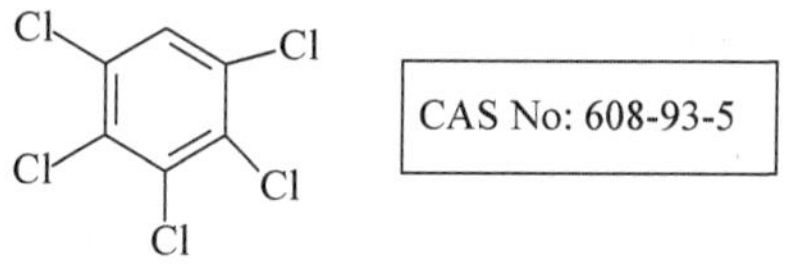

图 1-9　五氯苯

五氯苯在环境中具有持久性和高生物蓄积性，具有长距离传输的能力，对人类呈中等毒性，对水生生物呈高毒性。

在上述新增列的 9 种 POPs 中，除了六溴联苯和开蓬在我国生产规模较小和使用较少外，其他均有大量生产和使用，特别是多溴联苯醚（PBDEs）和全氟辛烷类（PFOS/PFOAs）。此外，新增列 POPs 中，除了全氟化合物外，其他均被列入了《附录 A》（消除类）。这意味着这些化学物必须在一定期限内彻底停产和停用（特定豁免除外），由于很多新增 POPs 我国目前仍在大量生产，削减和控制或禁止生产这些新增 POPs 将对我国相关产业带来重要影响。

第2章　新增持久性有机污染物物理化学性质

2.1　多溴联苯醚

多溴联苯醚（polybrominated diphenyl ethers，PBDEs）是一组溴代的芳香烃化合物，化学结构见图 2-1-1，化学通式为 $C_{12}H_{(0-9)}Br_{(1-10)}O$，依溴原子数量不同分为 10 个同系组，共有 209 种同类物化合物，遵循同多氯联苯一样的 IUPAC 编号命名系统，其中二位上单取代的同系物命名为 BDE1，而取代位全被溴原子取代的同系物命名为 BDE209。根据溴原子取代个数的不同，209 种 PBDEs 同类物分为 10 个同系组。表 2-1-1 是 PBDEs 的一般描述，其理化性质见表 2-1-2。

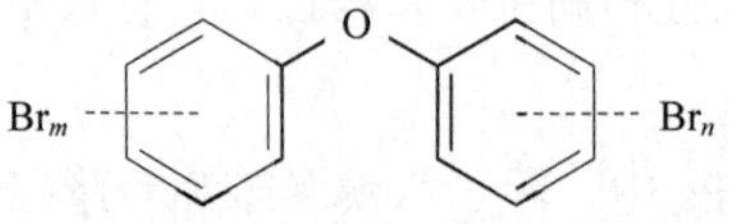

图 2-1-1　多溴联苯醚

表 2-1-1　多溴联苯醚

溴原子个数	分子式	分子量	同分异构体个数
1	$C_{12}H_9OBr$	249.1	3
2	$C_{12}H_8OBr_2$	328.0	12
3	$C_{12}H_7OBr_3$	406.9	24
4	$C_{12}H_6OBr_4$	485.8	42
5	$C_{12}H_5OBr_5$	564.7	46
6	$C_{12}H_4OBr_6$	643.6	42
7	$C_{12}H_3OBr_7$	722.5	24
8	$C_{12}H_2OBr_8$	801.4	12
9	$C_{12}HBr_9$	880.3	3
10	$C_{12}OBr_{10}$	959.2	1

表 2-1-2　多溴联苯醚物理化学性质

溴原子个数	同类物	蒸气压/mm Hg[*]	水溶性/（μg/L）	亨利定律常数/（Pa·m³/mol）	lg K_{ow}
2	BDE15	1.30×10^{-4}	130	2.07×10^{-4}	
3	BDE17				5.74
	BDE28	1.64×10^{-5}	70	5.03×10^{-5}	5.94
4	BDE47	1.40×10^{-6}	15	1.48×10^{-5}	6.81
	BDE66	9.15×10^{-7}	18	4.93×10^{-6}	
	BDE77	5.09×10^{-7}	6	1.18×10^{-5}	
5	BDE85	7.40×10^{-8}	6	1.08×10^{-6}	
	BDE99	1.32×10^{-7}	9	2.27×10^{-6}	7.32
	BDE100	2.15×10^{-7}	40	6.81×10^{-7}	7.24
6	BDE138	1.19×10^{-8}			
	BDE153	1.57×10^{-8}	1	6.61×10^{-7}	7.90
	BDE154	2.85×10^{-8}	1	2.37×10^{-6}	7.82
7	BDE183	3.51×10^{-9}	2	7.30×10^{-8}	8.27
	BDE190	2.12×10^{-9}			
10	BDE209		<0.1		10

* 1 mm Hg=133.28Pa。

　　PBDEs 具有蒸气压低、热稳定性高的特点，在环境中难以降解。实验表明 PBDEs 的蒸气压比多氯联苯的蒸气压低，并且随取代溴原子个数的增加其蒸气压降低，表现出较强的亲脂疏水性，并且容易在生物体内的脂肪和蛋白质中富集并通过食物链放大。

　　工业商品化 PBDEs 有三种溴化程度的混合物，其溴代同系物含量如表 2-1-3 所示。

表 2-1-3　工业 PBDEs 产品

商品名	同系物百分比/%						
	四溴联苯醚	五溴联苯醚	六溴联苯醚	七溴联苯醚	八溴联苯醚	九溴联苯醚	十溴联苯醚
五溴代联苯醚	24~38（BDE47）	50~60（BDE99）	4~8				
八溴代联苯醚			10~12（BDE153）	44	31~35（BDE183）	10~11	<1
十溴代联苯醚						<3	97~98（BDE209）

　　全球产量较多的种类有欧洲 Bromkal 70-5DE 和美国 DE-71（五溴联苯醚）、欧洲 Bromkal 79-8DE 和美国的 DE-79（八溴联苯醚）及欧洲 Bromkal 82-0DE 和美国 Saytex 102E（十溴联苯醚）。三种商品 PBDEs 中各同类物组成见表 2-1-4。

表 2-1-4　欧洲和美国 PBDEs 产品中各同类物的百分比组成　　　单位：%

名称	五溴联苯醚		八溴联苯醚		十溴联苯醚	
	DE-71	Bromkal 70-5DE	DE-79	Bromkal 79-8DE	Saytex 102E	Bromkal 82-0DE
BDE47	38.2	42.8	—	—	—	—
BDE100	13.1	7.82	—	—	—	—
BDE99	48.6	44.8	—	—	—	—
BDE154	4.54	2.68	1.07	0.04	—	—
BDE153	5.44	5.32	8.66	0.15	—	—
BDE183	—	—	42.0	12.6	—	—
BDE197	—	—	22.2	10.5	—	—
BDE203	—	—	4.4	8.14	—	—
BDE196	—	—	10.5	3.12	—	—
BDE207	—	—	11.5	11.2	0.24	4.1
BDE206	—	—	1.38	7.66	2.19	5.13
BDE209	—	—	1.31	49.6	96.8	91.6

2.2　全氟辛酸、全氟辛烷磺酸（盐）和全氟辛烷磺酸氟

全氟烷基物质（简称 PFASs）是一类含氟的脂肪族有机物，其特点是 ≥1 的 C 原子上的 H 原子被 F 原子取代，都有 C_nF_{2n+1} 的功能团。当 H 完全被 F（不含功能基团上的 H）取代时称为全氟烷基物质（perfluoroalkyl substances），当部分 H 被 F 取代时称为多氟烷基物质（polyfluoroalkyl substances）。由于聚氟化合物最终可能代谢为相应的全氟烷基化合物，因此本书中 PFASs 是全氟化合物和聚氟化合物的总称。

2.2.1　全氟辛烷磺酸（PFOS）

全氟辛烷磺酸（PFOS）分子式为 $C_8F_{17}SO_3$，化学结构如图 2-2-1 所示。作为一种阴离子，没有专门的 CAS 编号，其同源磺酸和一些具有重要商业用途的盐类包括：钾盐（化学品文摘号 2795-39-3）、二乙醇胺盐（化学品文摘号 70225-14-8）、铵盐（化学品文摘号 29081-56-9）和锂盐（化学品文摘号 29457-72-5）。其理化性质如表 2-2-1 所示。

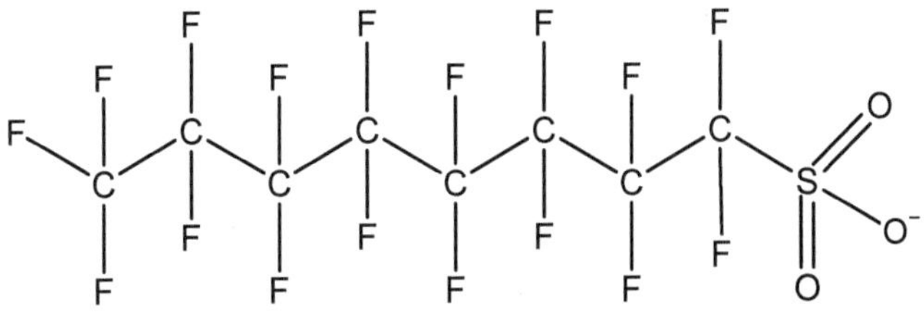

图 2-2-1　全氟辛烷磺酸

表 2-2-1　全氟辛烷磺酸钾盐的物理和化学特性

理化性质	特性值
正常温度和压力下状态	白色粉末
分子重量	538 g/mol
蒸气压力	$3.31×10^{-4}$ Pa
在纯水中的水溶性	519 mg/L（20℃±0.5℃），680 mg/L（24～25℃）
熔点	>400℃
沸点	无法测量
水分离系数	无法测量
空气-水分离系数	$<2×10^{-6}$（3M，2003）
亨利常数	$3.09×10^{-9}$ Pa·m³/mol

2.2.2　全氟辛酸（PFOA）

全氟辛酸（PFOA）化学结构如图 2-2-2 所示，分子式为 $C_8HF_{15}O_2$，分子量为 414.09，常温常压下为白色结晶体，熔点 53℃，沸点 189～191℃。其 0.1%溶液的表面张力为 19 mN/m，在 32℃水中的溶解度为 0.01～0.023 mol/L，呈强酸性。

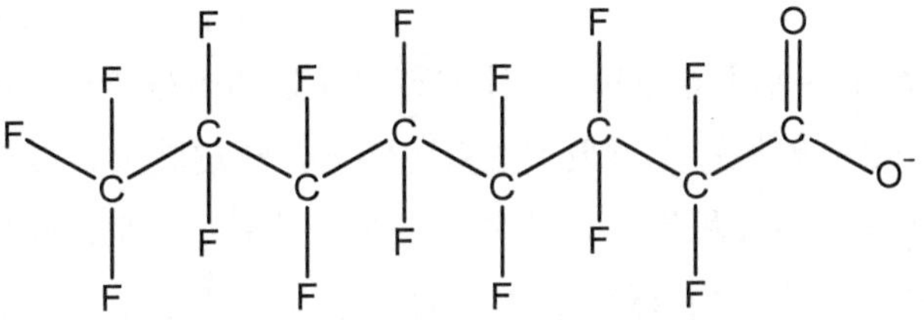

图 2-2-2　全氟辛酸

2.2.3 其他全氟化合物（PFASs）

其他全氟化合物包括全氟羧酸和全氟磺酸等，其化学结构式见表 2-2-2。

表 2-2-2 常见 PFASs（$R=C_nF_{2n+1}-$）的结构式

简称/类别	官能团	碳数	备注
PFCA	$R-CO_2H$	$n=1\sim21$	
PFAS	$R-SO_3^-$	$n=1\sim21$	
PFASi	$R-SO_2^-$	$n=1\sim21$	
FOSA	$R-SO_2NH_2$	$n=7$	
N-alkylFOSA	$R-SO_2NR_1R_2$	$n=7$	$R_1=H$，$R_2=Me$ or Et
FOSAA	$R-SO_2NR_1R_2$	$n=7$	$R_1=CH_2CO_2H$，$R_2=H$
N-alkylFOSAA	$R-SO_2NR_1R_2$	$n=7$	$R_1=CH_2CO_2H$，$R_2=Me$ or Et
N-alkylFOSE	$R-SO_2NR_1R_2$	$n=7$	$R_1=CH_2CH_2OH$，$R_2=Me$ or Et
FTOH	$R-CH_2CH_2OH$ $R-CH(OH)CH_3$	$n=1\sim16$	
FTA	$R-CH_2CO_2H$	$n=1\sim16$	
FTUA	$R-CF=CHCO_2H$	$n=1\sim16$	
PFAPA	$R-PO_3H_2$	$n=1\sim16$	
PFPi	$(R)_2P(O)OH$	$n=1\sim11$	
PAP	$RCH_2CH_2OP(O)(OH)_2$	$n=1\sim11$	
diPAP	$(RCH_2CH_2O)_2P(O)OH$	$n=1\sim11$	

由表 2-2-2 可知，PFASs 的共同特点是均以 $C_nF_{2n+1}-$为母体，都是脂肪族有机化合物，当官能团不同时，其理化性质有显著性差异。如 PFCA 和 PFAS 具有酸性，在水溶液中易以离子形式存在；而 N-alkylFOSA 和 FTOH 不易电离，因此有研究将 PFASs 分为离子化（ionized）和非离子化（nonionized）两类。部分 PFASs 既有亲水基团又有疏水基团，是良好的表面活性材料。

由于 PFASs 已经在各种环境介质、人体和野生动物体内被检出，其毒性和暴露途径也受到普遍关注。PFASs 一般经口和呼吸道进入生物体，经皮肤吸收较少。通过对人体和野生动物研究发现，PFASs 主要积累在肝脏中，其次为肾脏、血浆、肌肉等组织或器官中。PFASs 在体内很难被代谢或生物转化，最终通过尿液和粪便排泄，研究发现 PFASs 在体内的半衰期很长。在老鼠体内半衰期超过 90 d，而在猴子体内半衰期则为 100～200 d。

2.3　多溴联苯

2.3.1　多溴联苯

多溴联苯（polybrominated biphenyls，简称 PBBs）或"聚合溴化联苯"是指由替代氢与联苯中的溴组成的溴化碳氢化合物，是一系列含溴原子的芳香族化合物，其化学通式为 $C_{12}H_{(0\sim9)}Br_{(1\sim10)}$，结构见图 2-3-1，随着溴原子取代个数的增加，其相对分子质量也相应增加，依溴原子数量不同分为 10 个同系组，每个同系组同分异构体个数不同，理论上 PBBs 有 209 种同系物同类物，详见表 2-3-1。

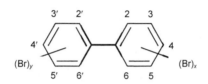

图 2-3-1　多溴联苯

表 2-3-1　PBBs 同类物分子式及相对分子质量

PBB	化学式	相对分子质量	同分异构体数量
一溴联苯 Monobromobiphenyl	$C_{12}H_9Br$	232.9	3
二溴联苯 Dibromobiphenyl	$C_{12}H_8Br_2$	311.8	12
三溴联苯 Tribromobiphenyl	$C_{12}H_7Br_3$	390.7	24
四溴联苯 Tetrabromobiphenyl	$C_{12}H_6Br_4$	469.6	42
五溴联苯 Pentabromobiphenyl	$C_{12}H_5Br_5$	548.5	46
六溴联苯 Hexabromobiphenyl	$C_{12}H_4Br_6$	627.4	42
七溴联苯 Heptabromobiphenyl	$C_{12}H_3Br_7$	706.3	24
八溴联苯 Octabromobiphenyl	$C_{12}H_2Br_8$	785.2	12
九溴联苯 Nonabromobiphenyl	$C_{12}HBr_9$	864.1	3
十溴联苯 Decabromobiphenyl	$C_{12}Br_{10}$	943.0	1

PBBs 和多氯联苯（polychlorinated biphenyls，PCBs）命名方式相同，均按照 IUPAC 编号系统编号。目前，PBBs 有 101 个同类物登记于 CAS。PBBs 的商业产品由溴化反应制成，故 209 种同类物中的任一个在商业 PBBs 产品中都可能存在，一些同类物由最初产品降解或者代谢产生，随着分析技术的飞速发展，PBBs 同类物的纯品合成增多，被鉴别出的 PBBs 同类物种类也逐渐增多。表 2-3-2 列出了多溴联苯产品中常见 PBBs 同类物及 CAS 编号。

表 2-3-2 10 种常见 PBBs 同类物及其 CAS 编号

PBBs 编号	名 称	CAS 编号
BB3	4-溴联苯	92-66-0
BB15	4,4'-二溴联苯	92-86-4
BB18	2,2',5 –三溴联苯	59080-34-1
BB52	2,2',5,5'-四溴联苯	59080-37-4
BB101	2,2',4,5,5'-五溴联苯	67888-96-4
BB153	2,2',4,4',5,5'-六溴联苯	59080-40-9
BB180	2,2',3,4,4',5,5'-七溴联苯	67733-52-2
BB194	2,2',3,3',4,4',5,5'-八溴联苯	67889-00-3
BB206	2,2',3,3',4,4',5,5',6-九溴联苯	69278-62-2
BB209	2,2',3,3',4,4',5,5',6,6-十溴联苯	13654-09-6

PBBs 具有很好的化学稳定性，如耐酸碱、耐高温、抗氧化等性质，其化学性质与多氯联苯比较而言，含溴基团有更好的溢出特性，高溴代产品在紫外光照射下会快速降解。PBBs 商业产品为纯白色、米白色或者米黄色固体颗粒物，其物理化学性质详见表 2-3-3，不同的水源对 PBBs 的溶解度也不尽相同，如其在垃圾渗滤液中的溶解度是在蒸馏水中溶解度的 200 倍，颗粒物的吸附及玻璃表面的吸附也会影响其水溶性测试结果，一般来说，PBBs 微溶于水，在水中的溶解度随溴原子取代个数的增加而逐渐减少。PBBs 在室温下具有蒸气压低和亲脂性强的特点，有较宽范围的挥发性，商用的六溴联苯、八溴联苯、十溴联苯产品常态下为固态，在不同有机溶剂中的溶解度不同。PBBs 在正己烷中的溶解度随溴原子取代个数的增加而逐渐降低。

表 2-3-3 4 种 PBBs 商业产品的理化性质

理化参数	Firemaster BP-6（六溴）	Dow XN 1902（八溴）	Bromkal 80-9D（九溴）	Adine 0102（十溴）
熔点/℃	72	200～250	220～290	360～380
最大λ/nm	219	225	224	227
室温密度/（g/cm³）	2.6	—	3.2	3.2
水中溶解度（25℃）/（μg/L）	30	20～30	<30	—
石油醚中溶解度（28℃）/（g/kg）	20	18	—	—
丙酮中溶解度（28℃）/（g/kg）	60	—	—	—
四氯化碳中溶解度（28℃）/（g/kg）	300	—	—	10
氯仿中溶解度（28℃）/（g/kg）	400	—	—	—
苯中溶解度（28℃）/（g/kg）	750	81	—	—
甲苯中溶解度（28℃）/（g/kg）	970	—	—	—
二氧六环中溶解度（28℃）/（g/kg）	1150	—	—	—
椰子油中溶解度（37℃）/（g/kg）	—	—	—	0.8

理化参数	Firemaster BP-6（六溴）	Dow XN 1902（八溴）	Bromkal 80-9D（九溴）	Adine 0102（十溴）
蒸气压（25℃）/Pa	7×10^{-6}	—	—	$<6\times10^{-6}$
蒸气压（90℃）/Pa	0.01	—	—	—
蒸气压（140℃）/Pa	1	—	—	—
蒸气压（220℃）/Pa	100	—	—	—
挥发性（质量减少）/%	—	250℃时<1% 330℃时<10% 350℃时<50%	300℃时 1%～2% 388℃时<25%	341℃时<5% 363℃时<10%
lg K_{ow}	<7	—	—	8.6
分解温度/℃	300～400	435	435	>400

2.3.2　六溴联苯

六溴联苯属于应用较广的多溴化联苯（PBBs）。这种六取代同类物可能有 42 种异构体存在形式，它们已用化学文摘社（CAS）编号和国际化联（IUPAC）编号列入美国毒物与疾病登记署（USATSDR）（2004 年）和 INF 2 文件。

六溴联苯化学文摘社化学品名称：Hexabromo -1,1′-biphenyl，商贸名称有 FireMaster（R）BP-6 和 FireMaster（R）FF-1。工业级多溴联苯［FireMaster（R）］含有若干多溴联苯化合物、异构体和同类物，六溴代联苯是其主要的成分之一。FireMaster（R）BP-6 的成分随批次不同而变化，但其主要组成部分是 2,2′,4,4′,5,5′六溴联苯（60%～80%）和 2,2′,3,4,4′,5,5′-六溴代二苯（12%～25%），加上较低溴代化合物 BB153，2,2′,4,4′,5,5′-六溴联苯的结构（化学文摘号：59080-40-9）如图 2-3-2 所示。六溴联苯物理化学性质见表 2-3-4。

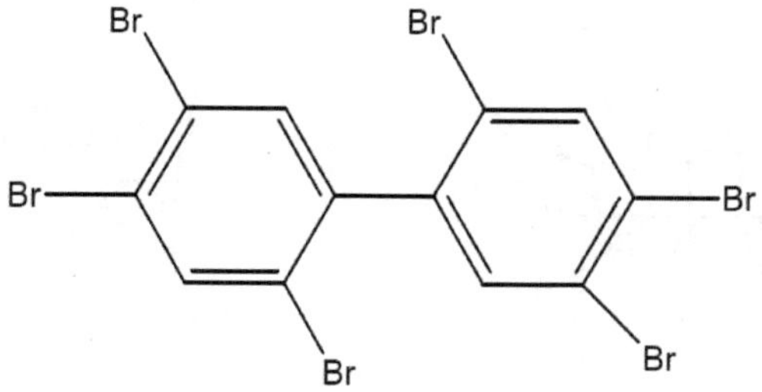

图 2-3-2　2,2′,4,4′,5,5′-六溴联苯

表 2-3-4 六溴联苯物理化学性质

特性	单位	数值
分子式		$C_{12}H_4Br_6$
分子质量	g/mol	627.58
常温和常压下的外观		白色固体
蒸气压	Pa	6.9×10^{-6}（25℃） 7.5×10^{-4}（液体，低温冷却）
水溶性	μg/L	11 3
熔点	℃	72
沸点	℃	无数据
lg K_{ow}		6.39
lg K_{oc}		3.33～3.87
亨利常数	Pa·m³/mol	3.95×10^{-1} 1.40×10^{-1}

注：引自美国毒物与疾病登记署，2004 年。

2.4 十氯酮

十氯酮是一种合成的氯化有机化合物，主要作为农用杀虫剂、杀螨剂和杀真菌剂，它是灭蚁灵的降解产物，具有和灭蚁灵相似的分子结构式（图 2-4-1），其化学文摘社（CAS）化学名称为 1,1a,3,3a,4,5,5,5a,5b,6-decachloro-octahydro-1,3,4-metheno-2H-cyclobuta-[cd]-pentalen-2-one，商品名称为 GC 1189、开蓬、灭蚁灵、ENT 16391 和克隆等。物理化学特性见表 2-4-1。

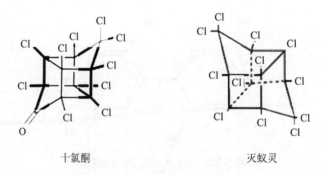

十氯酮　　　　　　　　　灭蚁灵

图 2-4-1 十氯酮和灭蚁灵的分子结构式

表 2-4-1 十氯酮的物理化学参数

理化性质	特性值	单位
分子量	490.6	g/mol
常温常压下外观	褐白色结晶固体	
密度（25℃）	1.59～1.63	g/m³
熔点	350，分解	℃
沸点	434	℃
lg K_{ow}	5.41	
lg K_{aw}	−6.69	
水中溶解度（25℃）	2.70	mg/L
蒸气压（25℃）	3.0×10^{-5} $< 4.0 \times 10^{-5}$ 4.0×10^{-5} 2.25×10^{-7} mmHg	Pa
相对空气蒸气密度	16.94（空气=1）	

无水十氯酮易溶于有机溶剂，如苯和己烷。十氯酮水合物溶于含氧的有机溶剂，如醇和酮。十氯酮也溶于石油醚，在85%～90%含水乙醇中可以重结晶，易溶于丙酮。十氯酮非常稳定，在微生物作用下转化为一羟基和二羟基十氯酮。工业级别的十氯酮纯度为88.6%～99.4%，同时含有3.5%～6%的水和1%的六氯环戊二烯。

2.5 α-六氯环己烷、β-六氯环己烷和林丹

六六六（hexachlorocyclohexane，HCHs），化学名称为1,2,3,4,5,6-六氯环己烷，是一种广谱性有机氯杀虫剂。HCHs 分子式为 $C_6H_6Cl_6$，分子量为290.82。根据氢原子与氯原子在环两侧位置的不同，目前已知有八种异构体（2α，β，γ，δ，ε，η，θ），异构体结构式见图2-5-1。

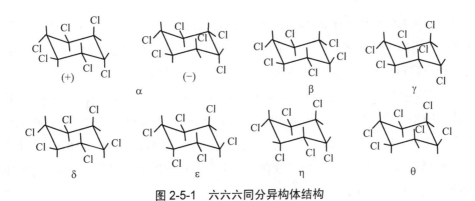

图 2-5-1 六六六同分异构体结构

纯 HCHs 无味，呈纯白色晶体，工业 HCH 为白色或浅黄色晶体，有时颜色较深，并有霉臭味，这种味道是由生产过程所产生的杂质造成的。工业 HCH 中α-HCH 含量为 55%～80%，β-HCH 含量为 5%～14%，γ-HCH 含量为 12%～14%，δ-HCH 含量为 2%～10%，ε-HCH 含量为 3%～5%。主要异构体为α-HCH、β-HCH、γ-HCH 和δ-HCH，其中γ-HCH 又称为林丹，具有明显的杀虫效果。

α-HCH 为单斜棱晶；熔点为 159～160℃，沸点为 288℃；易溶于氯仿、苯等；随水蒸气挥发；具有持久的辛辣气味；蒸气压 0.06 mmHg（40℃）；沸腾时分解为 1,2,4-三氯苯。β-HCH 为晶体；熔点 314～315℃，密度 1.89 g/cm³（19℃），熔融后升华；微溶于氯仿和苯；不随水蒸气挥发；蒸气压 0.17mmHg（40℃）；与氢氧化钾醇溶液作用生成 1,3,5-三氯苯。γ-HCH 为针状晶体；熔点 112～113℃，沸点 323.4℃，溶于丙酮、苯和乙醚，易溶于氯仿和乙醇；具有霉烂气味和挥发性。δ-HCH 熔点 138～139℃，不易溶于水，易溶于苯、丙酮、氯仿、乙醚等有机试剂中。四个主要异构体的其他理化性质见表 2-5-1，HCHs 各种异构体在化学性质上差别不大，对光线、氧化剂和各种酸（硫酸、硝酸、盐酸）甚至在沸点时都很稳定。

表 2-5-1　六六六四种主要异构体（γ、α、β和δ）的物理化学性质

理化性质	α-HCH	β-HCH	γ-HCH	δ-HCH
水中溶解度（25℃）/（mg/L）	1.63	0.70	7.9	21.3
辛醇-水分配系数（K_{ow}）	$7.8×10^3$	$7.8×10^3$	$7.8×10^3$	$1.4×10^3$
沉积物中有机碳-水中分配系数（K_{oc}）	$3.8×10^3$	$3.8×10^3$	$3.8×10^3$	$6.6×10^3$
微生物-水分配系数 K_B	$1.5×10^3$	$1.5×10^3$	$1.5×10^3$	$3.5×10^3$
亨利常数 H_c/（Pa·m³/mol）	$6.4×10^{-1}$	$4.6×10^{-2}$	$4.8×10^{-1}$	$4.7×10^{-2}$
蒸气压（20℃）P_v/（托*）	$2.5×10^{-5}$	$2.8×10^{-7}$	$1.6×10^{-4}$	$1.7×10^{-5}$
微生物转化速率常数 K_b/h⁻¹	$1.0×10^{-10}$	$1.0×10^{-10}$	$1.0×10^{-10}$	$1.0×10^{-10}$
自由基氧化速率常数 K_{ox}/h⁻¹	6	6	6	6
生物富集常数 BCF	$1.4×10^4$	$1.4×10^4$	$1.4×10^4$	$12.3×10^4$

* 1 托（torr）=133.322 Pa。

工业生产的 HCHs 以α-HCH 为主。在四种 HCHs 的同分异构体中，α-HCH 易溶于水，挥发性强，且易随空气和水扩散，分布较广，并且α-HCH 可转化为β-HCH。β-HCH 性质最稳定，难降解和排泄；而γ-HCH 性质最不稳定，易降解和代谢。

HCHs 在环境中的残留与其理化性质密切相关，从表 2-5-1 可以看出，相对于其他有机氯农药，HCHs 的溶解度和蒸气压均较高，因此更易在水体和大气中残留，在水体中的半衰期大于 2 年。由于是直接洒入土壤中防治土壤中的植物害虫，因此 HCHs 在土壤中的残留是不可忽视的，其在土壤中的半衰期大于 1 年。种植的植物中易大量累计 HCHs，不同植物吸收的程度不一样。

六六六急性毒性较小，各异构体毒性比较，以γ-HCH 最大。γ-HCH 可刺激昆虫的中枢神经系统，引起急性抽搐，甚至死亡；而α-HCH、β-HCH 认为是中枢神经系统的抑制剂，阻止结合到氨基丁酸供体上的效能比γ-HCH 低 15～30 倍；β-HCH 被认为是一种环境雌性激素，对生殖系统有影响，可造成雄性生殖力减弱，以及影响母体的妊娠和胎儿的生长。受六六六影响的生理系统还包括肾脏、肝脏、血液及生化稳态。混合六六六是可能的致癌物质，据报道六六六可使女性患乳癌、子宫癌等生殖器官的恶性肿瘤，子宫内膜疾病危险明显增加。六六六进入机体后主要蓄积于中枢神经和脂肪组织中，刺激大脑运动及小脑，还能通过皮层影响植物神经系统及周围神经，在脏器中影响细胞氧化磷酸化作用，使脏器营养失调，发生变性坏死。能诱导肝细胞微粒体氧化酶，影响内分泌活动，抑制 ATP 酶。

2.6　五氯苯

五氯苯（pentachlorobenzene，简称 PeCB）（图 2-6-1）为白色或无色针状晶体，分子质量为 250.34 g/mol，密度为 1.625 g/cm^3（85℃）或 1.609 g/cm^3（100℃），熔点为 85℃，沸点为 275～277℃，不溶于醇，微溶于醚及苯，水中溶解度为 0.83 mg/L（25℃），蒸气压为 133 Pa（98.6℃），lg K_{ow} 为 5.03。

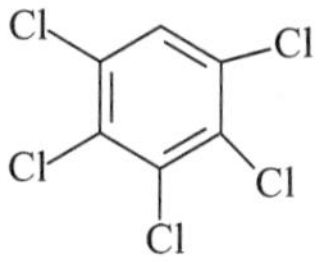

图 2-6-1　五氯苯

五氯苯在环境中具有持久性，在空气中的半衰期估计为 45～467 d，在地表水中的半衰期估计为 194～1 250 d，在深层水中厌氧生物降解的半衰期估计为 776～1 380 d。五氯苯是一种生物蓄积性物质，它的正辛醇/水分配系数的对数值为 4.8～5.18，在贝类中的生物积累系数是 810，在虹鳟鱼中是 2×10^4，在蚯蚓中是 4×10^5。试验结果显示五氯苯能够进行远距离环境迁移。五氯苯对哺乳动物的毒性为低毒，但对水生生物的毒性为高毒。

五氯苯氯化可生成六氯苯，硝化生成 2,3,4,5,6-五氯硝基苯，与甲醇钠于 180℃作用生成 2,3,4,5-及 2,3,5,6-四氯苯酚及四氯苯甲醚。五氯苯属氯苯类，可由苯或二氯苯、三氯苯氯化制四氯苯时作为副产物得到，也可由苯深度氯化得到的四氯苯、五氯苯和六氯苯的混合物经精馏、结晶分离得到。五氯苯常被用于制备五氯硝基苯。虽然大多数国家似乎都停止了五氯苯的生产和使用，但是其残留或者重新引入的可能性仍然是有的。根据现有数据，由于其远距离环境迁移的结果，五氯苯可能会对人类健康和（或）环境造成重大不利影响。

第3章 新增持久性有机污染物的生产和使用

3.1 多溴联苯醚

多溴联苯醚（PBDEs）是一类重要的溴代阻燃剂，具有优异的阻燃性能，已被广泛应用于各种工业产品和日用产品中，如油漆、纺织品、电路板，特别是电器电子产品的塑料高聚物中。由于 PBDEs 为添加型阻燃剂，并不与塑料或者其他产品形成化学键，因此容易从产品表面脱离而进入环境中，特别是在电子废弃物堆放及回收利用过程中向环境大量释放。2006 年 7 月 1 日生效的欧盟《关于在电气电子设备中限制使用某些有害物质指令》（简称 RoHS 指令）明确限制 PBDEs 在电子产品中的使用。

3.1.1 多溴联苯醚的生产

在我国及世界范围内的高聚物技术处理中，十溴联苯醚是使用量最大的一种阻燃剂。它含溴量高，有优异的热稳定性，分解温度大于 310℃，略高于大多数高聚物的热解温度，能在最佳时刻起到阻燃作用，阻燃效果好。

以十溴联苯醚生产为例，二苯醚在催化剂（铁粉等）存在下，与溴反应而得。生产方法可有两种：①溶剂法，即将二苯醚溶于溶剂中，加入催化剂，然后加溴进行反应。反应完毕，过滤、洗涤、干燥，即得十溴联苯醚。常用的溶剂有二溴乙烷、二氯乙烷、二溴甲烷、四氯化碳、四氯乙烷等。②过量溴化法，即用过量溴做溶剂的溴化方法。将催化剂溶解在溴中，向溴中滴加二苯醚。反应结束后，将过量溴蒸出，中和、过滤，干燥即得成品。工业品为白色粉末，溴含量 81%～83%。原料消耗定额：二苯醚 180 kg/t、溴（99.5%）1 400 kg/t。目前，国内多采用过量溴法生产。该法操作简便，产品溴含量高，热稳定性好，对设备要求低，其主要反应式如下：

首先，将过量溴素（过量 100%～150%）真空加入合成釜中，之后加入适量三氯化铝催化剂（为二苯醚质量的 1%～10%），然后按事先计算出来的原料按 $n(Br_2)$∶n（二苯醚）为 1∶0.071～0.077 的比例在搅拌下缓慢均匀地向合成釜中滴加二苯醚，在加入二苯醚的过程中始终将反应体系温度保持在 30℃左右，直至加完二苯醚，在搅拌状态下继续保温反应 1～2 h，然后根据溴化氢放出的多少，不断地将反应体系温度提高到 59～60℃，并继续反应 4 h。反应阶段结束后，将合成半成品转移入洗涤沉降器，之后加入 1%的稀盐酸和一定量的二溴乙烯，并充分搅拌后通入乙烯，使过量的溴和乙烯反应生成二溴乙烷之后，离心脱水将有机溶剂脱除后供循环使用，甩干后用去离子水将成品洗至中性，离心干燥即得成品。国外二苯醚滴加温度一般为 35℃左右，继续反应的温度为 59～60℃，而国内分别为 5～10℃和 40～45℃，均比国外要低。反应温度过低，不但冷冻量消耗大，而且反应时间长。国外对生产十溴的原料有严格要求，二苯醚含量在 99.9%以上，水分在 $3.0×10^{-5}$ 以下；溴素含量在 99.5%以上，水分在 $1.5×10^{-5}$ 以下。为达到此要求，须对购得的原料进行提纯处理，除去杂质和水分。而国内二苯醚指标含量为 99.0%，水分 $4.0×10^{-4}$；溴素含量 99.0%，水分无指标。因而造成合成的十溴二苯醚杂质多，热稳定性差；同时，由于原料中过高的水分，使部分无水三氯化铝失去活性，只得加大催化剂用量。

十溴联苯醚在国外主要生产厂商有美国大湖公司、乙基公司、道化学公司、以色列死海公司、日本三井东亚、松永化学公司和法国阿托公司等。2006 年统计信息显示，十溴联苯醚在我国每年使用量为 4 万 t 左右，其中 3 万 t 国产，由山东、江苏和浙江三省 15 家企业生产。这些企业生产员工近 2 000 人，总产值近 9 亿元。其中潍坊的寿光卫东化工有限公司和潍坊中以溴化物有限公司是最大的两家企业，年生产十溴联苯醚能力分别达 1 万 t 和 9 000 t，2005 年产量均为 9 000 t。进口量约为每年 1 万 t。以色列的死海公司、美国大湖公司是世界最大的溴系阻燃剂生产企业。其中死海公司是中外合资企业潍坊中以溴化物有限公司的外方合资者，雅保在上海建有雅保化工（上海）有限公司，大湖公司在上海设有代表处。根据《阻燃材料手册》的记录，中国天津昊华化工研究所曾经生产八溴联苯醚。我国八溴联苯醚的生产情况尚不清楚。

3.1.2　多溴联苯醚的使用

多溴联苯醚作为胶黏剂的添加型阻燃剂，具有极为优异的热稳定性，由于多溴联苯醚高温分解产生溴原子，而溴原子是强还原剂，可以捕获 OH⁻ 和 O⁻ 等燃烧反应的核心游离基团，从而达到阻燃灭火的目的。另外，多溴联苯醚分解出密度较大的不燃烧气体具有覆盖作用，从而隔绝或稀释了空气，达到阻燃灭火的目的。因此，多溴联苯醚被大量生产并用于聚合物中作阻燃剂，尤其在电器制造（电视机、计算机线路板和外壳）、建筑材料、泡沫、室内装潢、家具、汽车内饰、装饰织物纤维等。多溴联苯醚与三氧化二锑并用时，则有明显的协效作用，阻燃效能更高，热稳定性好，适用于环氧树脂、酚醛树脂、聚氨酯、丙烯酸树脂、不饱和聚酯树脂、聚苯醚、聚苯乙烯、ABS、硅橡胶等胶黏剂和密封剂（表 3-1-1）。

表 3-1-1　商品多溴联苯醚的主要用途

商品名称	组成	主要用途
十溴联苯醚 DBDE	97%DecaBDE，3%NonaBDE	聚合物、电子设备和纺织品
八溴联苯醚 OBDE	6%HexaBDE，42%HeptaBDE，36%OctaBDE，13%NonaBDE，2%DecaBDE	聚合物，主要用于办公室设备
五溴联苯醚 PeBDE	以 PentaBDE 和 TetraBDE 为主，含少量 HexaBDE	聚合物，主要用于聚氨酯泡沫

商品化五溴联苯醚几乎全部用于家具、床垫、地毯衬垫和汽车座椅的软质聚氨酯泡沫中。商品化八溴联苯醚多用于生产丙烯腈-丁二烯-苯乙烯（ABS）塑料，在特点电器和电子设备中使用。商品化十溴联苯醚主要用于生产耐冲性聚苯乙烯（HIPS）塑料，常被用来制作电视机的背面部分，并且也用于某些类型的阻燃纺织品。近年来，几乎所有的商品化五溴联苯醚均使用在美国，而商品化八溴和十溴联苯醚在美国的使用比例接近全球使用量的一半（表 3-1-2）。

表 3-1-2　商品化 PBDE 产品

商品化 PBDE 产品	商品混合物组成	应用	美国 2001 年需求量/t	美国占世界需求量比例/%
五溴联苯醚（DE-71）	24%～38%四溴联苯醚 50%～62%五溴联苯醚 4%～12%六溴联苯醚 0～1%三溴联苯醚	家具、床垫、地毯衬垫的软质聚氨酯泡沫	7 100	95
八溴联苯醚（DE-79）	0.5%五溴联苯醚 12%六溴联苯醚 45%七溴联苯醚 33%八溴联苯醚 10%九溴联苯醚 0.7%十溴联苯醚	电脑外壳 ABS 塑料中的阻燃剂	1 500	40
十溴联苯醚（DE-83R）（Saytex102E）	0.3%～3%九溴联苯醚 97%～99%十溴联苯醚	电视机后盖和商品室内装饰物 HIPS 塑料中的阻燃剂	24 500	44

十溴联苯醚用途广泛，适用于聚乙烯树脂、聚丙烯树脂、ABS 树脂、环氧树脂、PBT 树脂、硅橡胶、三元乙丙橡胶及聚酯纤维、棉纤维等纤维的阻燃后整理剂等。此外，因可以承受较高的加工温度，十溴联苯醚也适用于较高的加工温度下成型的塑料品种。

目前，我国使用的含多溴联苯醚商品主要有工业五溴联苯醚（以四、五溴代联苯醚为主）、工业八溴联苯醚（以六、七、八溴代联苯醚为主）和十溴（以十溴联苯醚为主）等，其中十溴联苯醚每年的使用量约 4 万 t。

3.2　全氟辛酸、全氟辛烷磺酸（盐）和全氟辛烷磺酸氟

全氟化合物（PFASs）是一类重要的工业和商业原料，由于其具有优良的稳定性、表面活性以及疏水疏油性等非常独特的物理化学性质被广泛用于化工、造纸、纺织、涂料、皮革、合成洗涤剂等工业和民用领域，如可用作疏水疏油抗污剂（地毯、纺织、室内装潢、皮革、纸质产品等）、阻燃剂（航空航天、消防）、表面活性剂（灭火泡沫、碱性清洁剂）、光致抗蚀剂（半导体工业）、电镀抗雾剂、相纸抗静电剂、涂料添加剂等，并可作为杀虫剂、除草剂、润滑剂、黏合剂和化妆品的成分等。由于使用范围宽广，在 PFASs 的制备、生产、使用、运输、存储等过程中，PFASs 由直接和间接的污染源进入环境中，并通过生物浓缩、食物链传递等方式进入生物体和人体中。据不完全统计，1951—2004 年，有 3 200～7 300 t 全氟羧酸类化合物被释放至环境中。

3.2.1　全氟辛烷磺酸（PFOS）

加拿大环境部将全氟辛烷磺酸（PFOS）定义为可能降解或转化成为全氟辛烷磺酸含有半全氟辛基磺酰的物质，即包括全氟辛烷磺酸及其前体。全氟辛烷磺酰氟（PFOSF）的主要生产过程是电化学氟化（ECF）。反应方程式为：

$$C_8H_{17}SO_2Cl + 18HF \longrightarrow C_8F_{17}SO_2F + HCl + 副产品$$

反应产品全氟辛烷磺酰氟（PFOSF）是全氟辛烷磺酸和与全氟辛烷磺酸有关物质合成的主要中间体。作为商品的全氟辛烷磺酰氟产品是大约 70% 线型的和 30% 支链型的全氟辛烷磺酰氟衍生物杂质的混合物。据估算，截至停产之日，1985—2002 年美国 3M 公司全氟辛烷磺酰氟全球产量为 13 670 t，全氟辛烷磺酸和与全氟辛烷磺酸有关物质的全球产量约为 3 700 t。到 2000 年底，3M 公司已经停止生产这些物质的 90%，2003 年初生产完全停止。根据日本 2006 年向《斯德哥尔摩公约》秘书处提交的最新材料，日本仍有一家生产商在生产全氟辛烷磺酸，产量为 1～10 t。目前，已有资料显示我国在 2004 年 PFOS 的年产量为 50 t，快速增长至 2006 年的 200 t，并有 100 t 用于出口。

　　带有长碳链的全氟化物质，包括全氟辛烷磺酸，都是既防脂又防水的。因此与全氟辛烷磺酸有关的物质在不同用途中被用作表面活性制剂。这些物质的极端持久性使它们适合于高温作业或与强酸或碱接触的作业。正是很强的碳氟结合特性使氟化物质具有持久性。在美国和欧洲，全氟辛烷磺酸的主要相关用途是：灭火器泡沫、地毯、皮革制品/服装、纺织品/垫衬料、纸张和包装材料、涂料和涂料添加剂、工业和家用清洁剂、杀虫剂等。

　　全氟辛烷磺酸在环境中的出现是人为生产和使用的结果。其中，生产和使用过程构成了当地环境中全氟辛烷磺酸的主要来源。如生产全氟辛烷磺酸等物质厂排放的污水、消防训练的土壤、污水处理厂的污泥、废渣填埋场等都可能给当地带来较高的全氟辛烷磺酸污染。由于全氟辛烷磺酸具有表面活性和较低的挥发性，因此，研究者推断全氟辛烷磺酸主要吸附在大气的颗粒物中，并随之迁移；然而，近期的研究显示，全氟辛烷磺酸的前躯体也有相近的环境行为，同时，在迁移过程中伴随着向全氟辛烷磺酸的转化过程。

3.2.2　全氟辛酸（PFOA）

　　PFOA 指代的是全氟辛酸本身及其盐类，是生产氟化乙醇（perfluorinated alcohol）的调聚反应副产品，在防水防污衣物及消防用水成膜泡沫的制造过程中也会有 PFOA 的生成。被用于食品包装的氟化调聚物（fluorotelomer）也能够降解生成 PFOA。PFOA 主要被用来制备其盐类。全氟辛酸盐类是工业用表面活性剂，杜邦公司用其生产聚四氟乙烯（polytetrafluoroethylene，PTFE，商品名称"特氟龙"）的重要原料组分之一。"特氟龙"则因其出色的热稳定性及防水防黏性而用作不粘锅涂层等。在 2006 年，包括杜邦在内的 8 家美国公司（包括在美企业）与 EPA 签订了 PFOA 减排协议，分阶段停止使用 PFOA，并于 2015 年前在所有产品中全面禁止使用 PFOA。美国 3M 公司已于 2002 年停止 PFOS 及其相关产品的生产，欧盟于 2007 年 4 月实施 PFOS 禁令。根据日本 2006 年向《斯德哥尔摩公约》秘书处提交的最新材料，日本仍有一家生产商在生产全氟辛烷磺酸，产量为 1～10 t。巴西提交的材料说明全氟辛烷磺酸锂盐还在生产，但没有数量数据。

3.2.3　其他全氟化合物（PFAAs）

　　由于全氟辛烷磺酸和全氟辛酸等相关产品被限制或禁止使用，因此替代品研发成为当务之急。这项工作早在 21 世纪初就已经开始，要求非常明确：首先是不含 PFOS（包括 PFOA），同样重要的是，功能不亚于含 PFOS 的功能整理剂。2002 年美国 3M 公司研发全氟丁基磺酸（PFBS）替代 PFOS，由此生产出 Scotchguard 系列商品。由于氟碳链短，因此无明显持久生物积累性，短时间能随人体新陈代谢排出体外，且其降解物无毒无害，对环境无损。但这些产品与用 PFOS 制得的产品相比，拒油性能还有相当距离。

全氟己基磺酸盐或磺酰化物（PFHxS）和全氟己酸（PFHxA）是目前替代 PFOS 的热门选题，国内的浙江巨化集团已于 2004 年开始研究。各国典型品种有：科莱恩在 2006 年 6 月德国举行的 Techtextil&Avantex 展览会上推出的 Nava N 系列产品，日本旭硝子公司的 Asahi Guard AG-E061，大金工业株式会社与美国道康宁公司的优尼恩 TG-5521，德国 Rudoff 公司的 Rucoguard AC6、AR6、AT6 等。它们的防水拒油性能与 PFBS 相比有了很大的提高，但 PFHxS 制得产品的拒油性还没有达到 PFOS 和 PFOA 制得产品的水平，而且应用调浆法合成 PFBS 或 PFHxS 时难免混有碳链长的 PFOS。表 3-2-1 列出了从生产使用过程，到环境生物和非生物降解可能进入环境的各类 PFASs。

3.3　多溴联苯

多溴联苯（PBBs）属于溴化阻燃剂中的一种，其结构和性质独特，具有优异的阻燃性能，多被广泛应用于电子电器设备、自动控制设备，建筑材料和纺织品等塑料高聚物中。

PBBs 生产始于 1970 年，1979 年停止生产，其最高使用量小于总的阻燃剂的 1%。PBBs 的商业产品主要包括六溴、八溴、十溴联苯，其商业名称及制造商详见表 3-3-1。PBBs 合成的产品含溴量都较高，含溴量约 76% 的为商用六溴产品，含溴 81%～85% 的为商业八溴到十溴产品。在美国，1976 年停止 PBBs 生产，当时总生产量为 6 065 454 kg，1970—1974 年有 5 363 636 kg 产品被投入使用，其中六溴商业产品约占 87%，八溴和十溴商业产品占总产量约 13%（表 3-3-2）。

除了美国之外，生产 PBBs 的国家还包括德国和法国等。德国一家公司曾经生产名为 Bromkal 80-9D 的高溴代 PBBs 直至 1985 年。法国一家公司曾经生产了商品名为 Adine 0102 的十溴联苯，年产量上百吨，销往英国、西班牙和荷兰等国，其中荷兰年需求量大于 200 t，用于聚丁烯酰酸酯塑料。两家英国公司于 1977 年停止生产了十溴联苯。荷兰十溴联苯年销售量约 9.1 t。到 1999 年，全球内法国还有一家公司生产商用多溴联苯。至今，已经没有商用多溴联苯生产厂商，仅有一些标准物质多溴联苯生产厂商存在。

六溴联苯商业产品中含有 4% 五溴联苯、63% 六溴联苯和 33% 七溴联苯，且六溴联苯中的 2,2′,4,4′,5,5′-六溴联苯（HxBB）约占 60%。八溴联苯商业产品中含有七溴联苯、八溴联苯和九溴联苯，八溴联苯商业产品中九溴联苯占大部分。十溴联苯商业产品中含 96.8% 十溴联苯、2.9% 九溴联苯和 0.3% 八溴联苯。

表 3-2-1　典型全氟化合物产品及其用途

物质名称	类别	C_nF_{2n+1},R=	典型化合物	用途
全氟磺酰胺类物质	MeFASAs	—SO₂NH(R') R'=C_mH_{2m+1}(m=1,2,4)	MeFOSA, $C_8F_{17}SO_2N(CH_3)H$	表面活性剂和表面保护产品的原料
	EtFASAs		EtFBSA, $C_4F_9SO_2N(C_2H_5)H$	
	BuFASAs		BuFOSA, $C_8F_{17}SO_2N(C_4H_9)H$	
	FASEs, MeFASEs, EtFASEs, BuFASEs	—SO₂N(R')CH₂CH₂OH R'=C_mH_{2m+1}(m=0,1,2,4)	FOSE, $C_8F_{17}SO_2NHCH_2CH_2OH$ EtFBSE, $C_4F_9SO_2N(C_2H_5)CH_2CH_2OH$	表面活性剂和表面保护产品的原料
	MeFAS(M)ACs, EtFAS(M)ACs, BuFAS(M)Acs	—SO₂N(R')CH₂CH₂OC(O)CH=CH₂, —SO₂N(R')CH₂CH₂OC(O)C(CH₃)=CH₂, R'=C_mH_{2m+1}(m=1,2,4)	EtFOSAC, $C_8F_{17}SO_2N(C_2H_5)CH_2CH_2OC(O)CH=CH_2$	表面活性剂和表面保护产品的原料
	FASAAs, MeFASAAs, EtFASAAs, BuFASAAs	—SO₂N(R')CH₂COOH R'=C_mH_{2m+1}(m=0,1,2,4)	EtFOSAA,$C_8F_{17}SO_2N(C_2H_5)CH_2CO_2H$	环境降解中间产物
	SFAs, SFAenes	—(CH₂)ₘH, —CH=CH(CH₂)ₘ₋₂H, m=2~16, n=6~16	$F(CF_2)_6(CH_2)16H$	滑雪板应用，医药应用
氟调聚物类	n:2 FTIs	—CH₂CH₂I	8:2　FTI,$C_8F_{17}CH_2CH_2I$	表面活性剂和表面保护产品的原料
	n:2 FTOs	—CH=CH₂	6:2 FTO,$C_6F_{13}CH=CH_2$	表面活性剂和表面保护产品的原料
	n:2 FTOHs	—CH₂CH₂OH	10:2 FTOH,$C_{10}F_{21}CH_2CH_2OH$	表面活性剂和表面保护产品的原料
	n:2 FTUOHs	—CF=CHCH₂OH	8:2 FTUOH,$C_7F_{15}CF=CHCH_2OH$	环境降解中间产物
	n:2 FTACs	—CH₂CH₂OC(O)CH=CH₂	8:2 FTAC,$C_8F_{17}CH_2CH_2OC(O)CH=CH_2$	氟调聚反应和表面保护主要产品原料
	n:2 FTMACs	—CH₂CH₂OC(O)C(CH₃)=CH₂	6:2 FTMAC,$C_6F_{13}CH_2CH_2OC(O)C(CH_3)=CH_2$	

物质名称	类别	C_nF_{2n+1},R=	典型化合物	用途
氟调聚物类	PAPs	$(-CH_2CH_2O)_xP(=O)(OH)_{3-x}$, x=1, 2	8:2 monoPAP,$C_8F_{17}CH_2CH_2OP(=O)(OH)_2$; 8:2 diPAP,$(C_8F_{17}CH_2CH_2O)_2P(=O)(OH)$	表面活性剂和表面保护产品的原料
	n: 2 FTALs, n: 2 FTUALs	$-CH_2CHO$, $-CF=CHCHO$	8:2 FTAL,C8F17CH2CHO; 8:2 FTUAL,C7F15CF=CHCHO	环境降解中间产物
	n: 2 FTCAs	$-CH_2COOH$	8:2 FTCA,$C_8F_{17}-CH_2COOH$	环境降解中间产物
	n: 2 FTUCAs	$-CF=CHCOOH$	8:2 FTUCA,$C_7F_{15}F=CHCOOH$	环境降解中间产物
	n: 3 Acids	$-CH_2CH2COOH$	7:3 Acid,$C_7F_{15}CH_2CH_2COOH$	环境降解中间产物
	n: 3 UAcids	$-CH=CHCOOH$	7:3 UAcid,$C_7F_{15}CH=CHCOOH$	表面活性剂和环境降解中间产物
	n: 2 FTSAs	$-CH_2CH_2SO_3H$	8:2 FTSA,$C_8F_{17}-CH_2CH_2SO_3H$	
其他	Polyfluoroalkyl ether carboxylic acids	$-O(C_mF_{2m})OCHF(C_pF_{2p})COOH$	4,8-Dioxa-3H-perfluorononanoate, $CF_3OCF_2CF_2CF_2OCHFCF_2COOH$	氟聚反应助剂

表 3-3-1　PBBs 主要制造商及产品名称

名称	制造商	CAS 编号
六溴产品		
FireMaster® BP-6	Michigan Chemical Corp.（St. Louis，Mich.）	59536-65-1
FireMaster® FF-1b	Michigan Chemical Corp.（St. Louis，Mich.）	67774-32-7
八溴产品		
Bromkal 80-9D	Chemische Fabrik Kalk（Cologne，Germany）	61288-13-9
Octabromobiphenyl	White Chemical Corp.（Bayonne，New Jersey）	—
FR 250 13A	Dow Chemical Co.（Midland，Mich.）	—
十溴产品		
Adine 0102	Ugine Kuhlmann now Atochem（Paris，France）	13654-09-6
Berkflam B 10	Berk（London，United Kingdom）	—
Flammex B-10	Berk（London，United Kingdom）	—
Decabromobiphenyl	White Chemical Corp.（Bayonne，New Jersey）	—
HFO 101	Hexcel（Basildon，United Kingdom）	—

表 3-3-2　1970—1976 年美国生产的商业 PBB

年份	1970	1971	1972	1973	1974	1975	1976	合计
六溴产品/t	9.5	84.2	1 011	1 770	2 221	0	0	5 369
八溴和十溴产品/t	14.1	14.1	14.6	163	48	77.3	366	702
总 PBBs/t	23.6	98.3	1 025.6	1 933	2 269	77.3	366	6 071

3.4　十氯酮

十氯酮首次于 1951 年生产，1952 年美国 Allied Chemical 公司注册十氯酮专利，1958 年联合化学公司开始在美国销售该产品，产品的商品名称为"开蓬®"和"GC-1189"。1966 年开始在 Hopewell 市生产，1974 年转移到 Life Sciences Products（LSP）继续生产，到 1975 年停产时总计生产 153 万 t 十氯酮。另外，在此期间，稀释后的工业级十氯酮（活性成分为 80%）从美国大量销往欧洲，尤其是德国，并在当地被转化为克来范（Kelevan）。这是十氯酮的衍生物，两者用途相同。在环境中，克来范经过氧化，成为十氯酮。同时，大约有总产量 90% 的十氯酮出口到欧洲、拉丁美洲和非洲。1981—1993 年，De Laguarique 以"克隆"（Curlone）为商品名，在法国销售配方十氯酮。这种配方的十氯酮在巴西合成，1993 年被法国禁止使用。在加拿大，2000 年以后登记注册的虫害防治产品中均不含十氯酮。自 1972—1993 年被法国政府禁止使用，十氯酮在法属西印度群岛被用于香蕉种植业，法属西印度群岛主要由瓜德罗普岛（Guadeloupe）和马提尼克岛（Martinique Island）组成，这里热带气候适宜种植香蕉，为控制害虫，大约有 180 t 的十氯酮被施用。没有资料表明目前正在生产或使用十氯酮及相关产品。

十氯酮被广泛用于热带地区，用于防治香蕉球茎象鼻虫，这是十氯酮注册后用在食品方面的唯一用途。这种杀虫剂对于防治切叶虫很有效，但对于吸虫的防治却效果一般。过去，十氯酮一直被世界各地用于控制各种害虫，它可作为幼蝇杀虫剂和杀真菌剂，以防治苹果黑星病和白粉病、控制科罗拉多薯虫、不结果柑橘上的锈螨、剑兰以及其他植物上的马铃薯和烟草切根虫。十氯酮还可作为家用产品，如浓度大约为 0.125% 的蚂蚁和蟑螂捕捉剂。蚂蚁和蟑螂药饵中的浓度大约为 25%。

3.5　α-六氯环己烷、β-六氯环己烷和林丹

3.5.1　六氯环己烷（六六六）

有机氯农药自 20 世纪 40 年代在农业中开始推广应用以来，直到 60 年代末是世界上产量最高、用量最大的农药。由于它们防治面广，药效比当时的其他农药好，并且它们的急性毒性低，残留毒性尚未被发现，因此被广泛用于防治作物、森林和牲畜的虫害。1825 年 Michael Faladay 合成了六六六，1942 年发现其杀虫功效。1946 年起，许多国家开始大规模生产和使用 HCHs，仅 1986—1987 年，印度就生产了约 270 000 t。表 3-5-1 是六六六在全球的生产和使用状况。20 世纪 80 年代后，大部分发达国家包括一些发展中国家禁止生产和使用混合六六六，其中加拿大率先于 1971 年禁止使用 HCHs，随后美国也在 1978 年禁用，1980 年韩国和德国开始禁用，我国和苏联分别于 1983 年和 1990 年正式禁止使用 HCHs，六六六的总含量明显降低。尽管在大多数发达国家工业纯 HCHs 已经禁止使用，由于技术和经济等方面原因，20 世纪 90 年代后还有一些国家使用六六六，印度就是其中之一。同时，大量的混合六六六库存、包装物、废弃物等排放入环境中，给人体健康造成了严重威胁。在东欧和苏联国家也存在着同样的问题。

中国一度是生产和使用六六六的大国，自 20 世纪 60 年代初开始生产到 1983 年停止生产，产量呈逐年持续增长趋势：60 年代为 68310 t，70 年代为 171672 t，80 年代为 241613 t。30 多年来，我国累计施用六六六约 490 多万 t，是同期国际上的 3 倍以上。

表 3-5-1 六六六的生产和使用状况

时间	地点	六六六	消耗数量/t	禁止生产	
				国家	时间
1945—1992	全球	混合六六六	1 400 000	加拿大	1971
	美国	混合六六六	400 000	中国	1983
1960—1989	全球	混合六六六	403 900	苏联	1990
		γ-六六六	146 700	美国	1978
1980	全球	混合六六六	40 000		
1990	全球	混合六六六	29 000		
70 年代后期	中国	混合六六六	60 000		
1990	印度	混合六六六	28 400		

3.5.2 林丹

林丹俗称"灵丹",是从工业品六六六中提取出来的γ-HCH,纯度达到 99.5%以上,广泛用于农业、林业、畜牧业和卫生害虫的防治。世界上能够生产六六六的国家很多,但是具有林丹生产能力的国家很少,具有出口能力的国家更少。1990 年数据显示,其中生产吨位比较大的国家有:法国年产量 3 800 t,西班牙 1 300 t,中国 1 200 t,这些国家生产的林丹除自销外,主要用于出口。苏联虽有较强的生产能力和较大的生产吨位,但是其销售市场立足于本土。如果把苏联和其他自产自销部分估计在内,全世界林丹的年产量在 7 000～10 000 t。据美国佐康公司提供的资料,1980 年全世界销售量为 5 773 t。又据天津大沽化工厂商情组提供的情报,1987 年全世界林丹销售量为 6 300 t(表 3-5-2)。林丹的主要销售市场是前欧洲共同体(现欧盟),每年在欧洲共同体的销售量占全世界总销售量的 50%～75%,其次是美国和加拿大,约占总量的 10%,第三世界国家销售量较小。

表 3-5-2 林丹的国际市场销售情况

年份	1980			1987	
地区	销售量/t	百分比/%	佐康公司销售量/t	销售量/t	百分比/%
美国	418	7.2	317	400	6.3
加拿大	464.5	8	167		
南美洲	509	8.8		200	3.2
中美洲	217.2	3.8			
欧洲共同体	3 030.5	52.5		4 700	74.6
东欧	81.4	1.4		200	3.2
非洲	581.4	10.1		400	6.3
中东	216.3	3.7			
东南亚	133	2.3		300	4.8
澳大利亚	121	2.1		100	1.6
合计	5 773	100	484	6 300	100

　　河南银田精细化工有限公司曾经登记过的林丹产品有 1.5%粉剂、6%粉剂和 6%可湿性粉剂，登记证有效日期至 2009 年 4 月 28 日。该公司是以订单进行生产和销售林丹，主要通过植物保护站系统销售和推广，推广仅限用于河南、山西、陕西等省黄河滩区域飞蝗和小麦吸浆虫重发区。由于实行订单式生产，所以无库存，原本存放点的地面已经被硬化、当时的生产车间现已被改造用于其他农药产品的生产。辽宁沈阳化工股份有限公司，于 2003 年前生产林丹原药，主要用于出口。该厂于 2003 年全面停止生产该产品，并于 2005 年拆除全部生产设备并销毁，产品没有库存。

　　根据联合国粮农组织年鉴统计，1980 年以前，林丹在第三世界国家每年的使用量维持在 4 000 t 的范围，1980 年以后维持在 2 000 t 左右（表 3-5-3）。如果把在第三世界的使用有所下降，而前欧洲共同体销售量有所增加做一统筹考虑，全世界 1990 年林丹的总销售水平基本上维持在 6 000 t 左右。

表 3-5-3　部分国家林丹的使用量　　　　　　　　单位：t

地区	1977 年	1980 年	1984 年	1986 年
奥地利	41	34	39	
丹麦	9	8	6	5
捷克斯洛伐克	44	2		
匈牙利	323	37		
意大利	1 956	1 576	1 478	
波兰	198	145	166	2
葡萄牙	12	5		
瑞典	13	9	6	
芬兰	14			
埃及	201		2	
肯尼亚			6	
利比亚			4	3
尼日尔	3	12	53	397
洪都拉斯				137
塞内加尔	6			
墨西哥	200	35	15	
缅甸	370		10	
印度	30			255
巴基斯坦				
土耳其	104	73		
阿根廷	1	183	172	
总计	4 526	2 119	1 960	798

2010 年 1 月 6 日，我国目前唯一登记生产林丹原药产品的企业——天津市大沽化工股份有限公司的 99%原药登记证到期，2009 年 4 月 28 日，我国目前唯一登记生产林丹制剂产品的企业——河南银田精细化工有限公司的 1.5%粉剂、6%粉剂、6%可湿性粉剂等 3 个登记同时到期。从理论上讲，我国已经完全停止林丹原药和制剂生产，按照制剂产品 2 年质量有效期计算，最晚 2011 年 4 月 29 日，我国已彻底淘汰林丹产品的使用。

3.6　五氯苯

五氯苯是生产制造杀菌剂五氯硝基苯的一种中间体（我国五氯硝基苯是以硝基苯为原料经氯化生产）。为了减少五氯苯的环境排放，一些美国和欧洲的生产企业正在改善五氯硝基苯的生产工艺；有些国家已停止五氯硝基苯的生产使用。摩尔多瓦报告称，早在 1986 年苏联就对五氯硝基苯颁布了禁令。美国报告称，过去曾使用五氯苯生产五氯硝基苯，但没有报告美国生产和使用五氯硝基苯。国际消除持久性有机污染物联盟报告称，1991 年欧盟就对五氯硝基苯颁布了禁令，但布基纳法索、喀麦隆、佛得角、乍得、冈比亚、马达加斯加、尼日尔、坦桑尼亚、乌干达、印度、斯里兰卡以及伯利兹没有注册使用五氯硝基苯。在澳大利亚，13 种防治草坪、棉花、园艺和观赏植物的杀菌剂产品中使用了五氯硝基苯。Bailey 报告称，五氯苯过去可作为生产五氯硝基苯的一种中间体使用，并且现已存在一种不使用五氯苯的替代生产工艺。

1972 年，美国五氯硝基苯的生产量估计为 1 300 000 kg，其中 30%～40%用于出口。而其他销售数据已无法追溯。报告称，1995 年加拿大不列颠哥伦比亚政府五氯硝基苯的销售量达 15 581 kg。根据美国环境保护局（1998）报告，美国五氯硝基苯的销售数据乘以五氯苯所占的比例（<0.01%五氯苯），导致美国用于五氯硝基苯的五氯苯最大潜在排放量为 1 300 000 kg×0.6×0.000 1=78 kg。而据《有毒化学品释放目录》报告，2000—2004 年，美国五氯苯的排放总量在 763～1 512 kg/a。

五氯苯在我国并未申请农药登记，也不是作为一种农药来使用的，但是五氯硝基苯却作为杀菌剂在广泛使用，其生产过程中硝基苯氯化过程中很可能生成五氯苯杂质；同时，莠去津、硫丹、二氯吡啶酸、甲基毒死蜱等农药的生产过程中也有可能生成五氯苯杂质。

第4章 环境中的新增列持久性有机污染物

4.1 多溴联苯醚（PBDEs）

由于具有低挥发性、低水溶性而极易吸附于泥土和颗粒物上的特点，大部分高溴代联苯醚主要沉积在距污染源较近的河流底泥和附着于空气中的悬浮颗粒中，一些职业暴露人群体内也有高溴代联苯醚检出，而在海洋生物体中则很少有高溴代联苯醚的存在。低溴代化合物具有相对较高的挥发性、水溶性和可生物富集性，所以在底泥、水生生物、水体和空气，乃至人体中都有低溴代联苯醚的存在。

国外对溴代阻燃剂在环境中的污染及对动物和人体影响的研究始于 20 世纪 70 年代末，从 20 世纪 90 年代初以后，欧洲各国、北美和日本都相继开展了对 PBDEs 的各种研究工作，有关 PBDEs 在环境介质、生物体及人体组织中的含量分布、来源、在生物链中的累积及迁移问题已经成为环境科学研究中的热点。而我国有关环境中 POPs 的研究工作，除了主要针对《关于持久性有机污染物的斯德哥尔摩公约》中的首批控制的 POPs 以外，对 PBDEs 等"新 POPs"的研究也取得了一定的成果，主要研究区域集中在广东贵屿、清远、浙江台州等典型电子垃圾拆解地以及珠江三角洲等经济高速发展区域，研究 PBDEs 在上述区域内环境介质、生物体以及人体内的污染特征，此外，污水处理厂污泥作为 PBDEs 的重要"汇"之一，也属于重点关注的介质和对象。

4.1.1 空气中的 PBDEs

作为添加型阻燃剂，PBDEs 在其生产、运输和作为阻燃剂添加到化工产品的生产过程以及在废弃物的存放、处理和处置过程中不可避免地通过各种途径进入空气环境中。此外，废弃物的焚烧也是 PBDEs 进入大气的重要途径之一。PBDEs 的蒸气压随溴原子个数的增加而呈线性降低，由此推断高溴代联苯醚更易结合在颗粒物上，而不是在气相上。因此，低溴代联苯醚更易在大气中长距离传输，而高溴代特别是 BDE209 远距离迁移能力较差。

　　大气中的 PBDEs 以 BDE28、BDE47、BDE66、BDE99 和 BDE209 等为主，主要源自使用含五溴和十溴联苯醚的工业品。表 4-1-1 中列出了中国不同地区大气中 PBDEs 的浓度。从表中可以看出，作为大气本底基准观象台的青海省瓦里关站已经受到 PBDEs 的轻微污染（8.3 pg/m^3），研究结果证实了 PBDEs 的长距离传输特性。广东省一些典型的电子垃圾拆解地和经济发展较为迅速的广州、香港等地的大气中存在较为严重的 PBDEs 污染。陈来国等对广州市区大气中的 PBDEs 研究表明，广州大气中 PBDEs 的污染程度与美国芝加哥和日本京都等世界其他城市相当，以 BDE47、BDE99 和 BDE209 为主，其中 BDE209 的污染程度较重。作者指出，新工业区的排放是广州市区大气中 PBDEs 污染的一个重要来源。与经济高速发展的城市相比，电子垃圾拆解地大气中 PBDEs 的污染更为严重，电子垃圾的非法拆解、露天焚烧和倾倒是造成 PBDEs 污染的主要原因。

表 4-1-1　PBDEs 在中国不同地区大气中的浓度　　　　　　　　　　单位：pg/m^3

采样时间	地点	ΣPBDEs	BDE28	BDE47	BDE66	BDE99	BDE209
2004.8—9	贵屿	21 474	486	6 456	1 782	5 519	na
2004.8—9	广州	204~372	4.60~5.75	71.1~122	6.32~11.7	61.0~122	na
2004.10—2005.4	广州	689~6 985	70~95	184~387	24~51	110~191	107~6 267
2004.8—9	香港	33.8~358	0.97~2.99	3.52~79.7	0.54~5.55	2.58~129	na
2005.9	贵屿	4 830~11 742	406~1 112	848~4 105	216~970	487~2 491	1 949
2005.10	台州	92~3 086					1 101
2005.9	陈店	237~376	18.2~28.2	75.2~115	9.12~17.5	28.2~45	98.9
2006.12—2007.8	北京	2.3~18	0.53~6.9	0.77~7.2	0.16~1.6	0.32~1.1	na
2004.9—11	东部地区	nd~340	nd~130	nd~78	na	nd~50	na
2005.4—5	瓦里关	2.2~15	na	1.3	na	0.9	0.8

注：nd—低于检出限；na—未检出，全书同。

　　随着在大气环境研究中被动采样技术的开发和性能完善，许多被动采样器被应用于空气中 PBDEs 等 POPs 类物质的采集，由于被动采样器具有可在广大区域范围内实现大气 POPs 同步观测的优势，利用被动采样器研究空气中 PBDEs 污染状况将成为今后的发展趋势。

4.1.2　土壤中的 PBDEs

土壤具有较强的吸附能力，作为 PBDEs 较大的"汇"之一，土壤在对 PBDEs 的时空分布和地球化学循环过程起着非常重要的作用。含 PBDEs 的各种电子垃圾的非法拆卸和长期露天堆放，导致其中的 PBDEs 可以通过挥发和沉降等过程进入土壤，也可以随降水和地表径流渗入土壤。由于电子垃圾处置较为集中，土壤中 PBDEs 的含量在电子垃圾处置地周围相对较高。目前，对于土壤中 PBDEs 的污染研究主要集中在广东贵屿、清远和浙江台州等地区。表 4-1-2 对文献报道土壤中 PBDEs 的污染水平进行了汇总，BDE47、BDE99、BDE153、BDE183 和 BDE209 是土壤中 PBDEs 污染浓度较高的同类物。

表 4-1-2　PBDEs 在中国广州市和部分电子垃圾处置地土壤中的污染水平

单位：ng/g 干重

采样时间	地点	ΣPBDEs	BDE209	浓度较高同类物	所测 PBDEs 同类物
不详	台州	857.5～991.2	na	BDE47（195～264） BDE99（502～599） BDE153（68.0～82.4）	15, 28, 47, 99, 139, 153, 154, 183
2005.8	贵屿	0.40～789.5	na	BDE47 BDE99 BDE153	7, 15, 17, 28, 47, 49, 66, 71, 77, 85, 99, 100, 119, 126, 138, 153, 154, 183, 209
2 003.8	贵屿	1 169	na	BDE47（5.89～244） BDE99（13.3～615） BDE100（2.7～89.4） BDE153（44.1～210） BDE183（12.3～824）	3, 7, 15, 17, 28, 47, 49, 66, 71, 77, 85, 99, 100, 119, 126, 138, 139, 153, 154, 183
2004.2	贵屿	3.8～3 570	2.7～1270	BDE47（0.237～129） BDE99（0.199～233） BDE153（0.053～66.2） BDE183（0.066～111） BDE197（0.051～57.2） BDE207（0.102～132）	3, 7, 15, 28/33, 47, 49, 66, 71, 77, 85, 99, 100, 119, 126, 138, 153, 154, 183, 190, 197, 203, 207, 209
2002.8	广州	2.51～37.1	2.38～34.5	BDE47（0.057～2.17） BDE99（0.023～0.502） BDE153（0.007～0.273） BDE183（0.010～0.326）	28, 47, 66, 100, 99, 154, 153, 138, 183, 209
2005.6	清远 佛山 东莞	9.6～121.5	9.16～102	BDE47（0.249～2.55） BDE99（0.051～4.2） BDE153（0.02～2.05） BDE183（0.036～8.91）	28, 47, 66, 100, 99, 154, 153, 138, 183, 209

采样时间	地点	ΣPBDEs	BDE209	浓度较高同类物	所测 PBDEs 同类物
2005.9— 2006.1	清远	39.1~ 2 689.1	29.9~ 1 539.3	BDE209 BDE207 BDE206 BDE203	1，2，3，7，8，10，11，12， 13，15，17，25，30，32， 33，28，35，37，47，49/71， 66，75，77，85，99，100， 119，116，118，126，138， 153，154，155，166，181， 183，190，196，197，203， 205，206，207，208，209
2007.4	台州 沿海	354	311	BDE183（10.7） BDE47（5.9） BDE153（4.4）	3，15，17，28，47，66，99， 100，153，154，183，209

Leung 等对贵屿地区表层土壤和燃烧残留物中 PBDEs 的进行检测，总 PBDEs 的浓度在采自居民区内的塑料芯片和电缆燃烧残留物中高达 33 000～97 400 ng/g 干重，在酸浸处理电子产品处的土壤中为 2 720～4 250 ng/g 干重，在打印机硒鼓堆放处的土壤中浓度为 593～2 890 ng/g 干重，其中 BDE209 占 35%～82%，说明十溴联苯醚工业品在当地较为普遍。作者同时指出，电子废物粗放的处理方式，包括拆解、酸浸和露天焚烧是当地环境中 PBDEs 的排放源。Zou 在珠江三角洲地区的研究发现，该地区土壤与珠江入海口底泥中 PBDEs 的分布类型非常相似，由此推断土壤侵蚀和地表流失是 PBDEs 从陆地污染源到海洋传输的重要方式。此外，城市化和工业化的发展也会带来土壤中 PBDEs 浓度的升高。值得注意的是，Luo 等在广东清远地区的研究表明，土壤中的 PBDEs 同类物以 BDE209 和八溴代、九溴代联苯醚为主，具体原因还有待进一步研究。

4.1.3 水体和沉积物中的 PBDEs

有机物的正辛醇-水分配系数是用来预测其在水中行为的重要参数，有报道和理论计算结果都表明，PBDEs 的溶解度随溴取代个数的增加而减小。由此推测低溴代联苯醚比高溴代在水中的流动性更强一些。所以高溴代 PBDEs 有可能在污染源附近的底泥里面有更高的残留分布。研究表明，不同流域沉积物中 PBDEs 的污染水平和状况也不一样，这主要与当地商品溴代联苯醚使用的类型和周围具体环境有关。青岛近海岸沉积物中总 PBDEs 含量范围在 0.12-5.51 ng/g 干重，主要以六溴代及以下的联苯醚为主，这与天津大沽排污河口沉积物中 PBDEs 的分布特征相似，而 Wang 等的研究结果表明，渤海地区沉积物中 PBDEs 以 BDE209 为主。总之，近年环渤海区域沉积物中的 PBDEs 含量呈上升趋势。Chen 等的研究发现，长三角沉积物中 PBDEs，特别是低溴代联苯醚在世界范围内处于较低水平，比珠三角沉积物中 PBDEs 要低，这可能与长江口杭州湾一带特殊的水动力条件有关，长江口杭州湾受径流、潮流强烈的相互作用（如稀释、冲刷等）使河口内外物质交换频繁，不利于污染物在当地的沉积。作者同时指出，沉积物中极低的总有机碳含量也不利于 PBDEs 在当地沉积物中的吸附。长三角沉积物中的 PBDEs 以低溴代的 BDE28、BDE47、BDE99 和 BDE100 占较高比重，这可能是由于 PBDEs 在迁移过程中产生分馏作用的结果，沉积物粒径和总有机碳含量可能是这一作用的主要控制因素。罗孝俊等对珠江入海口的研究表明，PBDEs 在水体中的分布随采样季节显示出明显的差异，其中溶解有机碳和悬浮颗粒物的含量可能是水体中 PBDEs 含量的主要控制因素。Chen 发现珠三角地区北江沉积物中的 PBDEs 以 BDE209、BDE47 和 BDE99 为主，主要源于商品十溴和五溴的使用，工业区沉积物中 PBDEs 也有类似报道。据估计，珠三角地区每年由河流带入海洋中的 BDE209 的量高达 940 kg。

一般而言，河流沉积物中的 PBDEs 以 BDE28、BDE47、BDE99、BDE100、BDE153、BDE183 和 BDE209 为主。然而，典型的电子垃圾拆解地河流沉积物中 PBDEs 的污染特征与采样点周边的状况密切相关，Leung 等对广东贵屿一个岸边焚烧点的沉积物检测发现，总 PBDEs 的含量高达 63 300 ng/g 干重，当地电子垃圾粗放式的回收处理方式是产生这一结果的主要缘故，其中以 BDE209 和八、九等高溴代的联苯醚为主。一些 PBDEs 生产厂也逐渐受到重视。Xu 对江苏金湖农抗河的研究表明，虽然当地生产 PBDEs 的工厂未对该地区的水体及沉积物造成严重污染，但工厂商品八溴联苯醚的生产已经导致环境介质中较高浓度的 BDE183。

表 4-1-3　PBDEs 在中国不同地区水体和沉积物中的存在水平

单位：ng/L（水），ng/g 干重（沉积物）

采样时间	地点	ΣPBDEs	BDE209	浓度较高同类物	所测 PBDEs 同类物
2005.3	香港（水）	nd～228.2	nd	BDE28 BDE47 BDE100 BDE183	28，47，99，100，153，156，183，209
2005.5 2005.10	珠江口（水）	108～5 788	76～5 693	BDE47 BDE99	28，47，99，100，153，154，183，209
2006	清远（水）	23.8～25.0	0.40～0.41	BDE28（5.03） BDE47（10.7） BDE99（3.22） BDE100（1.00）	28，47，66，85，99，100，138，153，154，183，196，197，203，205，206，207，208，209
2003.8	贵屿	32.3	na	BDE47（3.94） BDE99（6.87） BDE153（3.36） BDE183（3.81）	3，7，15，17，28，47，49，66，71，77，85，99，100，119，126，138，139，153，154，183

采样时间	地点	ΣPBDEs	BDE209	浓度较高同类物	所测 PBDEs 同类物
2004.2	贵屿岸边焚烧点	63 300	48 600	BDE153（1230） BDE183（2563） BDE197（3540） BDE203（1230） BDE207（2300）	3，7，15，28/33，47，49，66，71，77，85，99，100，119，126，138，153，154，183，190，197，203，207，209
2006.8	环渤海	2.45	2.29	BDE47 BDE99 BDE71 BDE28	17，28，47，66，71，85，99，100，138，153，154，183，190，209
2006.9—12	北京	1.3～1.8	0.41～0.93	BDE47 BDE99 BDE100 BDE153	17，28，47，66，71，85，99，100，138，153，154，183，209
2007.2	莱州湾	1.3～1 800	nd～1 800	BDE206 BDE207 BDE208	28，47，99，100，153，154，183，206，207，208，209

4.1.4 污水处理厂污泥中的 PBDEs

对持久性有机污染物而言，城市污水处理厂在高效去除氮、磷和有机物的同时，污水处理后的流出物及产生的污泥是 PBDEs 等 POPs 的潜在点源污染。

我国对污水处理厂污泥中 PBDEs 的研究相对较少，表 4-1-4 中列出了现有的对污水处理厂污泥中 PBDEs 的研究结果。可以看出，BDE209 在污水处理厂污泥中含量较高，其次为 BDE47、BDE99 和 BDE183。目前，全国有 600 多个污水处理厂，在污水处理过程中有超过 95% 的 PBDEs 被去除至污泥中。据估计，每年由污水处理厂向珠江排放的 PBDEs 总量为 2 280 kg，由处理污水处理厂污泥过程带来的 PBDEs 污染问题逐渐受到人们的关注。

表 4-1-4 污水处理厂污泥中 PBDEs 的浓度 单位：ng/g 干重

地点和时间	ΣPBDEs*	BDE209	浓度较高同类物	所测 PBDEs 同类物
中国 26 个城市 2005.2—6	6.2～57	nd～1 109	BDE47（5.0） BDE99（4.5） BDE183（2.1）	17，28，47，66，71，85，99，100，138，153，154，183，209
北京高碑店 2006.9 2006.12	3.74～10.98	nd～742.53	Tetra-BDE Penta-BDE	17，28，47，66，71，85，99，100，138，153，154，183，209
珠江三角洲 2006.9 2007.3	8.5～96.2	150～22 894	BDE47（14.0） BDE99（17.7）	28，47，66，85，99，100，153，154，183，196，197，203，205，206，207，208，209

注：*不包括 BDE209。

4.1.5　生物体内的 PBDEs

树皮的最外层由死亡的硬皮细胞和皮孔组成，大气颗粒物中的高溴代联苯醚及气溶胶中的低溴代联苯醚可通过气体扩散被皮孔捕获或经皮孔进入树皮，硬皮细胞含有大量的脂质也可以吸附大气中的 PBDEs，因此，树皮被认为是很好的大气污染指示剂。美国印第安纳大学的 Ronald Hites 以及国内厦门大学的王秋泉较早开展利用树皮监测大气中 PBDEs 的污染方面的工作。

Zhao 等在中国大陆地区 68 个城市采集了 163 个树皮样本，包括 15 种 PBDEs 在内的 17 种溴代阻燃剂浓度在 0.02～48.3 ng/g 干重，研究表明浙江省的台州、温州、广东省以及北京、天津、重庆和西安等城市污染相对较重。同时，作者综合树皮的比表面、脂质含量、化合物辛醇-空气分配系数、温度和总悬浮颗粒物浓度等因素，建立了 POPs 在树皮-大气中分配规律的数学模型，通过模型计算所得的结果与实际测定大气中 POPs 的含量一致。其他研究者也有类似的发现，Liu 等在广东贵屿地区水杉树皮中检出 PBDEs 的最高浓度为 244 ng/g 干重，而 Wen 等在浙江省从事电子垃圾回收的路桥地区研究发现，松树皮中 PBDEs 平均浓度为 25.3 ng/g 干重，其中 BDE209 占 79.3%。

从已发表的研究论文看，对于动物体内 PBDEs 污染的研究多集中在 PBDEs 污染水平及其在食物链中的富集等方面。研究表明，生物体已经受到不同程度的 PBDEs 污染，不同区域内生物体中 PBDEs 同类物的含量与当地使用商品溴代联苯醚的情况密切相关。

亚洲地区蚌类体内 PBDEs 的含量在 0.66～440 ng/g 脂重，以 BDE47、BDE99 和 BDE100 为主。其中渤海地区蚌类体内的 PBDEs 含量以 BDE209 最高（61%～99%），其次为 BDE47 和 BDE99，这与沉积物中 PBDEs 的污染特征并不一致，其原因可能是由于各联苯醚同类物化合物在动物体内的生物累积性和可降解性的差异所致。除 BDE154 外，PBDEs 各同类物的生物体-沉积物累积因子（BSAF）与各自的 $\lg K_{ow}$ 呈现很好的线性相关，BDE183 在生物体内降解转化生成 BDE154 是导致其 BSAF 值升高的主要原因。Wang 等对环渤海水域七种软体动物体内的 PBDEs 进行了研究，通过多元线性回归分析发现，营养级是决定软体动物体内污染物浓度水平的首要因素（呈负相关），其次为脂质含量。同时指出，牡蛎和贻贝以其较高的脂质含量，可作为监测渤海地区 PBDEs 污染状况的生物指示物。

长江下游淡水鱼体肌肉中的 PBDEs 的含量在 18～1 100 ng/g 脂重，水生生物体内 PBDEs 同类物以 BDE47、BDE28、BDE154、BDE100 和 BDE153 为主，虽然与世界其他地区相比，该区域生物体内 PBDEs 的污染水平为中等，但是，伴随着该地区城市化进程中的纺织、电子和化工行业等的发展，必将导致生物体中 PBDEs 浓度的进一步上升。广东省沿海的鱼体中 PBDEs 的浓度在 0.12～69.4 ng/g 脂重。Chen 等对北京地区八种猛禽体内 PBDEs 的研究发现，猛禽体内 PBDEs 以 BDE153、BDE209、BDE183 和 BDE207 等高溴代的联苯醚为主，其中红隼体内 PBDEs 的含量最高，在肌肉和肝脏中的平均浓度分别为 12 300 ng/g 脂重和 12 200 ng/g 脂重。研究结果表明，陆地食物链的生物体有较高的 BDE209 暴露量。Luo 也有类似的发现。Wu 等对广东省清远地区的田螺、虾、鱼和水蛇等生物体中 PBDEs 进行了分析，结果表明该地区已经受到 PBDEs 的严重污染，总 PBDEs 的含量在 52.7～1 702 ng/g 湿重。反映 PBDEs 在生物体内累积程度的 lg BAF（生物累积因子）在 2.9～5.3，其中 lg BAFs 与 lg K_{ow} 之间的关系可用物种抛物线模型表述（最高点 lg K_{ow}=7），即当 lg K_{ow} 值小于 7 时，lg BAFs 随 lg K_{ow} 的升高而增大。然而，由于 PBDEs 各同类物化合物在生物体内代谢程度的差异，只有 BDE47、BDE100 和 BDE154 在淡水食物链中呈现了生物放大效应。与其他陆生和水生动物相比，青蛙体内的 PBDEs 呈现特别的分布模式，以 BDE99、BDE153、BDE183、BDE209 和 BDE47 为主，且雄蛙对 BDE47 有较强的代谢能力。这也有可能是 BDE47 本身在生物体内含量较高的缘故。Luo 等对珠江三角洲地区包括秧鸡科、鹭科和鸊䴘科在内的五种水鸟肌肉中 PBDEs 的含量进行了测定，总 PBDEs 浓度为 37～2 200 ng/g 脂重，以捕食鱼类为食的池鹭肌肉中的 PBDEs 含量最高。不同物种鸟类肌肉中 PBDEs 各同类物的分布特征也不相同，鸟类的食性可能是导致 PBDEs 在其体内分布差异的主要因素，其中池鹭和红胸田鸡以 BDE47、BDE99 和 BDE100 为主，白胸苦恶鸟和扇尾沙锥以 BDE153、BDE183 和 BDE154 为主，而蓝胸秧鸡以 BDE209 和 BDE153 为主。

4.1.6 人体组织中的 PBDEs

PBDE 污染物还能通过环境介质扩散到较远的地区，造成多次污染。多项研究证实，人类母乳、脂肪组织和血浆中都能检测到 PBDEs。对 4 岁儿童的研究发现，母乳喂养的儿童体内 PBDE 水平是奶粉喂养儿童的 6.5 倍。更为令人担忧的是，已经在人类胚胎肝脏组织和脐带血中检测到 PBDEs，说明 PBDEs 可能直接对胚胎和幼体生物产生不利影响。总体来说，儿童的 PBDEs 暴露水平、身体负荷和毒性效应要高于成年人。Hites 等综合分析了全球已公布的人群监测结果，认为与人群关系最密切的 5 种 PBDEs 同类物是 BDE47、BDE99、BDE100、BDE153 和 BDE154。而 Bi 等对中国南方某城市 21 对婴儿脐带和母亲静脉血样的分析结果显示，BDE47 和 BDE153 是 PBDEs 最主要的同类物。北京地区人乳中检出的主要同类物为 BDE28、BDE47、BDE99、BDE100、BDE153、BDE154 和 BDE183。大量环境监测数据显示，生物样品大多以低溴代同系物为主，而环境介质以高溴代（主要为 BDE209）为主。其可能的原因是低溴同系物具有更高的生物可利用性，生物体（尤其是水生生物）倾向于快速代谢和排出高溴代同系物，还有一种可能是高溴同系物（如

BDE209）在生物体内可代谢为低溴同系物并被吸收和富集。

PBDEs 也可以通过饮食、呼吸和皮肤吸收进入人体，污染地区的水生生物是人体PBDEs 污染的一个主要来源，而对于婴儿而言，母乳是最主要的污染来源。许多人体样品，包括母乳、血液、头发里面都检测到了 PBDEs 的存在。地域因素可能是影响中国人乳中PBDEs 含量水平和分布特征的主要因素。Zhu 等的研究表明，天津地区人乳中 PBDEs 含量在 1.7～4.5 ng/g 脂重。南京和舟山两地人乳中 PBDEs 含量水平（6.2 ng/g 脂重）基本与欧洲和日本相当，低于北美地区 1～2 个数量级。Bi 等对广东贵屿地区的研究表明，电子垃圾拆解造成了当地人体血液内非常严重的 PBDEs 污染（BDE209 浓度高达 3 100 ng/g 脂重），而且 PBDEs 通过大气传输已经影响到了附近的濠江地区。作者指出，对于非职业暴露 PBDEs 的人群，其体内的 PBDEs 以低溴代和中溴代的 PBDEs 为主，而职业暴露 PBDEs的人体内主要以高溴代的 PBDEs 为主。

由于直接评估 PBDEs 在人体内的污染水平具有局限性，通过检测头发考察电子垃圾拆解地人群体内 PBDEs 等 POPs 污染状况易于实现，Wen 等对中国东部典型电子垃圾地人群头发的检测发现，PBDEs 浓度高达（870.8±205.4）ng/g 干重。作者还以 8-羟基脱氧鸟苷（8-OHdG）作为生物标志物，研究由于 PBDEs 污染导致的人体 DNA 氧化损伤，结果表明，电子垃圾拆解地的污染存在着严重的健康危害性，在这些地区工作的工人具有较高的癌症风险。

表 4-1-5　PBDEs 在人乳、血液和头发中的含量　　　　单位：ng/g 脂重或干重（头发）

采样时间	地点介质	ΣPBDEs	BDE47	BDE153	BDE183	BDE197	BDE207	BDE209
2004	南京人乳	7.1	0.62	0.97	0.26	0.85	0.55	1.8
2004	舟山人乳	4.4	0.32	0.44	0.12	0.92	0.66	<1.3
2005.8	贵屿血液	600	9.5	18	5.5	27	73	310
2005.8	濠江血液	170	nd	4.0	nd	8.3	43	86
2006	天津人乳	1.7～4.5	0.76	0.78	0.43	na	na	na
2006.7	东部 LQ 地区头发	871	14.0	6.8	23.2	na	na	783.4
2007.4	浙江头发	4.8～31.0	1.0～5.2	0.5～4.8	0.3～5.1	na	na	1.5～15.5

4.1.7　小结

总体而言，有关我国 PBDEs 污染研究已有不少报道，但在土壤中 PBDEs 的研究方面还仅限于广东贵屿、清远和浙江台州等电子垃圾拆解地区，对珠江三角洲流域土壤中PBDEs 的分布及环境行为报道很少。就目前我国有关 PBDEs 污染水平的报道而言，与北美和欧洲地区相比，PBDEs 在我国的污染尚处在一个相对较低的水平。但是，随着我国经济的高速发展，生产和使用含 PBDEs 的商品必将越来越多，由此产生的 PBDEs 污染问题将会日显突出。此外，由于我国的特殊国情和历史原因，PBDEs 在广东贵屿和浙江台州等电子垃圾拆解地的环境介质、生物体和人体内的污染较为严重，含量高于其他地区两个数量级左右。随着电子垃圾拆解地的扩散，我国面临由电子垃圾拆解带来的 PBDEs 污染问题必将受到环境工作者更为广泛的重视。文献调研表明，我国大气、土壤、水体、生物体以及人体内均受到了不同程度的 PBDEs 污染。河流沉积物、污水处理厂污泥、室内灰尘及儿童密切接触的玩具中的 PBDEs 也不容忽视。对于暴露于有害物质的有机体，代谢过程是研究这些有害物质的生物累积、归趋、药物（代谢）动力学和毒性的重要因素。因此，加强对我国环境中 PBDEs 的监控与预警，调查我国 PBDEs 的主要污染源、释放因子、污染特征、背景水平及演变趋势，增强我国在 PBDEs 的数据积累及环境行为研究方面的科学数据，为我国更好地履行《斯德哥尔摩公约》、制定 POPs 的控制法规和参与国际 POPs 控制谈判提供重要科学依据。

4.2　全氟辛酸、全氟辛烷磺酸（盐）和全氟辛烷磺酸氟

由于 PFASs 的广泛应用及其在环境中的持久性，近年来，这类化合物已经被证明在各种环境介质中和生物体内广泛存在，其中包括地表水（河流、海洋、湖泊等）、地下水、土壤、沉积物、室内和室外灰尘、鱼类和鸟类的肌肉、肝脏等组织器官中，以及人体血液和母乳中。PFASs 不仅具有生物蓄积性，同时也具有潜在的毒性，其中包括肝毒性、生殖和发育毒性、免疫毒性、内分泌干扰毒性、神经毒性，以及潜在的致癌性，从而对生态系统和人类造成潜在的威胁。

有关全氟辛烷磺酸向环境中释放及释放途径的资料非常有限。全氟辛烷磺酸在环境中的出现是人为生产和使用的结果。全氟辛烷磺酸和与全氟辛烷磺酸有关的物质可能在它们的整个生命周期都在不断排放。它们可以是在生产时排放，在它们聚合成为一种商业产品里时，在销售时以及在工业和消费者使用时，还有在产品使用后废渣填埋处和污水处理厂都可以排放。

生产过程构成了当地环境中全氟辛烷磺酸的主要来源。在这些过程中与全氟辛烷磺酸有关的挥发性物质可能会排放到大气中。全氟辛烷磺酸和与全氟辛烷磺酸有关的物质也有可能通过污水流出而排放。一份研究材料表明源自本地的高量排放。该研究显示，在 3M 公司紧邻比利时安特卫普的含氟化合物工厂处的木鼠体内，全氟辛烷磺酸浓度相当高。3M 公司在明尼苏达州卡蒂奇格罗夫也有一家含氟化合物工厂，在紧邻工厂的密西西比河里钓起的鱼，其肝脏和血液中也发现了高浓度全氟辛烷磺酸。

消防训练区也被发现是全氟辛烷磺酸的排放源，原因是灭火泡沫中含有全氟辛烷磺酸。在瑞典的消防训练区附近湿地就监测到了高浓度全氟辛烷磺酸。在美国，消防训练区附近的地下水中也有同样发现。挪威在 2005 年进行的一项有关全氟辛烷磺酸和与全氟辛烷磺酸有关的化合物使用情况的调查显示，使用总量中有大约 90%是用在灭火器中。据估计，1980—2003 年，与灭火器有关的全氟辛烷磺酸排放量至少为 57 t(2002 年为 13～15 t)。据估算，挪威剩余的灭火器泡沫量最少还有 140 万 L，相应的全氟辛烷磺酸量约为 22 t。2002 年挪威市政方面的排放量估计为 5～7 t。

据欧洲半导体工业协会（SIA）估计，用于半导体的全氟辛烷磺酸每年会产生 43 kg的排放量，占到该用途全氟辛烷磺酸总使用量的 12%。在美国，来自半导体的全氟辛烷磺酸排放量估计已达到同样水平。

不同产品使用时所排放的磺化全氟化合物，包括全氟辛烷磺酸和与全氟辛烷磺酸有关的物质，都已进行了估算。例如，在使用家用产品处理衣物时，有两年使用期的处理剂在清洁时预计损失 73%。喷雾罐产品在使用时会在空气中损失 34%，瓶罐被丢弃时仍有 12.5%原有内容物存留其中。

全氟辛烷磺酸和与全氟辛烷磺酸有关的物质可以通过污水处理厂和通过废渣填埋排放到环境中，其浓度与背景浓度相比会更高。一旦通过污水处理厂排放出来，全氟辛烷磺酸就会部分吸附到沉积物和有机物上。由于污水污泥的使用，大量全氟辛烷磺酸最后会存在于农业土壤中。因此，全氟辛烷磺酸的主要存在空间被认为是水、沉积物和土壤。

总之，全氟辛烷磺酸在环境中的扩散是通过地表水或海洋洋流迁移、空气迁移（易挥发的、与全氟辛烷磺酸有关的物质）、粒子吸附（水中、沉积物或空气）和有机生物富集实现的。

4.2.1　大气中的全氟化合物

PFOS/PFOA 进入大气环境大概有两种途径，一是将能够降解为 PFOS/PFOA 的含氟化合物排放到大气中；二是将 PFOS/PFOA 直接排放到大气环境中。进入大气环境的PFOS/PFOA 可远距离进行迁移或转运，并随雨雪等沉降到地面，对水体及土壤造成污染。

2008 年，Strynar 和 Lindstrom 对美国俄亥俄州和北卡罗莱纳州室内灰尘中的 PFAAs进行研究，结果表明，PFOS 和 PFOA 是灰尘样品中最主要的两种 PFAAs 污染物，它们在95%的样品中被检出，其含量中位数分别为 201 ng/g 和 142 ng/g 灰尘。PFOS、PFOA 及PFHxS 的最大含量分别为 12 100 ng/g、1 960 ng/g 和 35 700 ng/g 灰尘，而 PFOA 的挥发性前体化合物 FTOH 的最大含量为 1 660 ng/g 灰尘，提示灰尘可能是人体对 PFASs 暴露的重要途径之一。日本居室内灰尘中被检测出有 PFOS（69～3 700 ng/g）和 PFOA（11～

2 500 ng/g）的存在，由此推断吸附在室内灰尘表面的 PFOS 和 PFOA 是人体暴露其中的重要途径之一。刘薇等调查了沈阳地区 2006 年 2 月 6 日降雪中 PFOS 和 PFOA 含量，PFOS 和 PFOA 的含量平均值分别为 2.0 ng/L（0.4~46.2 ng/L）和 3.6 ng/L（1.6~22.4 ng/L），并推断湿沉降（降雪）是地面环境中这些有机氟化污染物的来源之一。

4.2.2　水环境中的 PFASs

Hansen 等在 2002 年首次使用改进的 HPLC/MS/MS 方法，测定美国田纳西河河水样品中 PFOS 与 PFOA 的含量，结果表明位于河畔氟化工厂上游河水中的 PFOS 平均质量浓度为（32±11）ng/L，而其下游河水中的 PFOS 平均质量浓度增至（114±19）ng/L。PFOA 平均质量浓度由低于 25 ng/L 增至（394±128）ng/L。2004 年，Boulanger 等首次报告美国大湖区域水样中 PFASs 质量浓度，同时也在全世界范围内首次报告水体样品中 PFOS 前体的存在。结果显示，湖水中 PFOS 和 PFOA 的质量浓度范围分别为 21~70 ng/L 和 27~50 ng/L。

McLachian 等对欧洲大陆多个河流中 PFCAs 的浓度水平进行调查并估算 PFCAs 的年排放量。分析结果表明，PFOA 的最高浓度（200 ng/L）出现在意大利的波河，该流域中 PFOA 排放量占全部河流中 PFOA 排放量的 2/3，这也表明该流域存在 PFOA 的工业污染源。根据计算结果，欧洲河流中 PFOA 的年排放总量为 14 t，而 PFNA、PFHpA 和 PFHxA 的年排放总量分别为 0.26 t、0.86 t 和 2.8 t。2007 年，Loos 等对意大利北部的马焦雷湖周边地表水和饮用水中的 POPs 污染状况进行调查，结果表明地表水中的 PFOS 与 PFOA 质量浓度较低，最大质量浓度仅为 8 ng/L 和 3 ng/L，而饮用水中的质量浓度与地表水中的极为相似。故作者得出结论，使用沙子和氯化处理饮用水源水的工艺对 PFOS 和 PFOA 的去除效果不明显。

在日本，Saito 等使用 LC/MS 结合固相萃取技术对日本各地区的地表水中 PFOS 的质量浓度水平进行研究。河水样品中 PFOS 质量浓度范围介于 0.3~157 ng/L。沿岸海水样品中 PFOS 质量浓度范围为 0.2~25.2 ng/L。值得注意的是，作为 800 多万居民的饮用水水源，多摩川和淀川中 PFOS 质量浓度范围分别为 0.7~157.0 ng/L 和 0.9~27.3 ng/L，属于中等程度污染。saito 等对日本地表水中 PFOA 质量浓度水平的后续研究发现京畿地区地表水中 PFOA 质量浓度明显高于其他地区。对淀川和神崎川的系统调查揭示两处高污染地区，包括一处作为 PFOA 污染源的公共污水排放点和一个作为 PFOS 污染源的机场。前者每天排放约 18 kg 的 PFOA，这可能导致大阪市自来水中高达 40 ng/L 的 PFOA 污染。

Yamashita 等针对全球范围的海水样品中 PFASs 浓度进行研究，研究范围包括东太平洋、南中国海和苏禄海、北和中大西洋、拉布拉多海以及中日韩三国的沿海。结果表明，所有 PFASs 目标化合物的质量浓度都呈现沿岸高于离岸的趋势，如 PFOA 的质量浓度由东京湾的每升数千皮克降至太平洋中部的几十皮克。此外，PFOA 和 PFOS 被认为是海洋中的两个主要 PFASs 污染物。

4.2.3　土壤和沉积物中的 PFASs

2005 年 Higgins 等对汇入美国旧金山湾中的多条河流与小溪中的表层沉积物（1～5 cm）进行研究。在全部样品中最常被检出的 PFASs 为 PFOS 和 PFOA，并且样品中的 PFCAs 以偶数碳链化合物为主。沉积物中 PFOS 含量范围从低于 LOD 至 3.76 ng/g 干重，而 PFOA 含量范围为低于 LOD 至 0.39 ng/g 干重。最高含量水平的 PFASs 出现在某污水处理厂附近，可达到 16 ng/g，在另外两处受市政污水影响的河流沉积物中也检出了较高浓度的 PFASs，这些发现均可表明污水是沉积物中 PFASs 的潜在来源。此外，沉积物中 PFOS 前体化合物如 N-乙基全氟辛烷磺胺基乙酸（N-EtFOSAA）和 N-甲基全氟辛烷磺胺基乙酸（N-MeFOSAA）的含量水平均高于 PFOS，表明前体化合物的转化可能是沉积物中 PFOS 的来源之一。2008 年，Becker 等对位于德国罗特美因河表层 15 cm 沉积物中的 PFOS 和 PFOA 污染状况进行了调查。此研究的目的是考察河流沉积物对城市污水中 PFASs 的吸附作用，采样点分别位于城市污水处理厂排污口上游 0.1 km 处，其下游 0.05 km 处、0.5 km 处和 1 km 处。样品的分析结果表明，PFOA 在这四点的含量（干重）分别为 27 ng/kg、70 ng/kg、85 ng/kg 和 50 ng/kg，而 PFOS 含量（干重）分别为 105 ng/kg、280 ng/kg、250 ng/kg 和 200 ng/g。通过将这些数据与在各采样点水样中 PFOS 与 PFOA 的含量相关联，可以确定沉积物对 PFOS 的富集系数为 40，而对 PFOA 的富集系数仅为 3。

4.2.4　生物体中的 PFASs

PFOS 是存在于淡水与海水鱼类中最主要的 PFASs 污染，日本冲绳肉食性蓝纹紫鱼的肝脏中检出 PFOS 的最高含量（湿重）可达 3250 ng/g。较高含量（湿重）的 PFOS（＞100 ng/g）也在不同地区中多种鱼类的肝脏、肌肉和鱼卵样品中被检出。PFASs 在全球范围内的海洋、陆地和湿地鸟类体内被检出。高含量的 PFOS 存在于工业区内的鸟类体内，而南极地区和加拿大北极地区的鸟类以及信天翁等海洋鸟类体内存在低浓度的 PFOS。

4.2.5　人体中的 PFASs

近年来研究人员对人体中 PFASs 的研究的样品主要为血清、血浆、脐带血、母乳等，并都有不同浓度的检出。也有实验室对比了尸体肝脏和血清中的 PFASs。23 个配对样本（血清和肝脏来自同一个人）的数据表明，平均的肝脏与血清中 PFOS 含量比率为 1.3∶1。另外，一些研究表明 PFOS 在血清和血浆中浓度相近，但在母乳中 PFOS 的含量显著低于相应血清中的。

PFASs 进入人体内的途径还没有确切的结论，但几种潜在途径已被讨论，如饮水、食物摄入和呼吸吸入等。饮水是一个重要的途径，2006 年 5 月，德国北莱茵威斯特法伦州（赛尔兰德区）的农村地区发生了严重的 PFASs 环境污染。2006 年秋天，对该地区的人类生物监测研究表明，该地区居民血浆内 PFOA 浓度为一般人群的 4～8 倍，显示出饮用水对污染物暴露和人体健康的重要作用。食物摄入是另一主要的途径，Gulkowska 等对从中国沿海的两个城市的鱼类市场采集到了鱼类、贝类、蟹、虾、牡蛎、贻贝和文蛤等 7 种类型的海洋食品进行了分析，检测出了 9 种全氟化合物，PFOS 是最主要的 PFASs。Tittlemier 等分析监测了加拿大的鱼类和海鲜、肉类、家禽、冷冻菜肴、快餐、微波爆米花等 54 种固体食物中多种全氟羧酸和全氟辛烷磺酸盐（PFOS）浓度，结果显示 9 个样品可检测出全氟化合物，PFOS 和 PFOA 是最主要的污染物。该研究估计，加拿大人平均饮食摄取的总全氟羧酸盐和 PFOS 估计为 250 ng/d。美国的一项研究中，发现每 4 个全脂牛奶和 1 个绞细牛肉样品包含了可计量水平的 PFOS（0.573～0.852 ng），每 2 个绞细牛肉、2 个苹果、1 个面包和 1 个青豆样品包含了可计量水平的 PFOA（0.504～2.35 ng）。有研究者连续 7 d 收集了被调查者的每日饮食样品的复制样本，并用药代动力学模型以这些人的血液中 PFOS 和 PFOA 的浓度数据来估计其 PFOS 和 PFOA 的摄入量，在采集食物样品的同时，采集被调查者的血液样本。得出的被调查者每日摄入的 PFOS（1.4 ng/kg 体重）和由血浆中 PFOS 含量推算的每日摄入量（1.6 ng/kg 体重）非常接近。另外，通过呼吸吸入全氟化合物也不容忽视，吸附在空气颗粒物表面的 PFASs 通过呼吸、皮肤接触等途径进入人体，对人体健康造成危害。

4.2.6　我国关于 PFASs 的研究

在我国，金一和及其课题组于 2004 年对我国部分地区自来水和不同水体中的 PFOS 污染进行调查。地表水样品中 PFOS 质量浓度范围为 0.41～4.20 ng/L，其平均质量浓度为 2.07 ng/L。而地下水和大连湾海水样品中 PFOS 平均质量浓度分别为 1.61 ng/L 和 0.83 ng/L。PFOS 在城市自来水样品中均被检出，其质量浓度范围为 0.40～1.62 ng/L，平均质量浓度为 0.88 ng/L。沈阳市不同自来水厂的出厂水中 PFOS 质量浓度范围为 0.40～1.53 ng/L。此外，沈阳市地面水中 PFOS 质量浓度范围为 1.70～6.18 ng/L，平均值为 4.4 ng/L。此研究结果表明，我国水环境中广泛存在 PFOS 污染问题。

同年，So 等开展了对香港地区、珠江三角洲及南中国海沿岸海水中 PFASs 污染的研究。香港地区和珠江三角洲沿岸海水中 PFOS 的质量浓度分别为 0.09～3.1 ng/L 和 0.02～12 ng/L，而 PFOA 的质量浓度分别为 0.73～5.5 ng/L 和 0.24～16 ng/L。长江三角洲高速发展的工业可能是沿岸海水中 PFASs 的潜在污染源。

江桂斌课题组对采集自中国 8 省 9 城市的 85 个人全血样品中的 10 种 PFASs 进行分析，发现 PFOS 含量最高，PFASs 含量未表现出年龄差异，但表现出一定的性别差异，与其他国家的对比表明，我国的 PFOA 浓度较低，仅仅为美国的 1/10，但 PFOS 的平均浓度却超过了美国和日本等国家。

4.3　多溴联苯

多溴联苯进入生态系统后，其环境降解速率通常受自身理化性质以及环境因素（如温度、光线、水分、空气、土壤、生物体特性等）制约。多溴联苯结构中的溴原子使此类化学物质在大气、土壤、水体等介质中很难降解，它们一旦进入环境体系，可在水体、土壤和底泥等环境介质中存留数年。

多溴联苯相对分子质量大、熔点高、蒸气压低、水溶性低及 $\lg K_{ow}$ 值高，因而具有亲脂性和生物易累积等特点，能在生物体内的脂肪和蛋白质中蓄积，并通过食物链放大，对高营养级的生物造成影响。溴原子数量不同和取代位置不同会影响多溴联苯同系物在食物链中的富集程度，同时，多溴联苯在生物体内的代谢也影响其在食物链中的传递与放大。

4.3.1　工业多溴联苯产品

对 PBBs 的研究最早开始于产品的组分分析，商业 PBBs 产品中组分组成详见表 4-3-1，从分析结果可看出，每种品牌商业产品的组成成分多种多样，且同一品牌的 PBB 产品批次与批次之间也存在很大差异。有关八溴到十溴的同分异构体信息比较少，Norström 等在 Bromkal 80 分析中发现了八溴联苯的三个同分异构体，分别占总量的 14%、16% 和 42%。其中 FireMaster® 在 PBBs 产品中生产数量最多，其对环境的污染也最严重，故国外大部分研究主要集中于 FireMaster®，FireMaster® 中的主要同类物是 2,2′,4,4′,5,5′-六溴联苯，第二重要同类物是 2,2′,3,4,4′,5,5′-七溴联苯，这两个同类物约占 75%，详见表 4-3-1 和表 4-3-2，Ortiet 等在 FireMaster® 中至少检出 60 个同类物，其中以 12 个同类物为主要成分，其余同类物的和占总数比例小于 1%。

表 4-3-1　工业 PBBs 产品中组分

PBBs 产品	制造商	含溴量/%	不同同系物含量/%						
			Br$_{10}$	Br$_9$	Br$_8$	Br$_7$	Br$_6$	Br$_5$	Br$_4$
六溴产品									
FM BP-6	Michigan Chemical					13.8	62.8	10.6	2
FM BP-6	Lot RP-158（1971）					12.5	72.5	9	4
FM BP-6	Lot 6244A（1974）					13	77.5	5	4.5
FM BP-6	Lot 6244A（1974）						90	10	
FM BP-6	Lot 6244A（1974）	75			1	18	73	8	
FM BP-6	Lot 6244A（1974）					33	63	4	
FM BP-6	Lot 6244A（1974）					7.7	74.5	5.6	
FM BP-6	Lot 6244A（1974）					24.5	79	6	
2,2',4,4',6,6'	RFR					12	84	1	
2,2',4,4',6,6'	Aldrich				2	24	70	4	
六溴联苯	RFR					25	67	4	
八溴产品									
Bromkal 80-9D	Kalk	81～82.5							
Bromkal 80					72	27	1		
XN-1902	Dow Chemical	82	6	47	45	2			
XN-1902	Dow Chemical	82	2	34	57	7			
Lot 102-7-72	Dow Chemical		6	60	33	1			
八溴联苯	RFR		4	54	38	2			
2,2',3,3',5,5',6,6'	RFR		1	28	46	23	2		
FR 250 13A	Dow Chemical		8	49	31	1			
十溴联苯									
HFO 101	Hexcel	84	96	2					
Adine 0102	Ugine Kuhlmann	83～85	96	4					
Adine 0102	Ugine Kuhlmann	83～85	96.8	2.9	0.3				
十溴联苯	RFR		71	11	7	4	4		
Flammex B10	Berk		96.8	2.9	0.3				

表 4-3-2　FireMaster®产品中同系物含量分布

PBBs 编号		结构式	同类物含量/%	
			FM BP-6	FF-1
二溴联苯	4	2,2'-	0.02	
三溴联苯	18	2,2'5-	0.050	
	26	2,2',5-	0.024	
	31	2,4',5-	0.015	
	37	3,4,4'-	0.021	
四溴联苯	49	2,2',4,5'-	0.025	
	52	2,2',5,5'-	0.052	

PBBs 编号		结构式	同类物含量/%	
			FM BP-6	FF-1
四溴联苯	66	2,3',4,4'-	0.028	
	70	2,3',4',5-	0.017	
	77	3,3',4,4'-		< 0.08
			0.159	
五溴联苯	95	2,2',3,5',6-	0.02	
	99	2,2'4,4',5-		< 0.08
	101	2,2',4,5,5'-	2.69	
			4.5	3.7
			1.54	
			2.6	
	118	2,3',4,4',5-	2.94	
				0.7
			3.2	
				0.8
	126	3,3',4,4',5-		< 0.01
			0.079	
六溴联苯	132	2,2'.3.3',4,6'-	1	
	138	2,2',3,4,4',5'-	12.3	
			12	8.6
				5.23
			10.6	
	149	2,2',3,4',5',6-	2.24	
			1.4	1.3
				0.78
	153	2,2'4,4',5,5'-	53.9	
			47.8	47.1
			55.2	
			58.5	
	155	2,2',4,4',6,6'-	0.5	
	156	2,3,3',4,4',5-	0.980	
			5.0	
			0.37	
			1.0	
	157	2,3,3',4,4',5'-	0.05	
			0.526	
			0.5	
			5.5	3.3
			3.37	
			< 0.3	
			7.95	
			5.5	
	169	3,3',4,4',5,5'-	0.294	

PBBs 编号		结构式	同类物含量/%	
			FM BP-6	FF-1
七溴联苯	170	2,2',3,3',4,4',5-	0.256	
			1.1	1.5
			1.66	
			2.4	
	180	2,2',3,4,4',5,5'-	6.97	
				24.7
				23.5
	172	2,2',3,3',4,5,5'-	< 0.30	
	174	2,2',3,3',4,5,6'-	0.24	
	178	2,2',3,3',5,5',6-	0.3	
	187	2,2',3,4',5,5',6-	0.392	
				1.0
	189	2,3,3',4,4',5,5'-		0.51
八溴联苯	194	2,2',3,3',4,4',5,5'-	0.9	2.4
			1.65	

从表 4-3-2 可以得出，由于溴化程度的不同，商业产品虽然为六溴产品，但是也含有低溴代的杂质，这就给环境中多种同类物的产生提供了一个源。而十溴产品因为溴化程度更易于控制，故纯度一般能达到 98%，剩下的 2% 杂质多为九溴联苯。值得注意的是，因为溴原料中含有氯杂质，在合成反应中会生成溴氯联苯，所以溴氯联苯杂质也会对环境产生污染。例如，Domino 等把一氯五溴联苯加入了监测清单。另外多溴萘杂质也可能产生，Firemaster®产品中多溴萘具体有什么同类物，现在尚不明确，Robertson 等推测，多溴联苯产品中很有可能存在多溴萘杂质的多种同类物。

Brinkman 等报道在 Firemaster®产品中检出溴苯及溴代呋喃，Hass 等提出溴代二噁英及溴代呋喃也有可能在多溴联苯产品中产生，如果存在，其浓度不应超过 0.5 mg/kg，Atochem 等报道溴代二噁英及溴代呋喃在产品 Adine 0102（十溴联苯）中有被检出，一溴联苯并呋喃处于 1 mg/kg 水平，其他的溴代二噁英及溴代呋喃小于 0.01 mg/kg。至今，苯氧酚和氢氧联苯是形成溴代二噁英及溴代呋喃的中间体，但此中间体在产品中未检出。Neufeld 等提出一些 PBBs 产品中的杂质来源于联苯原料，而生产多溴联苯的主要工厂所用联苯原料含杂量小于 5～5 000 mg/kg，这些杂质主要是甲苯、萘、亚甲联苯和呋喃以及甲基联苯同系物。

4.3.2　大气中的多溴联苯

大气沉降是环境中 PBBs 的主要污染来源之一。PBBs 作为添加型阻燃剂不受化学键的束缚，因此在含有 PBBs 的产品、城市医院垃圾的焚烧以及意外的火灾中 PBBs 都会不同程度地释放到空气中。由于高溴代 PBBs 的蒸气压比较低，在空气中不会像低溴代联苯一样，以气溶胶的状态存在，因此不适于远距离迁移。高溴代 PBBs 分子量大，一般通过大气环流作用进行近距离搬运，最终沉降到土壤、水体等环境介质当中。挥发部分的低溴代 PBBs，也可以在环境中经历一系列的沉降和挥发，通过"蚱蜢跳效应"由空气、水体或其他途径转移至从未使用过 PBBs 的遥远地区。

作为添加型阻燃剂，PBBs 在其生产、运输和作为阻燃剂添加到化工产品的生产过程以及在废弃物的存放、处理和处置过程中不可避免地通过各种途径进入空气环境中。此外，含溴废弃物的拆解焚烧也是 PBBs 进入大气的重要途径之一。Stratton & Whitlock 研究了美国三个 PBBs 生产工厂周边空气中的六溴联苯，在其中两个工厂周边空气中检出了六溴联苯，质量浓度为 $0.06 \sim 0.10$ ng/m^3。Andreas Sjödin 采用大气主动采样技术测试了电路板拆解及粉碎室内空气中的 BB209，质量浓度分别为 3.9 ng/m^3 和 5.0 ng/m^3。质量浓度已经高出产品生产地周围的空气质量浓度，说明电子拆解室内 PBBs 的污染不容忽视，电子电器设备回收利用是个新兴快速发展的行业，但如果不科学拆解，阻燃剂的溢出污染会给暴露在一线的工人及其周围环境带来健康风险。

4.3.3　水环境中的多溴联苯

Hesse 等调查了美国密歇根州 PBBs 制造厂附近 Pine River 中地表水的六溴联苯，其质量浓度为 $0.01 \sim 3.2$ μg/L，Stratton 等检测了美国新泽西州 Platti Kill 运河中一溴到十溴联苯，总 PBBs 质量浓度范围是从未检出到 46 μg/L，Stratton 等监测了美国纽约 van Kull River 中的六溴到十溴联苯，其质量浓度总和小于 0.2 μg/L，Stratton 等调查了美国新泽西州 Storm Sewer 中的六溴到十溴多溴联苯，质量浓度总和为 $0.2 \sim 210$ μg/L，可以看出，污染源附近的水体中多溴联苯的污染水平很高，由于雨水冲刷、地表径流、大气沉降或不正当排放等多种原因，水体污染随溴系阻燃剂生产使用的增多，污染也越趋严重。

Pamela J.等研究了美国密歇根州的松河，此河段 1970 年商用多溴联苯生产时受到污染，通过研究发现高浓度污染区域 PBBs 并没有明显的降解，而低浓度污染区域 PBBs 降解效果较好，结果表明微生物的降解作用在高浓度污染区域受到抑制，并不能有很好的降解效果。美国的 Lingyan Y.等研究了密歇根湖及伊利湖沉积物中的 PBDEs 及 BB153，结果表明，PBDEs 的总含量（干重）密歇根湖为 320 ng/g，伊利湖为 40 ng/g，PBDEs 中 95%～99%为 BDE209，5～10 年的时间内增加了两倍，且在 1970—1980 年 BB153 的含量在快速增加。

澳大利亚的 Bradley Clarke 等报道了来自 16 个污水处理厂污泥中的 BB153 含量，平均为 0.6 mg/kg，较同时报道的 PBDEs 1 137 mg/kg 低很多。马玉等用索氏提取（正己烷：丙酮=1∶1）—铜粉除硫—多层复合层析柱净化—气相色谱—四极杆质谱（GC-NCI/MS）分析沉积物中 5 种 PBBs（BB49、BB52、BB80、BB153、BB155）（检出限为 0.08～0.20 ng/g），主要检出 BB49，其范围为 0.010～0.077 μg/kg，说明在大嶝小嶝海域存在 PBBs 的污染，但污染程度较低。

同年，王炳一等用索氏提取（正己烷：丙酮=1∶1）—多层复合层析柱净化—气相色谱—四极杆质谱（GC-EI/MS）测定天津市永定新河沉积物及生物体中 23 种 PBBs，其中沉积物中的总 PBBs 含量（以有机碳计）为 429.7～2 950 ng/g，与国内外同行发布的数据相比，说明永定新河沉积物受到的污染较严重。

4.3.4　土壤中的多溴联苯

PBBs 在环境中的迁移与分布主要取决于 PBBs 在土壤和沉积物中的行为。PBBs 可从多途径进入土壤和沉积物。一些含 PBBs 等溴代阻燃剂的垃圾回收厂，特别是电子垃圾回收厂，在长期堆放和拆解过程中，PBBs 不可避免地残留在土壤中。

土壤中含有很高的有机质，具有较强的吸附能力，是 PBBs 向环境扩散过程中一个巨大的接收体，其对 PBBs 的时空分布和地球化学循环过程中起着非常重要的作用。电子产品由于淘汰率高而变为电子垃圾被回收或丢弃，而大部分电子垃圾被输往发展中国家，在一些地区形成电子垃圾拆解集散地，致使当地受到 BFRs 的污染，故目前国内对 PBBs 的监测主要集中于电子垃圾拆解地。

余彬彬等用快速溶剂萃取—凝胶净化系统（GPC）—气相色谱质谱法（GC-EI/MS 及 NCI/MS）分析台州土壤中的 10 种 PBBs（检出限：0.15～0.44 ng/g），包括 BB3、BB15、BB18、BB52、BB101、BB153、BB180、BB196、BB204、BB209，其中低溴代的（BB153 以下）都未检出，检出率为 40%，且都为高溴代 PBBs，含量总和低于 5.46 ng/g，含量随着采样深度的增加基本呈下降趋势，可能由于污染源附近土壤有翻土现象或者表层土壤曾被移除，又有新的污染产生，从而导致变化梯度不够明显。

牟义军等采用快速溶剂萃取（丙酮：正己烷=1∶1）—硅胶/酸化硅胶填充柱净化—气相色谱质谱（GC-EI/MS，NCI/MS）测定了浙江省台州市某典型电子废物集中处置场地及周边土壤中多溴联苯浓度，研究了 10 种 PBBs（BB3、BB15、BB18、BB52、BB101、BB153、BB180、BB194、BB206 和 BB209）的含量水平、组成特征和垂直分布规律。结果表明，处置场地及周边邻近区域的 PBBs 污染程度相近，10 种 PBBs 含量平均值分别为 2.81 μg/kg 和 2.50 μg/kg，污染程度较轻，主要污染物为使用相对较多的 BB153、BB194、BB206 和 BB209。PBBs 含量的垂直分布规律表现为在 40～60 cm＞0～20 cm＞20～40 cm＞60～

80 cm，BB209 在 10 种 PBBs 中所占比例最高，这与前面余彬彬等的测试结果一致，也说明该电子废物处置场地及周边土壤的 PBBs 污染没有 PBDEs 严重，污染程度相对较轻，主要污染物以高溴代为主。

赵高峰等用索氏提取（正己烷：丙酮=3∶1）—中性、酸性硅胶多层复合层析柱—硝酸银硅胶柱净化—气相色谱—四极杆质谱（GC-EI/MS）分析电子垃圾拆解区的电子垃圾碎屑以及拆解现场和对照区的表层土壤（0～5 cm 深度）样品中 23 种 PBBs（检出限：0.08～0.24 ng/g），样品检出以低溴代 BB2、BB3 和 BB15 为主，含量范围为未检出至 32.25 ng/g。这与垃圾拆解地报道检出高溴代 PPBs 的居多不尽相同。

Hesse 监测阻燃剂制造厂附近土壤中的六溴联苯，含量为 3 500 mg/kg，Hill 也监测了另一个阻燃剂制造厂周边土壤中的四到七溴联苯，含量范围是 16～2 130 mg/kg。中国垃圾拆解地检出 PBBs 的含量范围远小于美国受污染区域周边的范围，说明中国土壤污染程度与发达国家相比，还处于轻度污染情形。

4.3.5　生物体中的多溴联苯

波兰的 Joanna Gieron 等采用索式抽提（二氯甲烷）—渗透膜过滤—GPC 净化—多层复合硅胶层析柱—氧化铝净化—同位素稀释—HRGC-MS-MS 分析研究了来自北海和波罗的海海生生物受 PBBs 的污染状况，检出限：0.45～1.05 pg/g 干重。研究对象包括来自法国的三文鱼、青鱼、坡鱼、乌颊鱼、灰鲂鱼，来自波罗的海三文鱼、金枪鱼、鲑鳟鱼、鲱鱼以及来自波兰的鲤鱼，同时也测定了黄油、猪肉和牛肉。研究结果表明鱼体中 PBBs 的含量北海高于波罗的海，其中坡鱼中 PBBs 的含量最高，达到 635±107 pg/g 干重；含量最低的是鲤鱼：0.567±0.245 pg/g 干重。对不同组织的研究结果显示 PBBs 主要蓄积在肝脏组织中，达到 2116±351 pg/g 干重，其中主要以四溴、五溴和六溴联苯为主，这说明低溴代的 PBBs 更容易在动物体中蓄积。

王炳一等用索氏提取（正己烷：丙酮=1∶1）—多层复合层析柱净化—气相色谱—四极杆质谱（GC-EI/MS）测定天津市永定新河生物体中 23 种 PBBs，其中生物体中的总 PBBs 含量（以脂肪计）为 309.7～1 987.8 ng/g，由此计算出生物富集系数为 0.1～3.0，明显小于根据平衡分配模型的预测值。马玉等建立了超声提取（正己烷：丙酮=1∶1）—中性和酸性多层复合硅胶层析柱净化—气相色谱—负离子化学源质谱（GC-NCI/MS）分析鱼类和贝类样品中 5 种多溴联苯（PBBs）残留，方法检出限：0.08～0.2 ng/g。实际样品中都未检出 PBBs。生物体中 PBBs 研究详见表 4-3-3。

表 4-3-3 国内外生物体中 PBBs 的研究状况

采样年份	地点	物种	PBBs/（ng/g）	检测同类物
1974	派恩里弗河圣路易斯下游 Pine River downstream from St. Louis	鲤鱼	nd～1 330（湿重）	六溴联苯
		北梭鱼	540（湿重）	
		鲶鱼	450～780（湿重）	
	泰塔巴瓦希河 Tittabawassee River	鲤鱼	nd	六溴联苯
1976	派恩里弗河圣路易斯下游 （Michigan 公司附近） Pine River downstream from St. Louis（Vicinity of Michigan Chemical Co.）	鲶鱼	60～750（湿重）	六溴联苯
		北梭鱼	180～230（湿重）	六溴联苯
		黑鲈	nd～740（湿重）	六溴联苯
		小嘴鲈鱼	130（湿重）	六溴联苯
1977	范库尔河（新泽西，巴约纳 White Chemical 公司附近） Kill van Kull River（Vicinity of White Chemical Co., Bayonne，New Jersey）	鳉鱼	220（干重）	六到十溴联苯浓度 和
	范库尔河（纽约，斯塔顿岛， Standarad T 公司附近） Kill van Kull River（Vicinity of Standarad Chemical, Staten Island，New York）	鳉鱼	230（干重）	六到十溴联苯浓度 和
1983	派恩里弗河 Pine River	岩鲈	6 000（脂重）	PBBs 大部分 同类物
	帕瓦河 Chippewa River	鲤鱼	5 300～15 000（脂重）	
	泰塔巴瓦希河 Tittabawassee River	鲤鱼	140～160（脂重）	
	夏厄沃西河 Shiawassee River	鲤鱼	120（脂重）	
	弗林特河 Flint River	鲤鱼	15～32（脂重）	
	萨吉诺河 Saginaw River	鲤鱼	80～200（脂重）	
	萨吉诺湾 Saginaw Bay	鲤鱼	110～1 100（脂重）	
2009	天津市永定新河	潘体	309.7～1 987.8（脂重）	23 种 PBBs 同类物
2010	波罗的海 Baltic	三文鱼	0.017 1～0.040 5（湿重）	BB29、BB52、BB49、 BB101、BB153
	波罗的河 Baltic	鲱鱼	0.000 5～0.143（湿重）	

采样年份	地点	物种	PBBs/（ng/g）	检测同类物
2010	大西洋北海 North Sea Atlantic	鲑鱼	0.079 7（湿重）	BB29、BB52、BB49、 BB101、BB153
	北海 North Sea	鲱鱼	0.022 2（湿重）	
	北海 North Sea	鲶鱼	0.014 4（湿重）	
	北海 North Sea	鲂鱼	0.097 3（湿重）	
	北海 North Sea	乌颊鱼	0.269（湿重）	
2011	未提供	淡水鱼	nd	BB49、BB52、BB80、 BB155、BB153

从表 4-3-3 中可看出，污染源周边的生物体中 PBBs 的含量较高，每克湿重普遍达到几百到几千纳克水平，而市场上水体中的鱼类 PBBs 的浓度较污染源生物体低 3～5 数量级，如波罗的海与北海中的鱼类的 PBBs 只有 0.000 5～0.097 3 ng/g，中国内陆的海水与淡水中鱼贝类也没检出，这可能与 PBBs 产品禁止生产很久且全球范围内 PBBs 使用量较少有关。

Krüger 等分析了来自德国牛奶中的 30 多个 PBBs 同类物，其中 BB153（0.025～0.053 μg/kg 脂肪含量），BB180（0.001～0.007 μg/kg）和 BB187（0.005～0.014 μg/kg），其他组分低于方法检出限（0.001～0.003 μg/kg 脂肪含量）。Murata 和 Zabik 等研究发现烹饪受过 PBBs 污染的食品能降低 PBBs 在食品中的浓度水平，如喷雾干燥牛奶能降低 PBBs 至 30%～36%，脱脂牛奶能降到 61%～69%，加压蒸煮鸡块也能降低 PBBs 含量水平，但 PBBs 的减少部分溢出到了水中。

4.3.6 小结

总体而言，有关我国 PBBs 污染的研究报道很少，土壤中 PBBs 的研究还仅限于电子垃圾拆解地区，与北美和欧洲地区相比，PBBs 在我国的污染尚处在一个相对较低的水平。但是，随着我国经济的高速发展，生产和使用含 PBBs 的商品必将越来越多，由此产生的 PBBs 污染问题将会日显突出。另外，由电子垃圾拆解产生的 PBBs 污染在拆解区域的污染也初显端倪，由于 PBBs 的持久性与生物富集性，以污染原点向四周长距离传递将成为可能。

对于暴露于有害物质的有机体，代谢过程是研究这些有害物质的生物累积、归趋、药物（代谢）动力学和毒性的重要因素。因此，加强对我国环境中 PBBs 的监控与预警，调查我国 PBBs 的主要污染源、释放因子、污染特征、背景水平及演变趋势，增强我国整体上在 PBBs 的数据积累及环境行为研究方面的科学数据,为我国更好地履行《斯德哥尔摩公约》、制定 POPs 的控制法规和参与国际 POPs 控制谈判提供重要科学依据。

4.4　十氯酮

4.4.1　大气中的十氯酮

十氯酮饱和蒸气压很低（$2.25×10^{-7}$ mmHg）,挥发性差,在大气中浓度很低,主要吸附在颗粒物上,对其研究的相关报道也比较少。在美国 Life Sciences Products（LSP）工厂邻近街区灰尘中十氯酮含量为 1%～40%。关于十氯酮在环境中长距离迁移的资料并无定论,但有证据显示出某些迁移途径的相关性,因此有必要采取全球行动。

4.4.2　水环境中的十氯酮

十氯酮难溶于水,在水中含量很低,主要吸附在悬浮颗粒物上。在 LSP 工厂关闭后,在美国 Bailey Creek 中十氯酮含量为 1～4 μg/L,Appomattox River 中含量为 0.1 μg/L,James River 与 Bailey Creek 河口中含量均为 0.3 μg/L。1976—1978 年,James River 水样悬浮颗粒物中十氯酮含量为<0.01～1.2 ng/g。在马尼提克岛上香蕉种植园附近河水中十氯酮在 1.20～2.13 μg/L,悬浮颗粒物的含量水平在 22～57 μg/kg。

4.4.3　土壤和沉积物中的十氯酮

研究表明土壤/沉积物是十氯酮最大的贮存库。十氯酮可以在土壤中长期存在,尤其是在法国瓜德罗普岛南部的耕种地区。Cabidoche 等认为土壤的淋溶作用是减少十氯酮污染的主要途径,十氯酮的污染主要分布在土壤的表层（0～10 cm）,（湿重）含量高达 50 mg/kg。Coat 等检测了瓜德罗普岛巴斯特尔南部区域底泥中十氯酮（湿重）含量为 91 μg/kg（雨季）～401 μg/kg（旱季）。据估计,在 James River 河底中总共残留 10^4～$3×10^4$ kg 十氯酮,LSP 工厂周边土壤中十氯酮含量为 1%～2%,1 000 m 范围内为 2～6 μg/g。1976—1978 年,James River 底泥中十氯酮含量为 0.01～5 μg/g。即使 1993 年十氯酮被禁止使用后,1999 年在马尼提克岛上 Rouge 河流附近的农场土壤中仍有 5 000 μg/kg 的十氯酮被检出。Bocquené 等报道了马尼提克岛河水底泥中十氯酮含量为 31～44 mg/kg,远远高于法国本土底泥中 DDT 的含量 0～2 μg/kg。

4.4.4　生物体中的十氯酮

由于其稳定性、持久性和在食物链上的生物富集性，十氯酮对水环境和人体健康造成威胁。污染的土壤被雨水冲刷后流入地表水，最后汇入海水中，造成水质污染，在水生生物体内富集，人类又通过食用这些海产品，进一步威胁人类身体健康，通过食物链传递，十氯酮最终会富集在生物体中。

1977 年工厂关闭两年后，在 James River 中浮游动物体内检出十氯酮最高为 4 800 mg/kg，浮游植物为 1 300 mg/kg。Bertrand 等报道了法属西印度群岛上 69 种共计 1 048 个海洋鱼类和甲壳类动物的十氯酮含量在未检出～1 000 mg/kg，大约有 17.9%的样品超过 20 mg/kg，超出法国食品安全部门（AFSSA）规定的十氯酮在海产品中的最大残留量（MRL）。该项研究得出两个结论：①由于受污染土壤悬浮颗粒物在海岸的沉积，导致避风湾比开阔区域含量高。②生物种类尤其是它们的生活习性和捕食特点决定其受污染程度，通常十氯酮在底栖甲壳类生物和高级捕食者中含量较高，这与 Luellen 等的研究结论一致。

根据 Luellen 等对美国 James River 水体中鱼类分析研究，从 1976—2002 年十氯酮停产后，绝大多数鱼类体内十氯酮含量开始下降，但是在 20 世纪 80 年代其平均含量依然超过 0.3 mg/kg 的限值，到 1988 年仅有少数鱼体内十氯酮含量高于限值，但是十氯酮仍然能在大多数白鲈（*Morone americanus*）和条纹鲈（*Morone saxatilis*）中检出。Coat 等的研究表明，采集自流经香蕉种植园河流中罗非鱼（*Oreochromis* sp.）体内十氯酮含量最高为 132～386 μg/kg，食物暴露是引起污染的主要原因。最新的研究表明，河口区域浮游生物中十氯酮的含量（湿重）高达 5 100 mg/kg，十氯酮主要是与生物体的饮食和栖息地有关，通过食物链生物放大而与生物体的脂含量无关。

人体主要通过食入、肺部呼吸、皮肤吸收直接接触十氯酮，食物摄入（尤其是鱼类）被认为是十氯酮进入人体的最主要途径。通过对 32 名男性工人的研究，十氯酮在肝脏中的含量最高平均为 75.9 mg/kg（13.3～173 mg/kg），全血中含量为 5.8 mg/L（0.6～32 mg/L），皮下脂肪组织中含量为 21.5 mg/kg（2.2～62 mg/kg）。Seurin 等对瓜德罗普岛 18 个月幼儿的调查研究表明其通过饮食对十氯酮的慢性暴露为 0.018～0.051 μg/（kg·d）（非污染区域）、0.045～0.078 μg/（kg·d）（污染区域），未超出法国规定的慢性健康基础指导值［0.5 μg/（kg·d）］，其暴露水平低于三岁以上的儿童和成年人，这与其主要以吃奶和水果的饮食结构有关。Guldner 等对瓜德罗普岛上 191 名孕妇的调查显示血液中十氯酮的含量同食物暴露呈正相关性，血液中十氯酮的平均含量为 0.86 ng/ml（0.25～13.2 ng/ml）。

4.5　α-，β-和γ-六氯环己烷

α-六氯环己烷（α-HCH）、β-六氯环己烷（β-HCH）和林丹（γ-HCH）在环境中的迁移主要有溶解、吸附、挥发、沉降等几种途径。进入大气中的六六六会吸附在空气颗粒物上，随着大气流动沉降于土壤表面；土壤中表层的六六六又会通过挥发的形式进入大气中，同时土壤中的六六六会通过渗透等方式进入地下水；水体中的六六六被水中的悬浮物等吸附，进入沉积物中，同时水中的六六六通过挥发再次进入大气中。图 4-5-1 形象地描述了六六六在多介质环境中迁移转化的各种途径，六六六的最终贮存场所主要是土壤、河流和底泥。

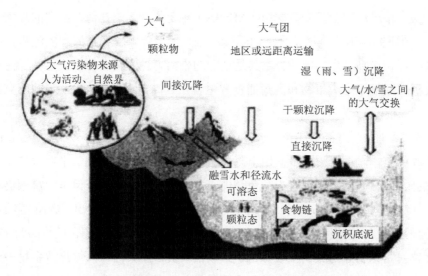

图 4-5-1　多介质中六六六的迁移转化途径

α-HCH 和γ-HCH 在土壤、水和空气中广泛分布，二者之比可作为追踪γ-HCH 的释放源以及六六六迁移的指标。α-HCH 有较长的空气寿命（大约比γ-HCH 长 25%），而γ-HCH 在扩散过程中由于光化学或一些微生物，如大肠杆菌的作用，可转化为α-HCH。工业六六六中α-HCH 和γ-HCH 之比在 3～7，大于或小于这一范围说明发生了环境变化。α-HCH 和γ-HCH 比值的影响因素很多，纬度、季节、污染源、降水状况都会影响这一比值。目前 HCHs 在环境介质中的残留研究主要集中在水、土壤和生物等环境介质中。

4.5.1　水环境中的 α-，β-和γ-六氯环己烷

水环境是 HCHs 残留聚集的主要场所之一，国内 Zhang 等对福建闽江河口地表水、孔

隙水及表层沉积物中的 HCHs 等持久性有机污染物进行了风险评估。Wur 研究了香港地区沿海环境中海面微表层和次表层水中溶解相和悬浮颗粒相中有机氯农药的分布，次表层溶解相中 HCHs 的质量浓度为 409～940 pg/L，并指出，颗粒物在 DDTs 和 PCBs 的分布和归趋上起到了重要作用，但是这一规律并不适用于 HCHs 的同分异构体。钱塘江流域地表水和杭州地表水中均有 HCHs 检出。王裙等以海南省小海湾为研究区，测定出海水中 HCHs 含量为 2.39～4.59 ng/L，地表水中 HCHs 含量为 0.95～3.46 ng/L。

4.5.2　土壤中的 α-，β-和γ-六氯环己烷

土壤中 HCHs 无疑会导致 HCHs 在食物链上发生传递和迁移，目前在世界各国土壤中都发现了 HCHs。如西班牙，德国东部的莱比锡、日本稻田土壤，甚至连人迹罕至的南极圈和玻利维亚的安第斯山脉均有 HCHs 检出。北京、福建、哈尔滨等城市的部分表层土壤中也有检出。曹红英等以天津地区为研究区域，以 20 世纪 80 年代有机氯农药禁用前为时限，利用稳态非平衡逸度模型估算了稳态条件下 HCHs 的四种异构体在环境各相中的迁移和分布。研究发现 HCHs 在天津地区最主要的残余在土壤和沉积物中，占环境总量的99.7%，最主要的迁移过程是气—土沉降、水—沉积物沉降、沉积物—水扩散及径流过程等。研究发现农药使用和农药厂排放是该地区环境中 HCHs 的主要来源，最大的汇则是土壤和水体沉积物，该地区最主要的界面迁移过程包括大气向土壤的沉降、水体向沉积物的沉降以及气相平流输出等，发生在土壤和沉积物中的降解则是 HCHs 消失的最主要途径。

4.5.3　HCHs 在食物链中的迁移

有机氯农药通过食物链输运和蓄积，无论是海洋物种还是陆地物种，包括人类自身都遭受到有机氯农药的污染和威胁。日本北海道的黑尾鸡体内存在 DDTs 和 HCHs 等多种OCPs。由于食性不同而引起的富集规律在鸟类中表现明显，内陆食鱼、食肉的鸟比沿海食鱼的多，食鱼的大于食昆虫的，食昆虫的大于杂食性和草食性的。不同的异构体在动物体内富集的部位也有差异，如α-HCH 易在脑髓、小脑富集，而β-HCH 易在肌肉肾脏中富集。

一些研究表明，在北极海洋食物网的各物种中，HCHs 异构体的相对比例相差极大。β-HCH 的含量随营养级的提高而增加，在高营养级（海洋哺乳动物）中，尤其如此。然而，一般认为，哺乳动物体内的有机氯情况主要受其生物转化能力和排泄有机氯的能力影响，发现在哺乳动物的各物种中，β-HCH 的含量较高，这再次说明β-HCH 具有顽抗性，消除的速度较慢。Hop 等的研究指出，β-HCH 在变温动物和恒温动物中的生物放大作用不同。相对而言，随着营养级的提高，β-HCH 在恒温动物（鸟类与哺乳动物）中的生物放大作用

提高得更快。根据 Fisk 等的报告,相对于其他营养级而言,在鸟类中的生物放大系数(BMF)最大,这些数据与 Moisy 等的发现吻合。有关北极海洋食物网的各项研究显示,一般来说,几乎所有被研究物种的生物放大系数和计算的食物网放大系数(FWMFs)都大于 1,其中食物网放大系数为食物链中每营养级增加的平均比率。例如,Fisk 等报告的食物网放大系数为 7.2,这与氯化较高的多氯联苯(PCBs)相当。根据 Hoekstra 等的计算,在波弗特海-楚科奇海中,海洋食物网的食物网放大系数为 2.9。但在亚北极区水域如白海,β-HCH 的值要比其他食物网的值低。Muir 等认为,这可能与摄食习性、污染水平以及污染物的存在与否有关。

在陆地食物链中,HCHs 具有生物放大作用。在印度南部进行的一项调查显示,在生态区,有机氯主要为 HCHs。根据测量,蜗牛中的含量较高,之后,当蜗牛被其他捕食者(如白鹭)捕食后,生物放大系数大于 1。Wang 等也发现,HCHs 是软体动物中的主要化合物。

鱼、海洋动物及陆地动物以及鸟类是北极若干人群的主要营养来源,因此他们要比发达地区的大多数人更有可能通过食物接触 HCHs。与俄罗斯北部其他城市妇女以及加拿大妇女相比,俄罗斯楚科奇半岛上土著居民妇女母乳中 HCHs 的含量最高(在楚科奇雷昂,平均为 370 ng/g 体脂),与加拿大努拿维克(Nunavik)相比,相差 30 倍。此外,在 1994 — 1997 年对母血含量进行的抽样调查发现,俄罗斯妇女的含量最高(在北极非土著人群中,血清含量为 223 μg/kg 体脂),但在冰岛(23 μg/ kg)和加拿大北极地区同样呈现较高水平。

4.6 五氯苯

环境中五氯苯的来源主要有人为排放和无意排放两种(图 4-6-1)。人为来源可划分为有意和无意来源。人为有意来源目前确定的为实验室,用于分析。调查发现没有证据显示仍存在(大规模)生产或有意使用五氯苯的情况。但不能排除在生产五氯硝基苯的过程中使用五氯苯的情况。无意人为来源可分为点源和扩散源。关于点源,大规模燃烧过程和工业化过程是最为主要的来源;最主要的扩散源包括:①作为溶剂、农药和木材防腐剂等产品中的一种杂质;②难以控制的燃烧过程,如桶内焚烧和露天焚烧场,意外火灾等;③以农业为目的的森林焚烧。

有调查表明,全球范围内几乎没有五氯苯工业品的生产,五氯苯的来源主要是环境中不完全燃烧。早在 1986 年苏联已经命令禁止生产五氯硝基苯,1991 年欧盟也出台禁令,禁止生产五氯硝基苯,美国、加拿大等国家也已早就不生产,中国没有五氯苯的注册记录,因此有关五氯苯的研究不是很多。但是五氯苯被列入持久性有机污染物,是经过国际 POPs 公约审查委员会委员审查确定的。

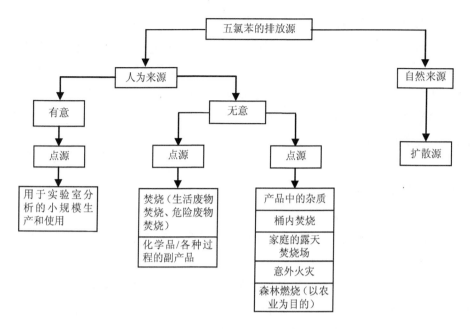

图 4-6-1 环境中五氯苯的排放来源

据美国《有毒化学品释放目录》报告，2000—2004 年，美国的总排放量为 763～1 512 kg/a（美国国家环保局，2007）。据估计，全球五氯苯排放量（包括自然来源）为 85 000 kg。

4.6.1 环境中的五氯苯

五氯苯在全球环境中分布广泛。对南北极地等偏远区域生物/非生物媒介中五氯苯的含量做了测定，并收集了有关温带生物/非生物媒介中五氯苯含量的监测数据。一般而言，来自发达国家的数据表明，五氯苯在世界温带地区的含量似乎在降低。

计算五氯苯在空气中的迁移距离也证明了五氯苯的远距离迁移。Mantseva 等建立了一个多区迁移模型，用来评估持久性有机污染物的远距离空气迁移和沉积。根据该模型评估进行的计算得出，五氯苯在欧洲的迁移距离为 8 000 多 km。Vulykh 等详细说明了该模型，他们估算的迁移距离是 8 256 km。基于北美空气样本所测量的含量，五氯苯在空气中的远距离迁移的经验估计是 13 338 km。这个距离大于其他有机氯农药的距离。其他有机氯农药也是该研究的一部分，包括目前列入的持久性有机污染物氧桥氯甲桥萘、二氯二苯三氯乙和七氯。

监测数据也表明五氯苯可以进行远距离迁移。在世界不同地点的空气和降雨中都发现了五氯苯，其中许多五氯苯距离其来源地很远。2000—2001 年在北美 40 个取样站（包括

5 个北极站）采集的所有空气样本中发现了五氯苯。整个大陆所测量的含量相对来说没有什么变化，平均值为 0.045 ng/m³，变化范围是 0.017～0.136 ng/m³。根据这些作者提供的信息，整个北半球空气含量范围的空间变异性小，表明五氯苯在空气中的留存时间很长，这样一来，它就会逐渐广泛散布于全球大气之中了。据报道，在包括北极和南极在内的偏远区域，一些非生物（空气、雨水、水、沉积物和土壤）和生物（鱼类、鸟类、哺乳动物）基质中都含有五氯苯的存在。

4.6.2　五氯苯对人类的影响

五氯苯对职业者的影响可能是通过在生产或使用五氯苯的工作场所吸入这种化合物和与之进行皮肤接触。如木材加工厂、电介质溢出和清除、市政固体废物焚烧、危险废物焚烧和镁生产工厂。人在生产和使用五氯硝基苯杀虫剂的工作环境中也接触到五氯苯。普通居民可能通过吸入周围空气、摄取食物和饮用水而受到五氯苯的影响。该物质对个体不良影响的个案报告或接触到五氯苯的人群流行病研究尚未得到确认。

有研究发现，母乳中被检测到五氯苯，并发现五氯苯会在人体胎盘内聚集。分娩 3～4 周后，加拿大妇女母乳中的五氯苯平均含量小于 1 μg/ kg（痕量），其中最大值是 1 μg/ kg。这项调查表明，所分析的 210 种样品中有 97%发现了该化合物（未具体说明检测极限和取样周期）。在加拿大土著人口妇女的母乳中，18 个样品中有 17%（未具体说明检测极限）观测到了五氯苯"痕量"（<1 μg/ kg）。调查母乳中五氯苯的另两项研究报告在 1～5 μg/ kg（世界卫生组织，1991）。还检测了 27 名成年芬兰男女腹部、乳房和肾部脂肪组织中所含的五氯苯。调查中发现，在职业性接触五氯苯的工人血液内，该物质含量高于对照组血液内的该物质。

第 5 章　环境中新增持久性有机污染物
监测技术研究进展

5.1　多溴联苯醚（PBDEs）

与多氯二苯并对二噁英/呋喃和多氯联苯相同，PBDEs 在环境中的含量一般都在 pg/g 或 pg/L 的含量水平。因此，对分析方法的灵敏度和选择性要求较高。此外，PBDEs 与二噁英和多氯联苯等化合物具有相似的溶剂流出曲线，使对 PBDEs 的分离也变得困难。近年来，随着仪器特别是加速溶剂萃取仪、负化学源电离技术和高分辨质谱的发展，有关 PBDEs 分析方法的报道逐渐增多。

通常环境介质中 PBDEs 的含量极低，样品采集后经过提取富集等前处理步骤后，含量依然处于很低的水平上，而且大部分 PBDEs 都含有多种同系物或异构体，要求仪器分析 PBDEs 定性能力比较强。另外，由于很多环境介质组成复杂，如果净化不彻底，会对 PBDEs 的定量分析造成很大的困难。因此在 PBDEs 监测技术上需要高效的采样和萃取技术、良好的净化方式和高灵敏度的分析仪器才能满足检测要求。

5.1.1　样品采集技术

5.1.1.1　环境空气

环境空气中 PBDEs 的采样方法主要可以分为主动式和被动式空气采样两大类。

直接主动式空气采样是将聚氨酯泡沫（polyurethane foam，PUF）、半透膜（semi permeable membrane，SPM）、玻璃纤维滤膜（glass fiber filter，GFF）或石英纤维滤膜（quartz fiber filter，QFF）等材料安装在采样器内，利用这些材料对空气中 PBDEs 的吸附、拦截作用而进行采样的方法。直接主动式采样使用配备了动力装置的采样器，它的主要优点是能够测定所采集大气的体积，提高数据准确程度；采样时间较短，可以在很大程度上避免由于采样时间过长而引起的 PBDEs 降解问题；流量较大，可以进行瞬时浓度的测定。大流量采样器是采集大气中 PBDEs 最常用的采样手段。这种技术是利用石英纤维滤膜（QFF）

采集颗粒物，利用固体吸附剂（最常用聚氨基甲酸酯泡沫，PUF）吸附气溶胶和自由态的 PBDEs。

当前对于大气 PBDEs 的研究，除了对污染水平的监测及污染物组成的鉴定外，人们更为关注的是大气 PBDEs 在环境中的分布及行为规律，主动式采样装置在这些研究中也得到了应用。主动式采样不足之处在于这种采样方式需要动力装置，限制了其在无动力情况下的应用；装置较为复杂，野外考察中不方便携带；采集时间有限，很难客观地反映大气 PBDEs 长期平均污染水平，而被动式采样可以弥补主动式采样的这些缺陷。

5.1.1.2　水环境样品

对于水体及液体样品，液液萃取、微孔纤维膜-液液微萃取、分散液相微萃取、固相萃取法、搅拌棒高分子膜吸附法常被用于样品中 PBDEs 的萃取技术中。

近年来，大气和水体中 PBDEs 的被动采样技术得到快速发展。被动采样设备简单、成本低廉、无须电力，可利于大尺度空间范围内 PBDEs 分布特征的研究。这种技术的不足是采样体积不能精确定量，采样技术缺乏统一的技术规范，限制了其大范围推广。

5.1.2　样品萃取技术

在样品萃取技术上，对于土壤、沉积物、大气颗粒物、生物样品等固体样品，索氏抽提是固体样品中 PBDEs 提取的经典方法，也可用于大气采样滤膜、鱼类和人体组织中 PBDEs 的萃取中，另外索氏提取、连续索氏提取、超声萃取、微波辅助萃取、压力溶剂萃取等技术也得到越来越多的应用。其中加速溶剂萃取已被美国 EPA 确认为固体样品中 PBDEs 的标准提取方法。本研究提供和推荐的方法为索氏抽提和加速溶剂萃取。

5.1.3　样品净化技术

现有的 PBDEs 测定前处理方法是建立在 PCBs 测定的基础上的。为去除样品中大量的干扰物质，需要分离纯化才能进行测定。常用的纯化柱有凝胶渗透色谱柱（GPC）、复合硅胶柱、氧化铝柱和佛罗里土柱等。

在样品净化技术上，环境样品中的单质硫可以用还原铜或叔丁基醇/亚硫酸盐去除，脂类和色素的去除最常用浓硫酸酸洗和凝胶渗透色谱。进一步的净化可利用硅胶、氧化铝、硅藻土、活性炭等层析柱或多层复合层析柱。在洗脱过程中，常用非极性的正己烷、石油醚混合丙酮、二氯甲烷、甲苯、乙酸乙酯等溶剂作为洗脱剂。

5.1.4　气相色谱-质谱分析技术

在 PBDEs 仪器分析技术上，气相色谱-质谱法、气相色谱-高分辨质谱仪（GC/HRMS）、气相色谱串联质谱（GC/MS/MS）、气相色谱/电子捕获检测器（GC-ECD）、气相色谱-电感耦合等离子体质谱（GC-ICP/MS）、液相色谱串联质谱、离子阱质谱、串联离子阱质谱、飞行时间质谱法都可以用来测定 PBDEs。由于气相色谱-质谱结合了毛细管色谱柱高效的分离性能和质谱定性能力强的优点，成为 PBDEs 分析最准确可靠的技术之一。

高分辨的磁质谱和低分辨的四极杆质谱在 PBDEs 分析中得到了非常广泛应用。在 GC/MS 定量技术上，为提高定量精度，并校准 PBDEs 在前处理过程中的损失和仪器分析时的热分解问题，使用同位素回收率校正的定量方法被广泛应用。目前剑桥同位素实验室（Cambridge Isotope Laboratories）、威灵顿（Wellington Laboratories）和 Accustandard 等机构都能够提供碳 13 标记的 PBDEs 标准物质。

在 GC-MS 分析中，用于检测 PBDEs 的最常检测器是电子轰击源（EI）或电子捕获负电离源（ECNI）的质谱。低分辨质谱容易操作，而高分辨质谱灵敏度高，选择性强。通常，三至七溴代联苯醚的测定使用 GC-EI-MS 进行，八至十溴代联苯醚可以使用 GC-NCI-MS 进行测定，如条件允许也可按 EPA1614 的要求采用 HRGC-HRMS 进行测定。需要指出的是，测定 PBDEs 用的色谱柱建议为 15 m 或 30 m 薄膜厚（0.1 μm 或 0.25 μm）的毛细管柱。

5.1.5　标准化研究

2006 年 ISO 颁布了《沉积物和底泥中多溴联苯醚的测定——萃取、气相色谱/质谱法》（ISO 22032—2006）。2007 年 8 月美国国家环保局颁布了《水体、土壤、沉积物和动物组织中多溴联苯醚的测定——高分辨气相色谱-高分辨质谱法》（EPA 方法 1614）。就样品的前处理过程而言，对于土壤样品和底质样品中 PBDEs 的分析测定，采用快速溶剂萃取 ASE 将目标化合物提取至有机溶剂中，利用旋转蒸发仪将溶剂体系转换至正己烷，利用复合硅胶层析柱进行目标化合物与干扰物的分离后，再进一步浓缩至 1.0 ml，使用 GC/MS 进行定性与定量。对于水体样品中 PBDEs 的分析测定，采用液液萃取将目标化合物提取至有机溶剂中，利用旋转蒸发仪将溶剂体系转换至正己烷，利用复合硅胶层析柱进行目标化合物与干扰物的分离后，再进一步浓缩至 1.0 ml，使用 GC/MS 进行定性与定量。对于 PBDEs 的仪器测定，三至七溴代联苯醚的测定使用 GC-EI-MS 进行，八至十溴代联苯醚可以使用 GC-NCI-MS 进行测定，如条件允许也可按 EPA1614 的要求采用 HRGC-HRMS 进行测定。

需要指出的是，测定 PBDEs 用的色谱柱建议为 15 m 或 30 m 薄膜厚（0.1 μm 或 0.25 μm）的毛细管柱。

5.2　全氟辛酸、全氟辛烷磺酸（盐）和全氟辛烷磺酸氟

作为广泛存在的新增 POPs，PFASs 的来源、归趋、长距离传输、生物体和人体暴露途径以及生物富集等环境行为引起了科研工作者的广泛关注，这也就提出了对各类环境和生物介质中多种 PFASs 准确定性和定量分析的要求。鉴于不同样品和不同种类 PFASs 之间的差别，PFASs 的前处理和仪器检测方法各不相同。

5.2.1　全氟化合物的仪器分析方法

20 世纪 50 年代，实验室多用滴定法检测水中的有机氟，但当氟含量水平较高时，检测结果准确度较差。Sweetser 建立了 Wickbold 氢氧燃烧法检测有机氟化合物，但这些方法只能用于分析样品中的总有机氟。

随着仪器分析的发展，气相色谱（GC）被应用于有机氟的检测。Belisle 等利用 GC 与电子捕获检测器（ECD）联用技术首次分析了血浆、尿液和肝脏中的 PFOA。然而，ECD 对 PFASs 的选择性不强，不同基体对检测信号的影响也参差不齐。作为改进，Ylinen 等应用气相色谱质谱联用（GC/MS）技术检测血浆和尿液中的 PFOA，检出限为 1 ng/g，并改善了方法的稳定性。但使用气相法时，需将目标物衍生为挥发性较强的脂类再检测，操作繁琐，易引入污染。目前 GC/MS 一般主要用于检测样品中易挥发的氟代调聚物，选用离子源一般为电子轰击源（EI）、正化学电离源（PCI）和负化学电离源（NCI）。

目前，最常用的 PFASs 检测仪器是 LC-ESI-MS/MS。高效液相色谱法（HPLC）的应用避免了衍生化的步骤，同时具有好的分离度；串联质谱（MS/MS）技术有效地提高了信噪比，具有重复性好和分析时间短等优点，在分析易挥发的氟代调聚物方面也有良好的效果。Berger 等对比了离子阱、飞行时间和三重四极杆三种类型的质谱在分析痕量 PFASs 的效果，结果表明相较于串联四极杆，离子阱质谱的灵敏度较低，但适用于 PFASs 的同分异构体的定性和结构解析；飞行时间质谱虽然有高选择性和高灵敏度，但线性范围窄。

5.2.2　样品采集和前处理技术

5.2.2.1　固体样品

底泥、土壤和灰尘类固体样品的前处理顺序为干燥、均匀、萃取、稀释、富集净化和

浓缩等程序。

Schroder 以污泥样品为基质，比较了索氏提取、加压溶剂萃取（PLE 或 ASE）和热蒸气提取三种提取效率，PLE 方法得到的结果最好，10 种 PFASs 的回收率为 105%～120%。Alzaga 等对 PLE 法的提取溶剂的组成优化，使用乙腈/甲醇（1∶3）提取回收率大于 95%。然而，不可避免 PLE 系统中聚四氟管路带来的背景干扰。超声萃取技术逐渐成为目前环境固体样品的主要萃取手段。Higgins 等使用超声法对底泥和污泥中的 12 种 PFASs 进行了提取，提取溶剂依次为 1%乙酸水溶液和 1%乙酸的甲醇水（90∶10）溶液，检测前使用 C18 固相萃取小柱对提取液净化，底泥和污泥样品的回收率分别为 73%～98%和 41%～91%。当灰尘样品取样量 200 mg 时，可以在样品中加入一定量的活性炭，萃取离心后直接浓缩进样。Stock 等用离子对试剂法对加拿大北部地区的底泥进行了提取分析，13 种 PFASs 的回收率为 62%～138%。

5.2.2.2　水质样品

固相萃取法（solid phase extraction，SPE）是目前一种使用最为广泛的萃取水相中 PFASs 的预处理技术。该方法操作简单，溶剂消耗少，能同时完成萃取和净化步骤，可实现自动化操作，但需避免全自动固相萃取系统中管路是聚四氟等含氟材料。另外，当水样含颗粒物时，需预先过滤水样，不能实现水相和颗粒相的同时分析。需要注意的是滤膜可能会污染样品，玻璃纤维、尼龙、醋酸纤维素和聚醚砜等滤膜上都可能残有 PFASs。因此，Schultz 等选择离心的方法分离水相和颗粒相。

目前商用的固相萃取柱有多种类型，Pan 等比较了 4 种固相萃取小柱（PR 柱、P 柱、C 柱和 HLB 柱）对 9 种 PFASs 的萃取回收效果。结果表明，HLB 柱效果最好，回收率为 57.3%～118%。Yamashita 等利用 HLB 为固相柱，分析了海水中 7 种 PFASs 的含量，灵敏度可达 pg/L。然而，HLB 柱对低碳数 PFASs 富集效率较低。Taniyasu 等发现 WAX 柱对 22 种 PFASs 的总体萃取效果要好于 HLB 萃取柱。Alzaga 等建立了顶空固相微萃取法，避免了固相萃取污染样品的可能性，但需要在样品中先加入衍生试剂使其具有挥发性，操作较为繁琐。此外，Zhang 等合成了磁性纳米材料（Fe_3O_4-C_{18}-壳聚糖）用来萃取环境水样中的 PFASs，为 PFASs 的分析方法提供了新思路。

近年来，被动采样法也广泛应用于水样的采集过程中，具体方法是在 PES 膜之间填装吸附材料（极性有机污染物采样器，简称 POCIS）。该方法适用于 lg K_{ow}<3.5 的化合物，Kaserzon 等对 5 种全氟烷基酸和 3 种烷基磺酸进行了研究，目标物质量浓度为 0.1～12 ng/L 时，方法有好的重现性。

5.2.2.3　气体样品

大气传输是 PFASs 长距离传输的重要途径，室内、室外空气中的 PFASs 是人体暴露的重要来源，有研究推断挥发性较强的前体化合物如全氟辛烷磺酸酯、全氟辛基磺酰醇和全氟辛基磺酰胺等通过长距离传输到达极地，再降解成为 PFOS 和 PFOA。Barber 等使用主动采样法分析检测了室内和室外空气中的 PFASs，其中 GFF 用于采集颗粒相中的 PFASs，挥发性的 PFASs 使用 PUF-XAD 采集，易离子化的 PFASs 使用 LC-TOF-MS 分析，非离子化的 PFASs 用 GC-PCI-MS 分析。Harada 等使用八级安德森多级撞击分级采样器，采样时间 30 d，利用 HPLC-MS/MS 法检测了不同粒径大气颗粒物上 PFOA 和 PFOS 的分布趋势，方法检出限为 0.1 pg/m^3。该研究结果显示，粒径为 1.1～1.4 μm 的颗粒物吸附了 58.3%～89.8% 的 PFOA 和 PFOS。Jahnke 等利用 PUF 三明治和石英纤维膜采集了大气中 FTOHs、FOSAs/FOSEs 等 12 种前驱体，GC/CI-MS 检测，检出限为 0.2～2.5 pg/m^3，回收率为 61%～115%，但低碳数的 FTOH 易穿透固相柱，而由于基体干扰 NMeFOSE 和 NEtFOSE 的回收率高达 311%～319%，研究也表明同位素标记的利用能够改善方法的回收率和精密度。

　　由于 PFASs 不同于传统的 POPs，具有较强的极性，被动采样时需要使用添加了吸收液的吸附盘。Shoeib 等使用被动采样法检测了环境中的 EtFOSA、MeFOSE 和 EtFOSE 三种挥发性的 PFASs，2011 年 Shoeib 等验证了该法同样也适用于半挥发性的 PFASs。Goosey 和 Harrad 用被动采样法分析检测了英国室内和室外空气中 8 种 PFASs 的季节变化趋势，回收率 68%～77%。

5.2.2.4　生物样品

　　血液和乳液样品的前处理关键是去除蛋白质干扰，具体流程为液液萃取［使用甲基叔丁基醚（MTBE）或者四丁基铵（TBA）萃取剂］、稀释、富集净化和浓缩等。Ylinen 等采用离子对试剂法对血浆和尿液进行了提取，在碱性条件下加入 TBA，乙酸乙酯超声萃取，PFOA 的回收率为 96%～110%。Hansen 等在此方法的基础上进行了改进，将萃取液改为甲基叔丁基醚（MTBE）提取三次，并且将超声改为每次摇床振荡 20 min，血清和肝脏样品中包括 PFOA 在内的 4 种 PFASs 的提取效率为 56%～101%。除了液液萃取法外，有研究采用乙腈来沉降蛋白，离心后检测。Karrman 等考察了甲酸、乙腈和三氯乙酸三种有机溶剂沉降血液中蛋白的效果，甲酸效果最好，提取液经过 C18 小柱净化后，11 种 PFASs 回收率为 64%～112%。王杰明等对比了离子对试剂、甲酸、甲醇和乙腈四种溶剂对牛奶的萃取效率，以及 WAX 和 HLB 小柱的富集和净化效果，结果显示甲醇萃取 WAX 小柱富集净化效果最好，14 种 PFASs 的回收率 85.4%～120%，方法检出限 0.005～0.092 pg/ml。自动固相萃取法在血液和乳液样品的分析中也得到了应用，此方法优点在于操作简单，工作效率高；缺点是低碳数和高碳数的 PFASs 回收率较低，而且自动化的固相萃取装置中都含有耐酸耐碱的聚四氟材料部件，在使用时应当把这些部件更换掉，避免污染。对于生物组织和食品类样品，需要先将样品做匀浆处理，然后采用液液萃取法或者碱消解法，也有研究使用甲醇直接提取，当生物样品中脂肪含量较高时，可以适量添加活性炭去除基体干扰。

5.2.3　方法标准化研究

目前国际标准化组织（ISO）和美国 EPA 均发布了有关全氟化合物的标准分析方法，如 ISO 25101：2009 "Water quality－Deter-mination of perfluorooctanesulfonate（PFOS）and perfluoroctanoate（PFOA）－Method for unfiltered samples using solid phase extraction and liquid chromatography/mass spectrometry" 和美国 EPA Method 537：2009 "Determination of selected perfluorinated alkyl acids in drinking water by solid phase extraction and liquid chromatography/tandem mass spectrometry（LC/MS/MS）" 等。

方法 ISO 25101：2009 适用于未过滤（unfiltered samples）的饮用水、地下水和地表水（河流水和海水）中直链全氟辛烷磺酸（PFOS）和直链全氟辛烷酸（PFOA）的测定，分析方法为液相色谱串联质谱法（HPLC-MS/MS）。根据报道，其他化合物或者非直链的 PFOS 和 PFOA 也可用与本方法相近的步骤进行定量。方法线性范围是 PFOS：$2.0 \sim 1\,000$ ng/L，PFOA：$10 \sim 1\,000$ ng/L。根据样品的基质不同，通过适当的稀释方法或减少取样量也可用于分析高浓度样品（浓度范围 $100 \sim 200\,000$ ng/L）的分析。方法基本操作包括：样品分析之前将被充分混匀，准确量取样品体积（500 ml），加入内标指示物（1,2,3,4-^{13}C$_4$-PFOA 和 1,2,3,4-^{13}C$_4$-PFOS），充分混合均匀样品。样品以稳定的流速（$3 \sim 6$ ml/min）通过预处理好的固相萃取小柱（如 WAX 柱、HLB 柱、C18 柱等）。固相小柱经 4 ml 醋酸盐溶液净化，用 4 ml 甲醇和 4 ml 0.1%氨水甲醇溶液洗脱得到目标物。淋洗液浓缩定容后，使用 HPLC-MS/MS 定量分析。该方法的优点是：①使用同位素标记法，方法具有较高的精密度和准确度；②方法实现了水样中水相和固相的同时测定。方法的不足包括分析的目标物只针对了直链的 PFOA 和直链的 PFOS，样品分析前未过滤去除水中的颗粒物，样品富集过程中可能会造成固相小柱的堵塞。为避免这一现象，可以将样品先通过玻纤膜过滤，用甲醇将玻纤膜萃取，再将萃取液与过滤后的水样合并后通过固相小柱富集和净化，从而实现固相和液相的同时测定。

EPA 方法 537：2009 适用于饮用水中 N-乙基全氟辛烷磺酰胺醋酸（NEtFOSAA）、N-甲基全氟辛烷磺酰胺醋酸（NMeFOSAA）、全氟丁烷酸（PFBA）、全氟己酸（PFHxA）、全氟庚酸（PFHpA）、全氟辛酸（PFOA）、全氟壬酸（PFNA）、全氟癸酸（PFDA）、全氟十一烷酸（PFUnDA）、全氟十二烷酸（PFDoDA）、全氟十三烷酸（PFTrDA）、全氟十四烷酸（PFTeDA）、全氟己烷磺酸（PFHxS）和全氟辛烷磺酸（PFOS）14 种全氟烷基酸的分析，分析方法为固相萃取 液相色谱串联质谱法。方法检出限为 $2.9 \sim 14$ ng/L。

与 ISO 25101 相同，EPA 方法 537 也选用了固相萃取-液相色谱串联质谱法实现了水质样品中全氟有机化合物的测定，样品预处理过程和仪器分析过程也相近。但是，EPA 方法使用的回收率指示物包括 ^{13}C-PFHxA、^{13}C-PFDA 和 D$_5$-NEtFOSAA，固相萃取柱填料为含二乙烯基苯（SDVB）或具有等同效力吸附填料（如 WAX 等）。同时，EPA 方法测定的目标物不仅包括了 PFOA 和 PFOS，还包括了这两种污染物在环境中较常被检出的同系物，以及 PFOS 的前驱体，这是 EPA 方法较 ISO 方法的显著优点。尽管如此，EPA 方法也有其不足之处，其适用范围主要针对于较清洁的饮用水，而 ISO 方法适用于更广泛的水体。这可能是由于 EPA 方法使用内标法结合回收率指示的分析方法，而不是稳定同位素标记法（ISO）所造成的，这会在没有稳定同位素标记的污染物分析时带来误差，尤其是样品基体复杂时，偏差将更大。另外，EPA 537 建立于 2009 年，对于当前环境中新发现的全氟丁烷磺酸（PFBS）、全氟硅烷磺酸（PFDS）、全氟戊酸（PFPA）等需要补充建立。

5.2.4　存在的问题

在样品的采集、储存和分析过程中，背景污染和基体干扰对检测结果有重要作用。含氟聚合物（如聚四氟乙烯）具有耐酸耐碱耐热的特性，在实验室设备和器械中广泛应用，如层析柱的活塞、HPLC 的管路、固相萃取仪的管路等，对 PFASs 的分析带来了不容忽视的背景污染。鉴于此，国际标准化组织发布的标准 ISO 25101：2009 和美国国家环保局制定的 EPA 方法 573：2009 均指出分析过程中的方法空白和仪器空白等中的目标物浓度需小于实际样品浓度的 1/10。在样品采集、保存、前处理和仪器检测时需注意以下几点：①所有含聚氟类塑料，包括聚四氟乙烯（PTFE）和含氟橡胶等材质的容器，在样品的采集、保存和富集过程中避免使用。②分析过程中使用的容器使用前必须依次使用水和甲醇清洗。③建议将 HPLC 系统中的聚四氟仪器（或其他含氟材料）管路、配件等更换成不锈钢或 PEEK（聚醚醚酮）材质的。④样品瓶瓶盖是不含氟的聚合材料。此外，由于长链的 PFASs 接触到玻璃制品，会不可逆地吸附到玻璃表面，样品采集和保存过程中避免使用。同时，样品采集后要尽快分析，尤其是污泥和生物样品，必须进行冷冻储藏，因为研究表明一些氟代调聚物可以生物降解成 PFOS 或者全氟羧酸（PFCAs）。

基体效应同样也是一个很难解决的问题，一方面通过对提取液进行净化；另一方面利用回收率指示物和内标的校正，能够提高方法的精密度和准确度。需要指出的是，样品加标后需在一定时间内完成分析，样品储存时间的长短会直接影响到回收率的高低，因为有研究表明一些 PFASs 随时间的推移会被吸附或者降解。Yeung 等分析了血液中的 10 种 PFASs、可提取的有机氟化合物（EOF）和总氟的含量，发现 PFASs 只占了有机氟的一部分，而有机氟只占总氟的 50%以下，这表明血液中还有很多未知的含氟化合物需要我们探索和研究。

截至 2009 年，《关于持久性有机污染物的斯德哥尔摩公约》将全氟辛烷磺酸及其盐和全氟辛烷磺酰氟列入了新增 POPs 名单中。同年，欧美等部分国家和地区纷纷建立了饮用水、地表水等水体中全氟辛烷磺酸、全氟辛酸等各种 PFASs 的分析方法。目前，发达国家已经对于 PFASs 给予了高度的关注，大幅减少并限制了 PFOA 和 PFOS 的生产和使用，部分地区对饮用水、地下水中 PFOA 和 PFOS 的浓度设定了限值。但是，我国的 PFOS 生产正处于上升阶段，从 2004 年的 50 t/a 增长到了 2006 年的 200 t/a。研究结果显示，在我国的土壤、沉积物和生物等样品中均有不同浓度的 PFASs 存在，由于我国 PFASs 的研究起步较晚，需要建立相关的标准方法，完成系统的数据监测，作为管理新增 POPs 的重要依据。

5.3　环境介质中多溴联苯监测技术

5.3.1　样品采集和前处理技术

5.3.1.1　环境空气样品

环境空气中 PBBs 的采样方法，主要分为主动式和被动式空气采样两类。直接主动式空气采样是将聚氨酯泡沫（polyurethane foam，PUF）、半透膜（semi permeable membrane，SPM）、玻璃纤维滤膜（glass fiber filter，GFF）或石英纤维滤膜（quartz fiber filter，QFF）等材料安装在采样器内，利用这些材料对空气中 PBBs 的吸附、拦截作用而进行采样的方法。直接主动式采样使用配备了动力装置的采样器，它的主要优点是能够测定所采集大气的体积，提高数据准确程度；采样时间较短，可以在很大程度上避免由于采样时间过长而引起的 PBBs 降解问题；流量较大，可以进行瞬时浓度的测定。当前对于大气 PBBs 的研究，除了对污染水平的监测及污染物组成的鉴定外，人们更为关注的是大气 PBBs 在环境中的分布及行为规律，主动式采样装置在这些研究中也得到了应用。主动式采样不足之处在于这种采样方式需要动力装置，限制了其在无动力情况下的应用；装置较为复杂，野外考察中不方便携带；采集时间有限，很难客观地反映大气 PBBs 长期平均污染水平，而被动式采样可以弥补主动式采样的这些缺陷。

气体样品，包括气溶胶及游离态中的 PBBs，通常用石英或玻璃纤维滤膜采集气溶胶态中的 PBBs，聚氨酯泡沫或 XAD-2 等吸附型树脂采集游离态或极小粒径气溶胶态中的 PBBs，采集后的样品前处理可参照固体样品前处理，大气采样分主动、被动两种采样方式。被动式因其价廉，运输的便捷，备受广大研究者的青睐，其在时间加权 POPs 的监测有着独特的优势，但其采样体积的精确度与主动式无法比拟。Wang M.S.等采用大气采用技术分析了固体废弃物焚烧炉周边大气中的 PCDD/Fs、PBDD/Fs、PBDEs、PCBs、PBBs。

5.3.1.2 水质样品

在可以直接汲水的采样地点选用洁净不锈钢或玻璃材质的水桶或吊桶等容器直接取样。采水样之前，用水样冲洗采样容器 3 次。不可搅动水底沉积物，水样中有沉降性的固体，应当静止沉淀后分离除去。将不含沉降性固体但含有悬浮固体的水样转移至保存水样的容器中，加入抑制细菌试剂（硫酸等使水样 pH ＜ 2）。保存和运输水样最好在低温状况下。采样同时采集运输空白。

采样时注意：采样容器为磨口玻璃瓶或带聚四氟乙烯衬垫的螺口玻璃瓶，采样时测定水温和 pH，样品瓶中尽量不留气泡。采集、盛装样品器具采样前要用碱性洗涤剂和水充分洗净，再用蒸馏水冲洗后空干，依次用丙酮、二氯甲烷、正己烷清洗内壁。

5.3.2 样品前处理技术

缘于样品基质的复杂性与目标化合物的痕量性，样品前处理在整个分析方法中显得尤为重要，其步骤主要包括样品萃取及净化。样品萃取方法的选择取决于基质的类型。

涂逢樟等建立了超声提取（正己烷）—浓硫酸酸化除脂—$AgNO_3$、中性和酸性多层复合硅胶层析柱净化—气相色谱—负离子化学源—质谱法（GC-NCI/MS）同时分析禽蛋食品中 5 种多溴联苯残留的分析方法。对比正己烷、丙酮、甲苯、二氯甲烷、乙腈、乙酸乙酯、丙酮与正己烷混合溶液等提取剂对提取效率的影响后，选择了正己烷为提取溶剂，比较了 Florisil 硅土、中性氧化铝、硅胶及粉状活性炭四种常用吸附剂的净化效果，从而选择了复合硅胶柱净化，方法检出限：0.14～0.39 ng/g。王俊平等建立了采用加速溶剂萃取（正己烷：二氯甲烷=1∶1）—浓硫酸与多层硅胶层析柱相结合净化—气相色谱质谱（GC-EI/MS）检测海产品中的 PBBs，检出限：0.60～3.34 ng/g。刘潇等采用 HLB 固相萃取—硅胶/酸化硅胶填充柱净化—同位素内标稀释—GC-EI/MS 检测血清中 8 种 PBBs，方法检出限为 0.002～0.029 ng/ml，所建立的方法简便快速、灵敏度高、重现性好、定性和定量准确。李敬光等用快速流体萃取—多层复合净化柱净化—同位素稀释—气相色谱—高分辨质谱（GC-HRMS）分析采自中国 12 个大城市母乳中的 PBBs。每个城市均能检出 BB153，含量为 1.47～31.61 pg/g 脂重。

5.3.3 气相色谱-质谱分析技术

目前，用于测定 PBBs 的方法有气相色谱-低分辨电子轰击质谱（GC-EI-LRMS）、气相色谱低-分辨电子捕获负离子化学质谱（GC-NCI-LRMS）、气相色谱-高分辨电子轰击质谱（GC-EI-HRMS）、气相色谱-四极杆串联质谱联用（GC-EI/NCI-MS-MS）、气相色谱-电子捕获检测器（GC-ECD）等。HRGC-HRMS 因具有高的灵敏度及分离能力而被用来检测环境样品中的多溴联苯，但其仪器价格昂贵，运行费用高，操作复杂，使其应用受到限制。GC-EI-LRMS 相对价格低廉，操作简单，定性、定量比 GC-ECD、GC-ENCI-LRMS 准确，是多溴联苯最常用的检测技术，应用也比较多。用于多溴联苯测定的各种 GC-MS 方法比较如表 5-3-1 所示。

表 5-3-1　用于多溴联苯分析的不同 MS 性能比较

质谱技术	灵敏度	定性准确度	定量准确度	费用
NCI-MS	++	+（溴离子）	++（内标）	+
EI-LRMS	+	++（分子质量）	+++（内标）	+
EI-HRMS	+++	+++（准确分子质量）	+++（内标）	+++

尽管 NCI-MS 能够提供更低的检出限，但是 GC-EI-MS 能够提供更多的分子结构信息，给出分子离子和溴原子的序列丢失，而且能够使用 $^{13}C_{12}$ 标记的同位素，定量准确度更高。GC/ECD 灵敏度比较高，但是 GC 共流物之间的相互干扰限制了它的使用。

5.4　环境介质中十氯酮监测技术

环境介质中十氯酮的分析方法研究主要集中在 20 世纪 70 年代，表 5-4-1 列出了部分文献报道中所采用的十氯酮的分析方法。与其他有机氯农药不同，由于羰基的存在，十氯酮在水中容易形成水合物，生成偕二醇。十氯酮在一些常用的有机溶剂中也不能稳定存在，Harless 等的研究证实了这种现象，同时采用核磁共振（NMR）、红外光谱（IR）和质谱（MS）证实了其在甲醇中以半缩醛的形式存在。Gilbert 等研究表明十氯酮与丙酮在回流 18h 后会发生反应，十氯酮与丙酮在室温下五周后会发生反应，但在冰箱中冷藏保存八个月后仅有不到 1% 的十氯酮发生反应。研究表明进样溶液中加入 1% 左右的甲醇可以提高十氯酮在 ECD 检测器上响应的灵敏度。十氯酮的分析测定多采用 GC/ECD 和 GC/MS 的方法，但也有使用 GC/MS/MS、HPLC/MS/MS 和近红外反射光谱法（near infrared reflectance spectroscopy，简称 NIRS）进行分析检测的报道。国内仅有孙翠香等采用索氏提取-GC/MS 的方法测定土壤中十氯酮。

5.4.1　样品萃取

样品中十氯酮的萃取通常采用液-液萃取、索氏提取和加压溶剂萃取等方法。根据样品类型的不同，可以选择不同的萃取方式和萃取溶剂。采用超临界流体萃取和快速溶剂萃取时，十氯酮的回收率不高。由于十氯酮是极性化合物，很难被正己烷、石油醚等非极性溶剂萃取和洗脱，因此常采用含有一定比例的极性溶剂进行提取。

表 5-4-1 各种环境介质中十氯酮的分析方法

样品类型	前处理技术	分析技术	检出限
水	LLE（乙醚/正己烷） Florisil 柱净化	GC/ECD	20 ng/L
	LLE（苯）	GC/ECD	40 ng/L
	XAD 树脂吸附、甲苯/乙酸乙酯萃取、Florisil 柱净化	GC/ECD	＜0.3 ng/L
水中悬浮颗粒物	ASE（二氯甲烷/丙酮）	GC/ECD	2 μg/kg
土壤/底泥	索氏提取（乙醚/正己烷） Florisil 柱净化	GC/ECD	10 μg/kg
	索氏提取（二氯甲烷/丙酮）	GC/MS/MS	—
	索氏提取（甲醇/苯） Florisil 柱净化	GC/ECD	10～20 μg/kg
	索氏提取（甲醇） 硅胶-氧化铝柱净化	GC/MS	＜0.14 μg/kg
	ASE（二氯甲烷/丙酮）	GC/ECD	2 μg/kg
大气	玻璃纤维滤膜采集 振荡萃取（甲醇/苯）	GC/ECD	
鱼类	溶剂萃取（甲苯/乙酸乙酯）、甲苯/乙酸乙酯、GPC	GC/ECD	10～20 ng/g
	索氏提取（乙醚/石油醚） Florisil 柱净化	GC/ECD	0.01 μg/g
鱼类等动物性食物	正己烷/丙酮萃取 浓硫酸净化	GC/ECD GC/MS/MS	鱼类/肉类 5 ng/g 蛋类/奶类 2.5 ng/g
水果、蔬菜	丙酮萃取 LLE（二氯甲烷） 硅胶柱净化	GC/ECD GC/MS/MS	水果 2 ng/g 根茎类蔬菜 5 ng/g
血液	SPE 浓硫酸净化	GC/ECD	0.75 ng/ml
	溶剂萃取（苯）	GC/ECD	≤10 μg/L

5.4.2 样品净化

样品净化多采用柱层析柱，常用的填料是佛罗里硅土（Florisil）。对于鱼类等复杂基质，往往要进行凝胶渗透色谱（GPC）或采用浓硫酸去除脂肪类化合物的干扰。脂肪类化合物的去除方法可分为破坏性和非破坏性去除两种，最常用的破坏性方法是使用浓硫酸

（直接加入样品或注入凝胶层析柱），该法脂肪去除量大，但需要更多步骤的萃取和过滤，增大了试验强度。非破坏性去除常用方法有 GPC 和吸附剂层析柱，二者皆能有效去除脂肪和大分子化合物。进一步的净化可利用 Florisil、硅胶、氧化铝等吸附剂。十氯酮在 Florisil 柱中有很强的保留性，在分析其他有机氯农药时通常采用的洗脱溶剂很难将其洗脱下来，Saleh 等采用 10% 甲醇/5% 苯的正己烷溶液进行洗脱，Moseman 等采用 1% 甲醇/2% 乙腈/4% 苯的正己烷溶液进行洗脱。

5.4.3　仪器分析方法

十氯酮的测定目前主要通过气相色谱电子捕获检测器（GC/ECD）以及色谱和质谱联用技术进行，可选用的检测方法有气相色谱质谱（GC/MS、GC/MS/MS）、液相色谱质谱（HPLC/MS/MS）等仪器分析方法。气相色谱质谱法通常是有机物分析中常用的检测手段除了灵敏度高外，还能克服基质干扰的影响，避免实际分析中错误识别化合物，但由于电子捕获检测器对有机氯农药的响应高，所以在实际检测中常将两种方法结合在一起使用。对于十氯酮，使用 LC-ESI/MS/MS 的灵敏度要高于 GC/MS/MS。Brunet 等建立了利用 NIRS 方法检测土壤中十氯酮的方法。与 GC/MS 相比，NIRS 不需要复杂的样品前处理过程，具有快速、价廉等特点，通过对比发现两种方法在十氯酮含量较低的土壤（<12 mg/kg）中具有很好的相关性。

5.5　α-，β-和γ-六氯环己烷

HCHs 是一类有机氯杀虫剂，在农业创收方面做出了巨大贡献，但是环境中残留的 HCHs 对人类和环境均造成了严重的威胁，同时随着社会对环境保护和食品安全的日益关心，各国政府已经制定出越来越严格的农药残留法规，对环境中 HCHs 的检测提出了更高的要求。关于 HCHs 的研究，国内外已有很多工作基础，并颁布制定了相关标准。同时，很多学者也对 HCHs 的分析检测方法进行了大量尝试，研究结果显示 GC 法、GC-MS 法、GC-ECD 法是检测 HCHs 使用最多、最有效的检测方法。

环境中 HCHs 的检测包括样品采集、样品提取、样品净化、仪器分析等步骤。根据环境介质不同进行样品采集，目前研究的环境介质主要有大气、土壤、沉积物、水体、飞灰、鱼类和人体组织等；样品提取的方法也很多，经典的方式主要有索氏抽提法、加速溶剂萃取、液液萃取、固相萃取、固相微萃取、微波辅助萃取、超临界流体萃取等，本研究提供和推荐的方法为索氏抽提、加速溶剂萃取和液液萃取法；样品净化技术主要有液液分配法、吸附柱层析法、凝胶渗透色谱法、化学处理法等，净化是样品前处理过程中非常重要的环

节，净化效果不好会直接影响仪器分析的定性定量分析，严重时还可使气相色谱的柱效减低、检测器玷污。目前国内外有机氯农药的仪器分析方法主要是气相色谱法、气相色谱/质谱联用法，气相色谱/高分辨质谱法等。

马梅等利用气相色谱电子捕获检测（GC-ECD）方法对官厅水库永定河流域沉积物中 26 种多氯联苯（PCBs）同系物和 13 种有机氯农药进行了分析测定，在 4 个采样点均检出了多氯联苯和部分有机氯农药，按照国际关于沉积物质量的同类研究结果，判定为轻度污染水平。许士奋等采用 GC-MS 定性，GC-ECD 定量，对长江南京段悬浮物和沉积物中 8 种有机氯农药进行了分离测定。结果表明，长江悬浮物和沉积物中有机氯农药在各采样点的分布特征较相似，其污染来源主要是工业废水的直接排放，以及农田水土流失，为中国东部地区长江饮用水水源污染控制和水环境的质量改善提供了重要的科学依据。康跃惠等以 GC-ECD 内标法定量测定了珠江澳门河口沉积物柱样中有机氯农药含量，讨论了有机氯农药的垂直分布特征，结果表明农药含量随深度变化和珠江口区的水域水流量随年份的变化有着很好的对应性。方展强等采用 HP6890 气相色谱仪，配以 ^{63}Ni 电子捕获检测器对分布于珠江河口区海域的翡翠贻贝中的有机氯农药和多氯联苯的含量进行了测定，结果表明珠江河口区海域已受不同程度的有机氯农药和多氯联苯的污染，为监测和评估珠江三角洲沿海岸环境的有机氯污染状况提供了有益的资料。储少岗等采用 Varian 3740 型气相色谱仪配以 ^{63}Ni 电子捕获检测器测定了我国北极科学考察队首次在北极圈内采集的北极动物样品（驯鹿和海豹）中的有机氯农药和多氯联苯残留，结果进一步证实了由于大气传输等过程，在远离污染源的地区同样面临着环境的污染问题，并为研究北极生态环境的演变及现状和全球生态环境的变化提供了有力的佐证。杨燕红等用 HP 5890 series 型气相色谱仪，配以 ^{63}Ni 电子捕获检测器对珠江三角洲几个城市中的污水及深圳河、大沙河中的有机氯农药和多氯联苯进行了初步探查及半定量分析，结果表明，几种有机氯农药尽管已停止生产多年，但在污水及河水中仍有残留。Yao 等采用气相色谱-质谱（GC-MS）定性和气相色谱-微池电子捕获检测器（GC-μECD）定量分析测定了中国北极探险考察队采自白令海和楚克奇海的海水中的有机氯类农药，结果表明白令海和楚克奇海中主要的有机氯类农药是六六六和七氯环氧。Ntow 用 HP 5890 型气相色谱仪（电子捕获检测器）测定了水样、沉积物、农作物和人乳共 208 个样品中的有机氯农药残留，结果表明，水样和沉积物中均检出了林丹和硫丹，另外，沉积物中还检出了六六六、滴滴涕和七氯环氧，农作物中只检出七氯环氧，而人乳中检测了较高浓度的六六六和滴滴涕。Khim 等采用 Perkin Elmer series 600 型气相色谱仪电子捕获检测器测定了阿尔斯特海湾极其邻近海域的沉积物和水体中的有机氯农药残留，结果表明，滴滴涕的浓度远远高于其他有机氯类农药。

　　有机氯农药长期以来一直受到环境科学家们的高度重视。近年来对地表水体和沉积物中有机氯农药的监测日益增多。但北京地区几大河流水系中除马梅等对官厅水库永定河流域的有机氯农药进行了分析外,还没有人全面系统地对这几大河流水系进行过监测分析。随着经济的飞速发展,工业废水和生活污水的排放急剧增加,而对工业废水和生活污水中的有机氯农药残留排放情况的调查研究却较少。

第6章 新增持久性有机污染物监测技术研究

6.1 环境中多溴联苯醚监测技术研究

多溴联苯醚（PBDEs）是一类重要的溴代阻燃剂，在生产、使用和废弃过程中，PBDEs会进入环境，并通过长距离迁移造成大气、水体、沉积物、土壤及生物圈的广泛残留。PBDEs理论上有209种同系物，但在自然界BDE28、BDE47、BDE99、BDE100、BDE153、BDE154、BDE183和BDE209的含量最高，此外，BDE25、BDE30、BDE32、BDE33、BDE35、BDE37、BDE66、BDE71、BDE75、BDE77、BDE85、BDE116、BDE118、BDE119、BDE126、BDE138、BDE155、BDE166、BDE181和BDE190也有较高的检出率。

BDE28、BDE47、BDE99、BDE153和BDE154是Penta-BDEs阻燃剂产品的主要组成成分，国际上使用最多的两种Penta-BDEs产品为Bromkal 70-5DE和DE71。商用Penta-BDEs产品包括BDE28、BDE47、BDE66、BDE85、BDE99、BDE100、BDE138、BDE153和BDE154等。BDE99和BDE47是其中的主要成分，其组成比例分别为50%～62%和24%～38%。八溴联苯醚产品包括BDE183、BDE153、BDE196、BDE197和BDE203等，其中BDE183是八溴产品主要成分之一，其组成比例约为42%。BDE153也是八溴产品组成成分，其组成比例约为8.7%。BDE209是十溴产品主要成分之一，国际上使用最多的两种Deca-BDEs产品为Saytex 102E和Bromkal 82-0DE，BDE209占组成的96.8%和91.6%。可见在这三种产品中BDE47、BDE99、BDE100、BDE153、BDE154、BDE183和BDE209是组成最多的BDE同类物。在这三种产品中，十溴联苯醚在我国产量最大、使用量最多，约占世界消费总量的1/4、总产量的1/5。尽管五溴和八溴联苯醚产品在我国也有生产和使用，但是，由于十溴联苯醚（BDE209）的产量和用量远远大于五溴（主要成分BDE47、BDE99、BDE153和BDE154）和八溴联苯醚（主要成分BDE183），环境中PBDEs的残留主要为BDE209。研究证实，在自然环境中BDE28、BDE47、BDE99、BDE100、BDE153、BDE154、BDE183和BDE209同类物是分布最广泛的PBDEs同类物，因此本研究的目标化合物为BDE28、BDE47、BDE99、BDE100、BDE153、BDE154、BDE183和BDE209。

6.1.1　方法概要

采用加速溶剂萃取（ASE）将土壤和底质样品中的多溴联苯醚（PBDEs）提取至有机溶剂中，或采用液液萃取将水质样品中的 PBDEs 萃取至有机溶剂中，利用旋转蒸发仪将溶剂体系交换至正己烷，经复合硅胶层析柱净化后，样品溶液进一步浓缩至 1.0 ml，使用 GC/MS 进行定性与定量测定。

6.1.2　试剂与仪器

6.1.2.1　试剂与材料

所有分析用的试剂及材料要先进行空白试验，确认不包含对 PBDEs 的分析产生干扰的成分后使用。

（1）正己烷、甲醇、丙酮、二氯甲烷：用于残留农药试验级（美国 TEDIA 公司）。依照分析时的浓缩倍率将浓缩过的试剂 1 μl 注入 GC/MS 时不会对 PBDEs 的标准物质及内标准物质的色谱柱产生干扰的材料。

（2）无水硫酸钠：优级纯（北京化工厂，北京），450℃烘烤 6 h 自然冷却后密封保存。

（3）正己烷洗净水：将蒸馏水用正己烷充分洗净。

（4）98%硫酸：特级试剂（北京化工厂）。

（5）氢氧化钠：优级纯（北京化工厂，中国）。

（6）氯化钠：优级纯（北京化工厂，北京），450℃烘烤 6 h 自然冷却后密封保存。

（7）高纯铜粉：优级纯（迈斯科化工有限公司，天津），加速溶剂萃取后加正己烷保存在密封三角瓶中。

（8）硅胶：80 目（Sigma 公司，美国）。正己烷萃取两遍，160℃烘烤 12 h，放入干燥器中冷却 30 min。

（9）2%的用氢氧化钾做包剂的硅胶（以下简称氢氧化钾硅胶）：将硅胶中加入 1 mol/L 的氢氧化钾水溶液调制成 2%（质量分数），用旋转蒸发器在约 50℃的温度下减压脱水，几乎将水分全部去除后，再在 80℃的温度下继续脱水 1 h 使之成为粉末状。调制后放入密闭的试剂瓶中放在干燥器里保存。

（10）44%及 22%的用硫酸做包剂的硅胶（以下简称硫酸硅胶）：将硅胶中加入硫酸，添加成 44%及 22%（质量分数），充分振荡后制成粉末状。调制后，放入密闭的试剂瓶中放在干燥器里保存。

（11）10%的用硝酸银做包剂的硅胶（以下简称硝酸银硅胶）：每 1 g 硅胶中加入 40%

（质量分数）硝酸银（保证试剂）水溶液 0.25 ml，用旋转蒸发器完全去除水分。调制时使用褐色烧瓶，尽量避光。调制后放在密闭的褐色瓶中放入干燥器里保存。

（12）氧化铝：柱型色谱法用氧化铝。由于保存时间和保存状态活性有相当大的差别，应该首先进行活化。活化时将氧化铝加入烧杯里，层的厚度为 10 mm 以下，在 130℃的温度下烘干大约 18 h，或者加入培养皿中，层的厚度为 5 mm 左右，在 500℃的温度下加热处理大约 8 h 后，放入干燥器里在室温下冷却。调制后放在密闭的试剂瓶中保存。分析用的试剂及材料要先进行空白试验，确认不包含对 PBDEs 的分析产生干扰的成分后使用。

（13）高纯氮气：99.999%，用于加速溶剂萃取（北京如源如泉科技有限公司）。

（14）高纯氦气：99.999%，用于 GC/MS 载气（北京如源如泉科技有限公司）。

（15）标准溶液：8 种多溴联苯醚标准溶液（溶剂为异辛烷/甲苯=8/2，体积分数），BDE28、BDE47、BDE100、BDE99、BDE154、BDE153、BDE183（20 mg/ml）和 BDE209（200 mg/ml）（美国 AccuStandard Inc 公司）。

（16）^{13}C-PCB209（溶剂为正己烷）100 mg/ml（美国 AccuStandard Inc 公司）。

（17）碳标记同位素：^{13}C-BDE28、^{13}C-BDE47、^{13}C-BDE100、^{13}C-BDE99、^{13}C-BDE153、^{13}C-BDE154、^{13}C-BDE183（50 mg/ml），^{13}C-BDE209（50 mg/ml）（美国 Cambridge Isotope Laboratories 公司）。

6.1.2.2　仪器与设备

（1）HV-1000F 大流量空气采样器（日本柴田公司）；

（2）QP2010-plus GC/MS 配自动进样器及负化学源的气相色谱-质谱联用仪（日本岛津公司）；

（3）Agilent 7890 / 5975C 配自动进样器气相色谱-质谱联用仪（美国安捷伦科技有限公司）；

（4）Su-9THE 超声波清洗机（日本 Sibata 公司）：用于固体样品萃取，超声波输出功率 500 W；

（5）ASE-300 加速溶剂提取仪（美国 Dionex 公司）：用于固体样品萃取；

（6）MARSX 微波萃取仪（美国 CEM 公司）；

（7）圆盘形固相萃取装置：90 mm 圆盘用（美国 Supelco 公司）；

（8）旋转蒸发仪：用于样品浓缩，（RE111 Büchi 公司，瑞士）；

（9）BV180 平行蒸发仪（日本柴田公司）；

（10）ACCUPREP MPS 凝胶渗透色谱（美国 J2 公司）；

（11）KL512 氮吹仪（康林公司）；

（12）CT60 离心机：适用于 50～100 ml 离心管，转速 0～6 000 r/min（日本 Hiea 公司）；

（13）WS1 振荡器：用于分液漏斗的振荡，可控制振荡速度和时间（德国 Wiggens 公司）；

（14）Wi84357 索氏抽提器（金泉水科技公司）；

（15）SG82 烘箱（日本 Yamato 公司）；

（16）具塞标准磨口茄形或圆底烧瓶：150 ml，300 ml，500 ml（上海晶菱玻璃公司）；

（17）具塞标准磨口三角烧瓶：500 ml，1 000 ml（上海晶菱玻璃公司）；

（18）标准磨口分液漏斗：带聚四氟乙烯活塞，2 000 ml（上海晶菱玻璃公司）；

（19）10 ml 具塞刻度试管（德国 Duran 公司）。

6.1.3　样品采集和保存

6.1.3.1　水环境样品

本方法适用于地表水采样，包括河流、湖泊、生活污水中 PBDEs 的分析。

在可以直接汲水的采样地点选用洁净不锈钢或玻璃材质的水桶或吊桶等容器直接取样。采水样时不可搅动水底沉积物，水样中有沉降性的固体，应当静止沉淀后分离除去。将不含沉降性固体但含有悬浮固体的水样转移至保存水样的容器中，加入抑制细菌试剂（硫酸等使水样 pH<2）。保存和运输样品最好在低温状况下，采样同时采集运输空白。

采样时需要注意采样容器样品容器为磨口玻璃瓶或带聚四氟乙烯衬垫的螺口玻璃瓶，采样时测定水温和 pH，样品瓶中尽量不留气泡。采集、盛装样品器具采样前要用碱性洗涤剂和水充分洗净，再用蒸馏水冲洗后空干。

6.1.3.2　表层沉积物样品

使用借助自身重量或杠杆作用设计的深入泥层的抓斗式采泥器。采样点的环境、水流情况、采样面积以及可使用的船只设备均应记录。

沉积物采样点位通常为水质采样垂线的正下方，一般选择河口，或由于地形造成堆积处。应避开河床冲刷、底质沉积不稳定及水草茂盛、表层底质易受搅动之处。采样量通常为 1～2 kg，采样量不够时，可在周围采集几次，并将样品混匀。样品中的砾石、贝壳、动植物残体等杂物应予以剔除。现场对泥质状态、颜色、臭味、生物现象等情况填入采样记录表。样品置于棕色广口玻璃容器低温保存运输。

6.1.3.3　土壤样品

根据调查目的、调查精度和调查区域环境状况等因素确定监测单元和监测采样的地点及点位数。

使用不锈钢锹、铲、土壤采样器（图 6-1-1）等适合特殊采样要求的工具。采样点选在被采土壤类型特征明显的地方，地形相对平坦、稳定的地点。不在水土流失严重或表土被破坏处设采样点。采样点可采表层样或土壤剖面。一般监测采集表层土，采样深度 0～10 cm，特殊要求的监测（土壤背景、环评、污染事故等）必要时选择部分采样点采集剖面样品。采样可选用对角线，梅花式、棋盘式等方式采样。每个采样点的取土深度及采样量应均匀一致，取样工具应垂直于地面入土，深度相同。土壤样品除去动植物残体、石砾等杂质，将大块土壤整碎，混匀，进行四分法样品保证最终质量 0.5～1 kg。

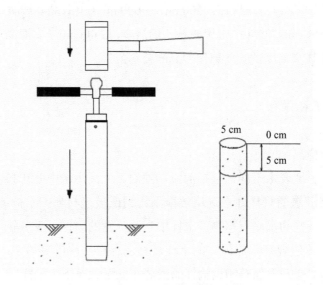

图 6-1-1　使用土壤采样器采集土壤样品

样品采集记录至少要有以下几项内容：
（1）样品采集时使用的器具及状况。
（2）采样点附近有无建筑物和树木及其位置、日照等周围状况。
（3）采样地点的地面上有无枯叶等覆盖物。
（4）采样方法，采样点间的距离。
（5）采集样品的性质（土壤性质）。

6.1.3.4　环境空气样品

本研究大气中 PBDEs 的采样方法采用主动式，利用聚氨酯泡沫（PUF）和石英纤维滤膜（QFF）等吸附材料安装在采样器内，利用这些材料对空气中 PBDEs 的吸附、拦截作用而进行采样的方法，图 6-1-2 和图 6-1-3 为大流量采样器的结构。

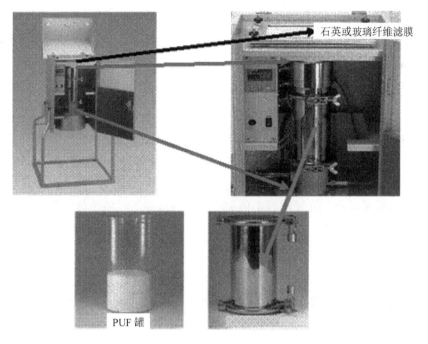

图 6-1-2　典型的大流量采样器

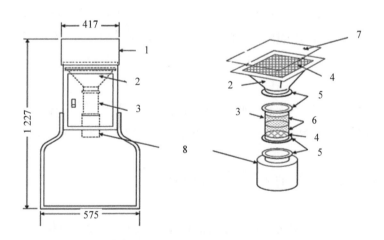

1. 外壳（铝制）；2. 滤纸夹（200 mm×254 mm）；3. PUF 充填罐（不锈钢或铝制；内径 84 mm×长 200 mm）；

4. 不锈钢网；5. 固定零件；6. PUF；7. 石英或玻璃纤维滤纸；8. 泵

图 6-1-3　大流量采样器结构

（1）吸附材料预处理

PUF 和 QFF 在采样之前，必须经过严格的清洗措施，避免引入 PBDEs 污染。

用煮沸的纯净水将 PUF 洗涤干净，再放入装有温水的烧杯中反复揉搓洗涤，挤干 PUF

中的水分。充分脱水后用丙酮再次清洗，对 PUF 中残余的水分进行置换。将 PUF 装入 100 ml 萃取池中，用丙酮：正己烷（1：1，体积比）作为萃取溶剂进行 ASE 萃取（萃取温度 80℃、压力 1 500 psi①、加热 5 min、稳定 10 min、40%淋洗、冲洗 100 s、循环两次）。提取完成后，将 PUF 放入真空干燥器中进行减压干燥。干燥后 PUF 立即放入不锈钢密闭容器中保存。

QFF 在马弗炉中 450℃烘烤 6 h，在恒温恒湿箱保存。石英纤维滤纸粗糙面向里对折用铝箔纸包紧后放入密实袋中密封保存。

（2）利用大流量采样器采集空气样品

①将仪器运至采样点。将采样器主体和支架的螺丝卸下，将主体部分反转上去，将螺丝重新固定，使主体部分固定在支架上。

②使用铁丝将仪器固定在周围建筑设施上。

③使用实验室用纸巾将采样器的采集颗粒物和气溶胶部分的接口处擦干净。卸下石英纤维滤纸防尘罩，拧下固定滤纸装置两侧的螺丝，取下固定扳，将滤纸的毛面向上放到底盘上，加盖固定板，拧上螺丝，盖上防尘罩。

④使用石英滤膜采集大气颗粒物，同时使用聚氨基甲酸乙酯泡沫（PUF）作为吸附剂，吸附空气中的多溴联苯醚。采样现场往 PUF 中添加回收率指示物，将两块 PUF 装入玻璃筒中固定好，再将筒放入不锈钢密闭器并安装到采样器上，用锁固定好。

⑤启动采样器（采样器的操作方法参照该仪器使用说明书），以 700 L/min 的流量，连续 24 h 采样，采样量 1 000 m³ 左右。采集开始 5 min 后观察流量并记录，在采样结束后读取流量并记录。

⑥采样结束后，装有 PUF 的不锈钢密闭器放入密实袋中密封保存。石英纤维滤纸采样面向里对折，放入密实袋中密封保存。将 PUF、滤纸放入车载冰箱中保存、运输。

6.1.3.5　飞灰样品

在机械除灰系统出灰口的适当位置定期采样。

6.1.3.6　污泥样品

根据调查目的采集初沉污泥或消化污泥样品。选择污泥脱水机传送带上采集新鲜污泥样。均质池样品采集前需要将均质池的搅拌机开启，搅拌 30 min 后采样。污泥样品低温保存和运输。

---

① 1 psi≈6.895kPa≈0.068 95 bar；1 bar=0.1 MPa，全书同。

6.1.4 样品制备和萃取

6.1.4.1 水环境样品

本研究要求水体样品的取样体积应大于 5 L（5～10 L），需要分批萃取，每次萃取 1～2 L，萃取液合并。污水处理厂污水或被 PBDEs 污染水体可以减少采样体积。

（1）样品制备。在装有水样的原始样品瓶（4 L 以上）上标记样品水面位置。将碳同位素标准溶液加入到样品瓶中，盖上瓶盖并小心摇动样品瓶混合。样品平衡 1～2 h，同时使悬浮颗粒沉淀。

（2）液液萃取步骤。取 1 000 ml 水样于 2 L 分液漏斗中，调节 pH 至中性，加入 100 gNaCl 摇匀后再次摇匀，加入 80 ml 二氯甲烷萃取三次，每次摇动 10 min，最后一次用 20 ml 二氯甲烷清洗分液漏斗后，所有批次的萃取有机液合并。然后用无水硫酸钠干燥后浓缩，最后一次浓缩溶剂交换至正己烷，进一步浓缩至 1 ml，待净化。特别提示，水体中的颗粒相部分需要通过处理好的 QFF 过滤后单独进行分析测试。

（3）固相萃取步骤。将固相萃取膜盘（C18）放置在玻璃底座（glass support base）上，用 10 ml 丙酮润湿膜盘并排除气体，使膜盘与底座紧密结合，再用镊子在膜盘上放置玻璃纤维滤膜，用适量丙酮润湿滤膜，确认在磨盘和滤膜之间没有空气泡。安装 1 L 玻璃样品池（glass reservoir）。加入约 20 ml 丙酮，打开真空阀门使数滴液体出现在底座下方，关闭阀门使滤膜和膜盘浸泡约 1 min。再次打开阀门，使全部丙酮流经滤膜和膜盘。用 20 ml 丙酮重复上述洗涤操作一次。

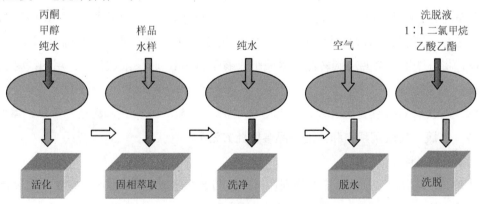

图 6-1-4　使用圆盘形固相进行固相提取的操作过程

样品池中加入约 20 ml 甲醇，打开真空使大多数甲醇流经滤膜和膜盘，只保留在滤膜上方约 2 mm 的一层甲醇。迅速向样品池中加入约 20 ml 纯化水使大多数纯化水流经滤膜和膜盘，在滤膜上方保留约 2 mm 纯化水。

将过滤颗粒物后的水样迅速加入样品池中，抽真空同时调节真空度使样品流速不大于 100 ml/min（图 6-1-5）。在所有样品流过滤膜/膜盘之前，向样品瓶中加入约 50 ml 纯化水，使水样通过滤膜/膜盘。再用约 50 ml 的纯化水淋洗样品瓶，并转入样品池中。在所有样品和淋洗用水流过滤膜/膜盘之前，用少量的水淋洗样品池壁并通过滤膜/膜盘。在所有水样萃取结束后继续抽真空约 3 min，除取滤膜/膜盘上的部分水分。注意，如果发现萃取流速过低，可以更换滤膜后继续过滤。

图 6-1-5　固相圆盘萃取水样

释放真空，取下原来的底座，将 40 ml 样品接收瓶放入安置在底座下部的不锈钢歧管（manifold）中。取下经脱水后的滤膜/膜盘，将其重新放置到预先已经用丙酮及正己烷洗净、干燥过的底座上并安装在歧管上。用 4～5 ml 的乙酸乙酯/二氯甲烷润湿滤膜/膜盘，使乙酸乙酯/二氯甲烷遍布圆盘并浸泡 15～20 s。用 20 ml 乙酸乙酯/二氯甲烷从固相中提取 PBDEs，将淋洗溶液合并用旋转蒸发器减压浓缩至 30 ml，转移至试管中，用 N_2 吹扫浓缩至 1 ml。

注：滤膜和 C18 膜盘也可以混合无水硫酸钠，在 ASE 或索氏抽提进行萃取，萃取。

6.1.4.2　土壤（表层沉积物和污泥样品参照此方法）

（1）样品制备

土壤、沉积物和污泥样品需要分别在风干室和磨样室制备样品。风干室要求通风良好，避免阳光直射，整洁，无尘，无易挥发性化学物质。

将土样放置于风干盘中，摊成薄层风干。样品适时地压碎、翻动，拣出碎石、沙砾、动植物残体。在磨样室将风干的样品倒在铝箔纸上，用木槌敲打，压碎，拣出杂质，混匀过 20 目（0.8 mm）不锈钢筛。再用四分法分成两份，一份过孔径 100 目（0.15 mm）筛，另一部分留样冷冻保存。注意样品风干及筛分时应避免日光直接照射及样品间的交叉污染。细颗粒的表层沉积物、污泥样品建议使用湿样处理或冷冻干燥方式制备。

（2）含水率的测定

称取 5 g 以上的土壤/沉积物/污泥样品，105～110℃下烘干 2 h 后放在干燥器中冷却至室温，称重。使用下式计算含水率 W（%）。

$$W = \frac{干燥前样品重量 - 干燥后样品重量}{干燥前样品重量} \times 100\%$$

（3）样品萃取方法

①加速溶剂萃取（也称快速溶剂萃取或压力流体萃取）

加速溶剂萃取方法是通过升温和加压，增加物质的溶解度和溶质的扩散效率，从而达到萃取目的。该方法具有萃取效率高，有机溶剂用量少、快速、自动化程度高和结果重现性好等优点。通常在使用时加入石英砂或硅藻土等分散剂可提高萃取效率，萃取土壤等新鲜样品时需要使用可以与水互溶的极性溶剂，如丙酮等。其缺点是容易产生交叉污染或在萃取过程中 PBDEs 可能产生热分解。

本研究采用相当于干燥的 10 g 土壤样品，或 5 g 沉积物样品，或 2 g 污泥样品，或 5 g 飞灰样品装入加速溶剂萃取仪的 34 ml 萃取池中（湿样需加入无水硫酸钠混匀后放入萃取池），然后加入同位素内标上机萃取。运输空白和全程序空白使用相同的操作萃取。所用溶剂体系为 $V_{正己烷}：V_{二氯甲烷} = 1：1$，加热温度 100℃，静态萃取时间为 10 min，吹扫时间 120 s，萃取压力为 1.034×10^7 Pa（1 500 psi），萃取循环次数 3 次。

②索式提取

索式提取法是从土壤/沉积物/固体废物等基质中提取分析物的一种经典方法，利用溶剂回流及虹吸原理，使固体物质连续不断地被纯溶剂萃取，将萃取物富集的方法。该方法具有通用、简便易操作、分析成本低和萃取效率高等优点，不存在交叉污染。其局限性是消耗大量的萃取溶剂和时间。在索式提取基础上发展而来的自动索氏提取、热溶剂抽提、索氏热抽提可以大大减低萃取时间，但存在仪器置备费用较高的问题。

本研究中将与上述相同量样品加入到洁净的石英滤筒中，以二氯甲烷为溶剂进行提取，提取时间通常在 18 h 以上。

③超声波辅助萃取

本方法是利用超声波辐射压强产生的强烈机械振动、扰动效应、高加速度、乳化、扩散、击碎和搅拌作用等多级效应，增大物质分子运动频率和速度，增加溶剂穿透力，从而加速目标成分进入溶剂，促进提取的进行。近年来超声波萃取技术常与固相萃取或固相微萃取技术联合使用，用于环境生物体中 PBDEs 的萃取。

称取 5 g（精确至 0.01 g）样品，混合后样品置入 100 ml 离心管中，加入同位素内标，放置 10 min 后加入 50 ml 二氯甲烷：正己烷（1：1，体积比）的混合溶液，盖好瓶盖后，手摇 5 min 做超声波萃取 10 min，离心管置入离心机以 3 000 r/min 离心 15 min，上清液转移抽滤至茄形瓶中。相同步骤再次萃取。将上清液抽滤后合并，在旋转蒸发器上浓缩至少于 5 ml（水浴温度不超过 35℃）。再向茄形瓶中加入 20 ml 正己烷并浓缩至少于 5 ml（水浴温度不超过 35℃），转移至 10 ml 具塞试管中，用氮吹仪或平行蒸发仪浓缩至约 1 ml 待净化。

④微波辅助萃取

具有不同介电常数的物质对微波能量吸收程度不同而产生热量和传递给周围环境的热量也不同，在微波场中，吸收微波能力的差异使基体物质中的某些区域和萃取体系中的某些组分被选择性加热，从而使被萃取物质从基体或体系中分离出来，进入介电常数小、微波吸收能力较差的萃取剂中。与传统的索氏萃取、超声波萃取相比，其主要特点是快速、节能、省溶剂和污染小等，有利于萃取热不稳定的物质，避免长时间的高温引起物质的分解。

称取 5 g（精确至 0.01 g）样品和铜粉，混合后样品置入聚四氟乙烯微波萃取池中，加入同位素内标，放置 10 min。加入 20 ml 二氯甲烷：正己烷（1∶1），进行萃取。萃取条件为温度 100℃，压力 200 psi，保持时间 20 min，冷却温度至室温。

萃取结束后，将微波萃取池中上清液抽滤后转移至茄形瓶中，在旋转蒸发器上浓缩至少于 5 ml（水浴温度不超过 35℃）。再向茄形瓶中加入 20 ml 正己烷并再次浓缩至少于 5 ml（水浴温度不超过 35℃），将浓缩液转移至 10 ml 具塞试管中，用氮吹仪浓缩至 1 ml，待净化。

6.1.4.3   环境空气和飞灰样品

将采集的石英滤膜 QFF 和聚氨酯泡沫 PUF 分别放入加速溶剂萃取仪（ASE）的 34 ml 和 100 ml 的萃取池，或将 5 g（精确至 0.01 g）飞灰样品装入加速溶剂萃取仪的 34 ml 萃取池中（湿样加入无水硫酸钠混匀后加入萃取池），然后加入同位素内标上机萃取。运输空白和全程序空白使用相同的操作萃取。其余同土壤样品。

飞灰样品在萃取前需要进行盐酸处理。向样品中加入 2 mol/L 盐酸，直至样品不再冒泡为止。盐酸加入时需少量多次，每次加入的盐酸能完全没过样品即可，防止样品冒泡使样品溢出。加完一次盐酸后可静止一会，使样品与盐酸充分反应后，再添加盐酸。确认样品与盐酸完全反应（不再冒泡），将滤筒、玻璃漏斗、分液漏斗按图 6-1-6 中所示放置，将小烧杯中残留的盐酸倒入滤筒中，依次使用 100 ml 纯净水、丙酮淋洗样品及滤筒。丙酮洗净后，将滤筒放回小烧杯中，盖上铝箔，放入通风橱，待丙酮完全挥发后，放入干燥器中干燥 1 d 以上，然后进行样品提取操作。分液漏斗中的样品淋洗液进行液-液萃取操作（参照水质 PBDEs 前处理方法）。

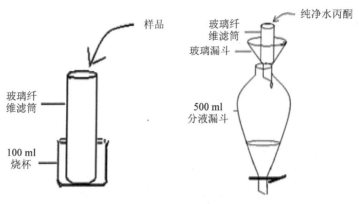

图 6-1-6　飞灰盐酸处理

6.1.5　样品净化

环境样品组成复杂，提取后存在大量共萃物，如腐殖酸、脂类、色素和其他杂质，需要净化处理，净化的效果直接影响方法的灵敏度和重现性，图 6-1-7 显示净化不彻底样品在实际测试 BDE209 中造成仪器灵敏度降低的情况。图 6-1-8 显示净化彻底样品在实际测试 BDE209 中的色谱图。另外净化不完全造成 BDE209 降解，定量不准确（图 6-1-9）。

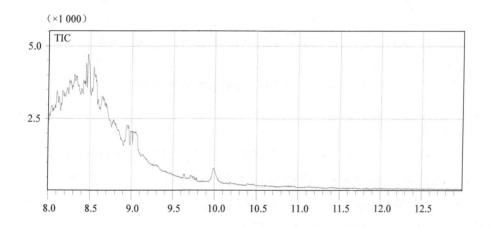

图 6-1-7　净化不彻底样品测定 BDE209 的色谱图

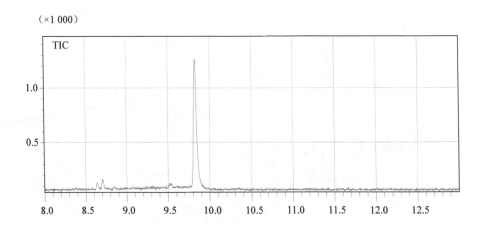

图 6-1-8　净化彻底样品测定 BDE209 的色谱图

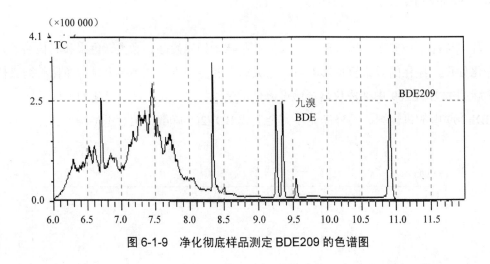

图 6-1-9　净化彻底样品测定 BDE209 的色谱图

（1）硫化物去除

污泥/沉积物样品萃取液在净化之前需去硫（或在层析柱中使用硝酸银硅胶）。将活化铜粉加入萃取液中，手摇 5 min 后静止 2 h，过滤铜粉后进行下一步处理。铜粉的活化处理过程：6 mol/L 盐酸浸泡铜粉，使铜粉表面氧化层去除后，用蒸馏水洗涤多次除酸，再用丙酮洗涤多次除水。真空抽干，置于密封容器中保存。

（2）浓硫酸净化

QFF 样品、污泥/沉积物样品首先使用浓硫酸净化。将浓缩液完全转移至分液漏斗（10 ml）加入正己烷 50 ml，每次加入适量（10~15 ml）浓硫酸，轻微振荡，静置分层，弃去硫酸层。根据硫酸层颜色的深浅重复操作 2~4 次，直到硫酸层的颜色变浅或无色为止。弃去硫酸相，向正己烷层加入适量（30 ml）的水洗涤，重复洗至中性。正己烷层经无水硫酸钠脱水后，用浓缩器浓缩至 1～2 ml。

（3）多层硅胶柱净化

经过浓硫酸净化后的浓缩液还需经过多层硅胶柱净化。在层析填充柱底部垫一小团石英棉，加入用 40 ml 正己烷。依次装填无水硫酸钠 1 g，活化硅胶 1 g，佛罗里土 2 g，活化硅胶 1 g，2%氢氧化钠硅胶 3 g，活化硅胶 1 g，44%硫酸硅胶 8 g，活化硅胶 1 g，10%硝酸银硅胶 3 g，无水硫酸钠 1 g。流出正己烷溶液，使正己烷液面刚好与硅胶柱上层无水硫酸钠齐平。将萃取浓缩液完全转移到多层硅胶柱上，用 125 ml 20%二氯甲烷/正己烷溶液淋洗复合硅胶柱。调节淋洗速度约为 2.5 ml/min（大约 1 滴/s），收集淋洗液，淋洗液浓缩至 1 ml。见图 6-1-10 和图 6-1-11。

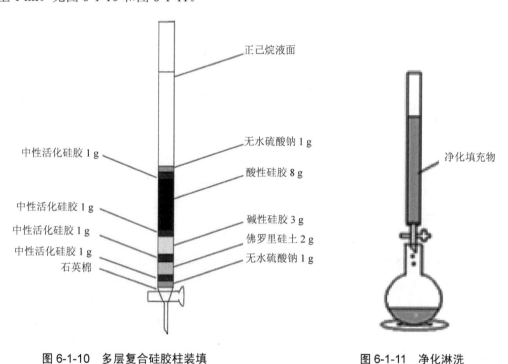

图 6-1-10　多层复合硅胶柱装填　　　　　　图 6-1-11　净化淋洗

（4）氧化铝柱净化

污泥样品通过酸洗和多层复合硅胶柱净化后，还需要进一步净化。图 6-1-12～图 6-1-14 显示未进一步净化的样品全扫描图和通过活性炭和中性氧化铝（去活）净化后的全扫描。比较发现，活性炭柱和中性氧化铝（去活）柱净化效果接近。但是，由于活性炭的吸附能力强，洗脱溶剂的使用量较大，净化时间较长，因此选用中性氧化铝做进一步净化。由于 PBDEs 极性低，采用正己烷作为淋洗溶剂可以有效去除极性杂质。淋出曲线结果显示（图 6-1-15），在 10～50 ml 内可以将 7 种 PBDEs 全部淋洗下来。为了保证淋洗完全，选择 80 ml 正己烷作为淋洗体积量。

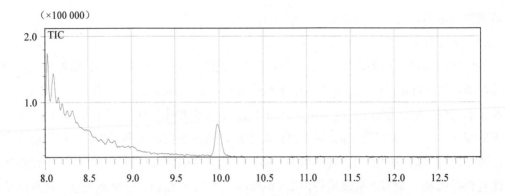

图 6-1-12　经过多层复合硅胶柱后未进一步净化样品测定 BDE209 全扫图

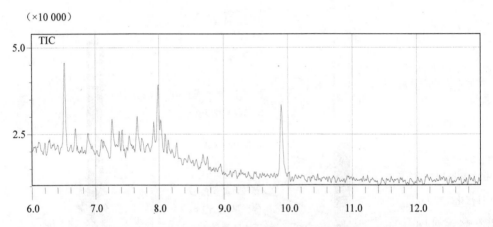

图 6-1-13　经过多层复合硅胶柱后使用中性氧化铝净化样品测定 BDE209 全扫图

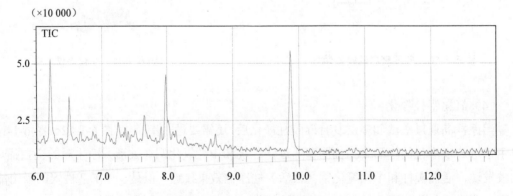

图 6-1-14　经过多层复合硅胶柱后使用活性炭净化样品测定 BDE209 全扫图

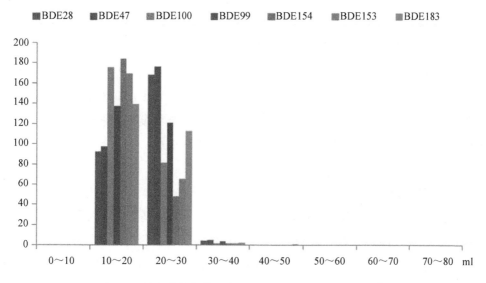

图 6-1-15　使用中性氧化铝净化样品测定 7 种 BDE 流出曲线

在层析填充柱底部垫一小团石英玻璃棉，加入 50 ml 正己烷后再加入 10 g 氧化铝，用玻璃棒缓缓搅动赶掉气泡，再加入 1 cm 无水硫酸钠。将浓缩液完全转移到氧化铝柱上，用 80 ml 的正己烷溶液淋洗，调节淋洗速度约为 2.5 ml/min（大约 1 滴/s），淋洗液浓缩至 1 ml。净化后的样品加入 ¹³C-BDE209 作为进样内标，氮吹浓缩液至 200 ml 待上机。

6.1.6　样品浓缩

旋转蒸发浓缩时注意要使用防暴沸装置，每个样品浓缩时需要更换新的防暴沸装置。氮吹法浓缩时吹气强度应该以液膜面微微波动为宜。平行蒸发仪浓缩和富集过程中应选用温和的条件，可以采用降低旋转蒸发温度和控制旋转蒸发真空度等措施，尽量避免低溴代分析物损失。

旋转蒸发仪设定。冷凝水温度 4℃，水浴温度 35～40℃，丙酮、二氯甲烷、正己烷体系的工作真空分别设 6×10^4 Pa、8×10^4 Pa、3.5×10^4 Pa，转速 60～70 r/min，控制浓缩速度在 10 ml/min。

氮吹设定。水浴温度 35～40℃，气流使液面凹陷，不飞溅，控制浓缩速度在 0.5～1.0 ml/min。

平行离心蒸发仪设定。离心室 45～50℃，真空 2.5×10^4 Pa，离心速度 350 r/min，控制浓缩速度在 0.5～1.0 ml/min。

6.1.7 气相色谱-质谱分析

测定多溴联苯醚对分析方法和分析仪器系统要求比较苛刻，检测器的各种配置和仪器条件如接口、色谱柱、进样口等都对结果有较大影响。由于多溴联苯醚，尤其是十溴联苯醚的热不稳定性，其分析易受进样系统玷污、进样和分离温度等因素的影响，因此，必须严格考察分析条件，优化分析参数，达到高灵敏检测的目的。

6.1.7.1 气相色谱分离条件优化

（1）色谱柱选择

选择色谱柱时应考虑固定相（极性）、柱长、膜厚和内径等，上述因素都会影响 PBDEs 的响应。通常，为了避免较长时间暴露于较高的温度下，在分析高溴代联苯醚（BDE209）的最灵敏方法是采用 $10\sim15\,m$ 的非极性并且膜厚在 $0.1\,\mu m$ 的短色谱柱。另外 7 种指示性 PBDEs 可使用 $30\,m$ 色谱柱，$0.25\,\mu m$ 内径的色谱柱。过长的毛细管柱将增加分析物质的保留时间，会导致高溴代同族体在柱中的降解。另外，如果前处理净化效果不理想，$0.1\,\mu m$ 内径长度 $10\sim15\,m$ 的色谱柱会使一些 PBDEs 色谱峰展宽。图 6-1-16 和图 6-1-17 为使用 $15\,m$、内径为 $0.1\,\mu m$ 测定净化效果不理想的污泥样品色谱图和标准溶液色谱图对比。

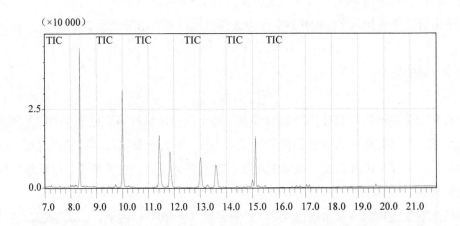

图 6-1-16 净化不彻底样品使用薄液膜柱测定 7 种 BDE 同类物色谱图

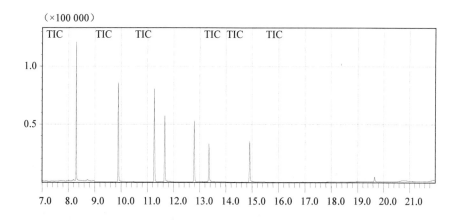

图 6-1-17　7 种 BDE 同类物标准样品使用薄液膜柱测定的色谱图

（2）进样条件

①内衬管。PBDEs 尤其是十溴联苯醚性容易在衬管的石英棉处吸附并在高温下分解，在衬管被杂质污染时，附着在衬管上的活性点更会加速十溴联苯醚等 PBDEs 的分解，图 6-1-18 显示样品中杂质污染衬管时 BDE209 降解为八溴和九溴的情况。

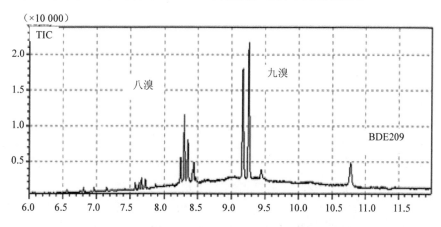

图 6-1-18　进样口污染条件下 BDE209 降解色谱图

及时更换衬管和填充少量石英纤维毛在衬管中可以减少十溴联苯醚的分解。在每次更换衬管后，最好先进一针高浓度 PBDEs，然后在进校正曲线溶液。为了避免十溴联苯醚汽化后在衬管中停留时间过长造成分解，进样量为 1 µl，进样时间 0.5 min，并加大吹扫比。图 6-1-19 和图 6-1-20 为洁净衬管和被污染衬管测试 BDE209 标准溶液的色谱图。

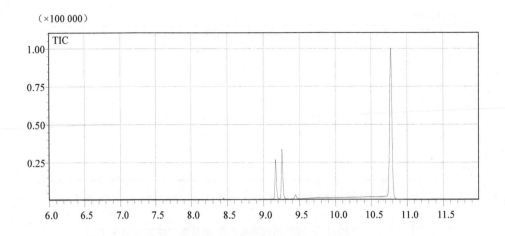

图 6-1-19　进样口污染条件下 BDE209 降解色谱图

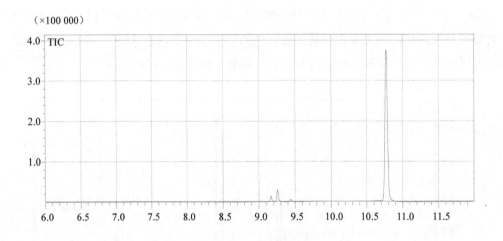

图 6-1-20　进样口洁净条件下 BDE209 降解色谱图

②进样口温度及进样口压力设置。由于多溴联苯醚的热不稳定性，进样口温度的设置如果太高，多溴联苯醚会在衬管分解；温度太低，气化不完全。因此，进样条件是保证多溴联苯醚准确测定的关键，进样口温度的设置必须是使其气化完全又没有产生分解的临界温度。一般进样口温度应设置在 260～280℃，具体温度设置应该根据本实验室仪器具体情况而设定，通过改变进样口的温度，并根据全扫描方式确定 PBDEs 的分解情况，最终确定最佳的进样口温度。

高压进样（脉冲进样）是在 100～200 kPa 将样品快速注入气化室，由此可以缩短进样时间，减少多溴联苯醚在衬管的分解，提高仪器的灵敏度。但是，如果压力过高，又会造成色谱柱流失，如图 6-1-21 所示。具体进样口压力设置应该根据本实验室仪器具体情况而设定，通过改变进样口压力的温度，并根据全扫描方式确定 PBDEs 的分解情况，最终确定最佳的进样口温度。

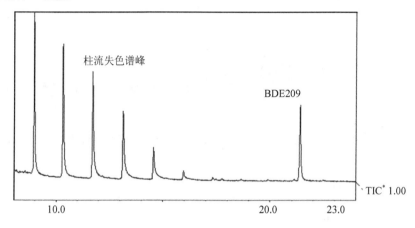

图 6-1-21　进样口压力过大条件下造成柱流失的情况

（3）其他 GC-MS 仪附件的日常维护

GC 系统的污染会引起 PBDEs 尤其是 BDE209 的降解。进样垫碎屑进入衬管会导致 PBDEs 在衬管的分解，因此样品测试之前必须更换进样垫，并截除色谱柱进样口端和质谱端各约 10cm 以保证系统清洁（或者更换预柱）。当 ^{13}C-BDE209 回收率低于 50%时，样品须在进样系统清洗后重新进样。

另外，要经常性老化色谱柱，以保证色谱柱的清洁。图 6-1-22～图 6-1-24 为相同浓度的 ^{13}C-BDE209 标准溶液在仪器洁净状态下色谱图、经过样品测定后重新测定的色谱图和系统污染后测定的色谱图。可以看出色谱柱不洁净条件下造成测试 BDE209 灵敏度下降。

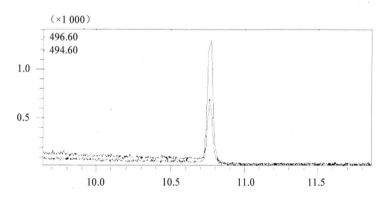

图 6-1-22　色谱柱洁净条件下 BDE209 标准溶液色谱图

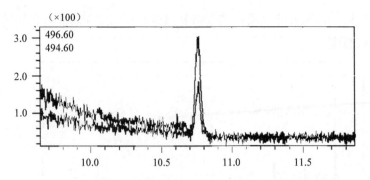

图 6-1-23　色谱柱不洁净条件下 BDE209 标准溶液色谱图

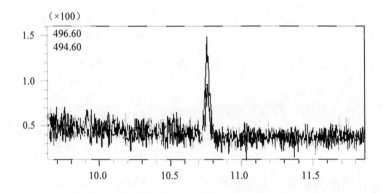

图 6-1-24　色谱柱玷污条件下 BDE209 标准溶液色谱图

　　在 PBDEs 测试之前，也可以使用 5 mg/ml 的 *p,p'*-DDT 在全扫描方式下对系统清洁程度进行检查。如果 *p,p'*-DDT 的分解率大于 15%，需要对系统进行净化（图 6-1-25 和图 6-1-26）。

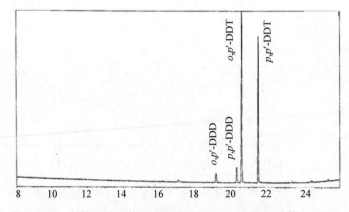

图 6-1-25　气相系统污染的 DDT 的 TIC（*p,p'*-DDT 分解＞15%）

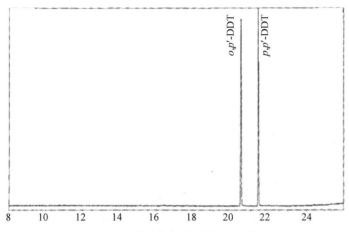

图 6-1-26　洁净气相系统的 DDT 的 TIC

6.1.7.2　质谱条件优化

（1）调谐、传输线及离子源设置

由于 PBDEs 分子量较大，GC-MS 仪器调谐时的模式因该设置在高灵敏度模式下调谐。MS 条件必须满足硬脂酸甲酯、八氟萘的质量准确数实测值与理论值的 RMS≤0.2 u，24 h 后 RMS≤0.1 u，分辨率 m/z 502 处 $R > 1\,000$。传输线温度设置应当设置在合理范围内，不引起 PBDEs 的分解，又不能在传输线处冷凝。离子源应当保持洁净，以提高仪器灵敏度和避免 PBDEs 的分解。

（2）定性定量离子的设定

为了提高仪器灵敏度和定量准确性，参考离子数应当不少于 2 个，m/z 数应精确到小数点后 2 位（至少 1 位），具体数值根据实验室仪器类型、调谐结果和标准溶液的全扫描结果确定。为了提高仪器灵敏度和定量准确性，定量离子和参考离子都选择碎片离子 m/z 数大的，并使用对应同位素进行定性和定量校正，见表 6-1-1 和表 6-1-2。

表 6-1-1　EI 源定量化合物的定量定性离子

序号	化合物	m/z		
		定量离子	参考离子 1	参考离子 2
1	BDE28	407.8	405.8	409.8
2（IS）	$^{13}C_{12}$-BDE28	417.9	419.9	446.2
3	BDE47	485.7	483.7	487.8
4（IS）	$^{13}C_{12}$-BDE47	497.8	499.8	495.8
5	BDE100	563.7	565.7	403.9
6（IS）	$^{13}C_{12}$-BDE100	577.8	575.8	415.9
7	BDE99	563.7	565.7	403.9

序号	化合物	m/z		
		定量离子	参考离子 1	参考离子 2
8（IS）	$^{13}C_{12}$-BDE99	577.8	575.8	415.9
9	BDE154	643.6	645.6	483.8
10（IS）	$^{13}C_{12}$-BDE154	665.7	495.8	657.6
11	BDE153	643.6	645.6	483.8
12（IS）	$^{13}C_{12}$-BDE153	665.7	495.8	657.6
13	BDE183	721.6	561.7	563.7
14（IS）	$^{13}C_{12}$-BDE183	733.6	573.8	735.6

表 6-1-2 EI 源定量化合物的定量、定性离子

化合物	分子式	分子量	定量离子	定性离子
十溴联苯醚	$C_{12}Br_{10}O$	959.17	799.30	801.30、959.10、961.10
碳标记十溴联苯醚	$^{13}C_{12}$-$C_{12}Br_{10}O$	971.18	811.30	813.35、971.20、973.10
碳标记十氯联苯	$^{13}C_{12}$-$C_{12}Cl_{10}$	509.8	511.8	507.8

图 6-1-27 和图 6-1-28 为使用正常模式并 m/z 数精确到小数点后 0 位和使用高分辨模式并 m/z 数精确到小数点后 2 位的色谱图对比。

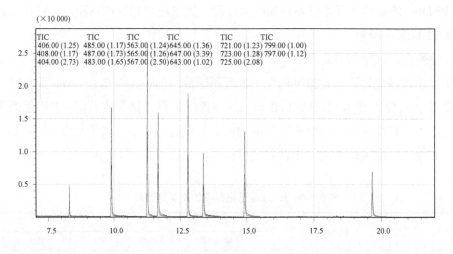

图 6-1-27 正常调谐模式 m/z 数精确到小数点后 0 位 8 种 BDE 同类物色谱图

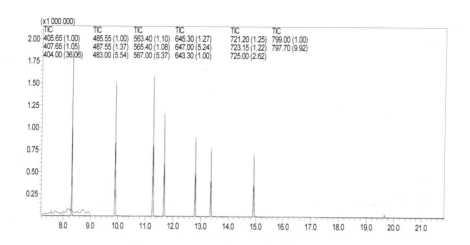

图 6-1-28　高灵敏调谐模式 *m/z* 数精确到小数点后 2 位 8 种 BDE 同类物色谱图

（3）负化学电离源（NCI）测定 PBDEs

目前，大量的有机物标准质谱图均是用电子轰击源（简称 EI 源）得到的，PBDEs 定性、定量过程中常用 EI，对碎片[M-2Br]$^+$和 M$^+$进行定性和定量。由于高溴代 PBDEs 分子量大，稳定性也较差，70 eV 的电子束会引起分子碎裂过度，无法大量生成分子离子，造成 EI 源灵敏度低。软电离的负化学源（NCI），对含溴原子的 PBDEs 具有高选择性和高灵敏度，加入甲烷等反应气，电离能量降低，可生成较大的碎片离子，大大提高了灵敏度，是测定 BDE209 的常用方法。负化学源（NCI）测定原理是通过反应气分子与电子发生碰撞后，产生热电子，BDE209 分子捕获热电子产生负离子，从而使 BDE209 分子实现电离。反应气体通常为甲烷，与 EI 源相比，离子-分子反应后剩余的内能很小，故离子峰大，碎片离子峰较少，大大提高了 BDE209 分析的灵敏度。因此负化学电离源（NCI）在分析检测 BDE209 上得到了广泛的应用。图 6-1-29 为使用 EI 源条件下 BDE209 的质谱图，可以看出用于定量的 *m/z* 碎片离子峰（797.4）或分子离子峰都很小（959.3）。而使用 NCI 源条件下测定 BDE209（图 6-1-30），用于定量的 *m/z* 为 488 碎片离子强度明显增强，大大提高了 BDE209 仪器分析的灵敏度。

在 NCI-MS 中，反应气 CH$_4$ 的作用为降低电子的能量，因此，对于溴代数目较多的 PBDE 采用 NCI 较之 EI 能更好地离子化，NCI 有非常好的灵敏度和碎片峰。使用 NCI 源时，BDE209 会产生高丰度的[C$_6$Br$_5$O]$^-$分子碎片峰，其他同族体的分子离子峰和碎片峰[（M-*x*）（H-*y*）Br]$^-$的丰度较低。因此使用 NCI 源能够更好地降低背景信号，具有优越的抗干扰能力，在污染物残留测定中能获得更低的检测限，有定性、定量准确度高和灵敏度高的特点。使用 EI 和 NCI 源测定 8 种 PBDEs 色谱图比较见图 6-1-31 和图 6-1-32，使用 NCI 源测定 BDE209 的定性、定量离子见表 6-1-3。

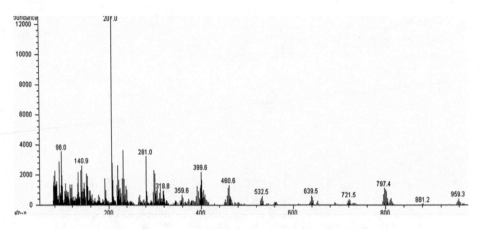

图 6-1-29　BDE209EI 源条件下的全扫描质谱图

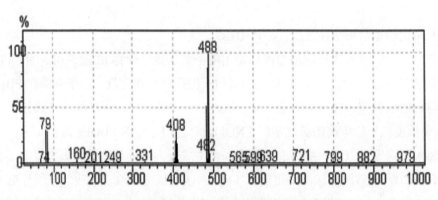

图 6-1-30　BDE209 在 NCI 源下的全扫描质谱图

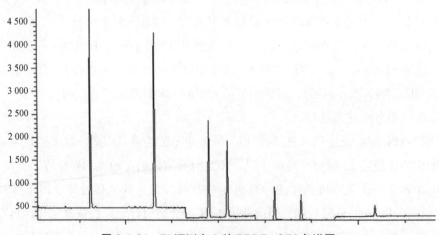

图 6-1-31　EI 源测定 8 种 PBDEs SIM 色谱图

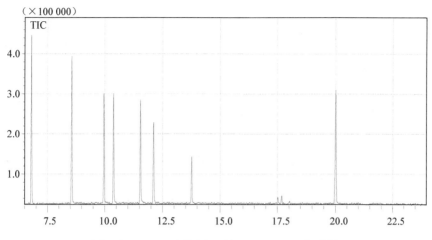

图 6-1-32　NCI 源测定 8 种 PBDEs SIM 色谱图

表 6-1-3　NCI 源测试 BDE209 定量化合物的定量、定性离子

化合物	分子式	分子量	定量离子	定性离子
十溴联苯醚	$C_{12}Br_{10}O$	959.17	488.55	484.55、486.50、407.20
碳标记十溴联苯醚	$^{13}C_{12}\text{-}C_{12}Br_{10}O$	971.18	495.65	496.55、494.65、413.65

　　使用 NCI 源测定高溴代的 PBDEs（BDE206，BDE209 等九溴、十溴化合物）可以大大提高仪器的灵敏度，定性能力也能满足测试要求。但是测试低溴代的 PBDEs 时则存在一定的问题。尽管 NCI-MS 能够提供更低的检出限，但很难提供化合物的分子结构信息，定性能力较差。使用 NCI 源测试 BDE209 时，可以选择 m/z 数较大的 488.55、484.55 和 486.5 等定性、定量离子。而使用 NCI-MS 方式测试低溴代的 PBDEs 时，离子化产生 m/z 的碎片色谱峰主要是 79 和 81（图 6-1-33～图 6-1-35），如果实际样品存在 PBDEs 或溴代化合物（如多溴联苯）污染，由于 PBDEs 和 PBB 同系物和同族体较多，而这些物质在 NCI 源条件下都会产生 79、81 的碎片离子，因此如果选择 79、81 作为定性、定量离子，色谱图就会出现数目众多的色谱峰而难以对目标 PBDEs 进行定性。图 6-1-36 和图 6-1-37 分别是使用 NCI 源测定 8 种 PBDEs 标准溶液和实际样品的色谱图（NCI 源），可以看出，使用 79、81 作为定性、定量离子对实际样品测定，加之基质效应会造成保留时间的漂移，单靠保留时间定性会造成测试结果的假阳性。

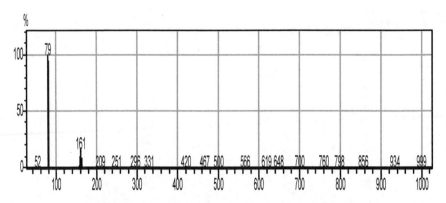

图 6-1-33　使用 NCI 源测定 BDE28 的全扫描质谱图

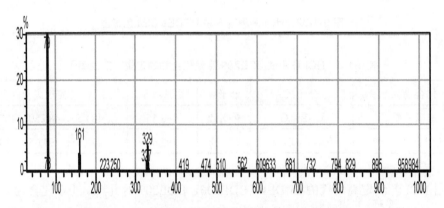

图 6-1-34　使用 NCI 源测定 BDE154 的全扫描质谱图

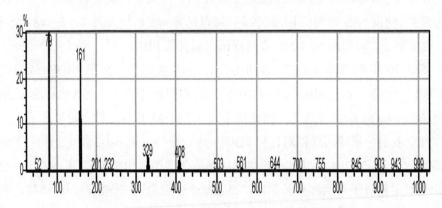

图 6-1-35　使用 NCI 源测定 BDE183 的全扫描质谱图

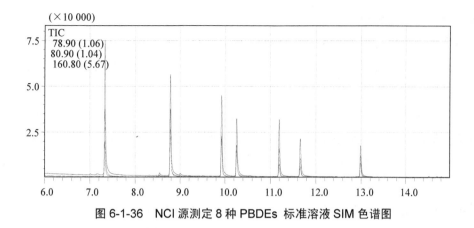

图 6-1-36　NCI 源测定 8 种 PBDEs 标准溶液 SIM 色谱图

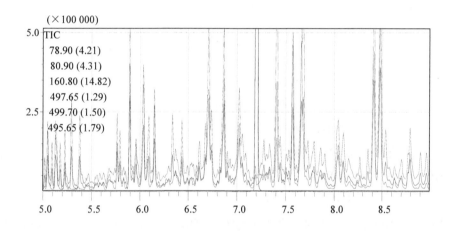

图 6-1-37　实际样品使用 NCI 源 SIM 色谱图

6.1.7.3　推荐参考的仪器分析条件

（1）低溴代 PBDEs

进样方式：不分流进样 1 μl；进样口温度：270℃；载气流量：1.0 ml/min；色质接口温度：280℃；离子源温度：230℃；色谱柱：DB-5 ms（长 30 m、内径 0.25 mm、膜厚 0.1 μm）；程序升温：60℃（保持 1 min），以 30℃/min 升至 240℃，再以 10℃/min 升至 320℃，保持 5 min。

（2）BDE209

进样方式：高压不分流进样，180 kPa（1 min）进样量 1 μl；色谱柱：ZB-5HT（15 m 内径 0.25 mm，膜厚 0.1 μm）；程序升温：100℃（保持 1 min），以 30℃/min 升至 220℃，再以 20℃/min 升至 320℃，保持 5 min。

6.1.7.4 定性和定量分析

本研究采用参比同位素 PBDEs 同类物保留时间与定量离子和参考离子匹配比例定性，使用同位素稀释方法进行定量。由于前处理过程会造成目标物的损失，同时 PBDEs 也会发生热、光/射线分解而造成目标物损失。因此，本研究在萃取之前就添加 8 种碳同位素取代的 BDEs 同类物，用于示踪目标化合物的回收效率。具体定量方法为：使用 ^{13}C-BDE209 作为进样内标，定量同位素 BDEs 同类物的回收率，如果同位素 BDEs 同类物的回收率在 50%～150%，自然态的 BDEs 同类物含量使用与该物质相对应的同位素 BDEs 同类物作为内标进行定量。

根据同位素 BDEs 同类物峰面积与进样内标（^{13}C-BDE209）峰面积的比以及对应的相对响应因子（$\mathrm{RRF_{rs}}$）均值，按下式计算同位素 BDEs 同类物的回收率，确认同位素 BDEs 的回收率在 50%～150%。

$$R_\mathrm{c} = \frac{A_\mathrm{esi}}{A_\mathrm{rsi}} \times \frac{Q_\mathrm{rsi}}{\mathrm{RRF_{rs}}} \times \frac{100}{Q_\mathrm{esi}}$$

式中，R_c —— 同位素 BDEs 回收率，%；

A_esi —— 同位素 BDEs 的监测离子峰面积；

A_rsi —— 进样内标的监测离子峰面积；

Q_rsi —— 进样内标的添加量，ng；

$\mathrm{RRF_{rs}}$ —— 同位素 BDEs 的相对响应因子；

Q_esi —— 同位素 BDEs 的添加量，ng。

如果同位素 BDEs 同类物的回收率在 50%～150%，分析试料中被检出的 PBDEs 的绝对量（Q_i），按下式计算。

$$Q_i = \frac{A_i}{A_\mathrm{esi}} \times \frac{Q_\mathrm{esi}}{\mathrm{RRF_{es}}}$$

式中，Q_i —— 分析试料中 BDEs 同类物的量，ng；

A_i —— 色谱图的 BDEs 同类物监测离子峰面积；

A_esi —— 相应同位素 BDEs 同类物的监测离子峰面积；

Q_esi —— 相应同位素 BDEs 同类物的添加量，ng；

$\mathrm{RRF_{es}}$ —— 相应同位素 BDEs 同类物的相对响应因子。

根据所计算的各 BDE 同类物的 Q_i，用下式计算样品中的待测化合物浓度。

$$C_i = \frac{Q_i}{M}$$

式中，C_i —— 样品中待测化合物的浓度；

Q_i —— 样品中待测化合物总量，ng；

M——样品量，kg（L、m³）。

另外，PBDEs 的同属物理论上有 209 个，在具体测试中，由于基质效应，PBDEs 色谱峰会发生偏移，造成定性困难。由于本研究定量时为了避免杂质干扰，定量离子和参考离子选择质谱图中 m/z 数较大的一簇峰，因此参比离子的定性作用相对减弱。如图 6-1-38 所示，一般情况下，设定 405.9 为定量离子，406.9 和 246.0 为参比离子。在测试实际样品时会发现，由于基质背景干扰，m/z 数较小的 246.0 存在较大的背景干扰，见图 6-1-39，因此会在定性上造成一定的困难。

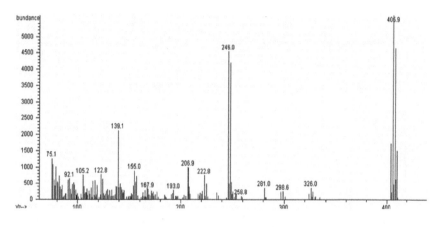

图 6-1-38　BDE28 全扫描质谱图

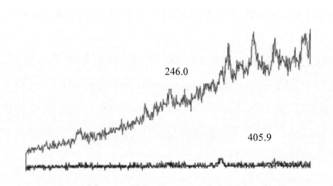

图 6-1-39　实际样品测试 BDE28 基质背景干扰情况

为了准确定性，除了对比参比离子丰度比值外，本研究同时对照同位素 PBDEs 同类物保留时间进行定性，因为自然态和碳同位素取代的 PBDEs 在色谱保留时间基本一致。图 6-1-40 显示实际样品未使用同位素定性的 SIM 图，很难判断目标化合物是三个峰的哪一个。图 6-1-41 显示目标化合物由于基质效应发生保留时间的偏移的情况。由此可以看出，采用参比同位素 PBDEs 同类物保留时间，同时参比定量离子和参考离子定性，准确定性能力更高。使用同位素 PBDEs 同类物回收率校正进行定量，定量准确性更强。该技术对于复杂环境介质中低含量 PBDEs 的测定具有独特的优势。

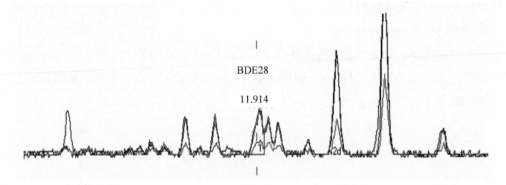

图 6-1-40　实际样品测试 BDE28 其他色谱峰干扰情况

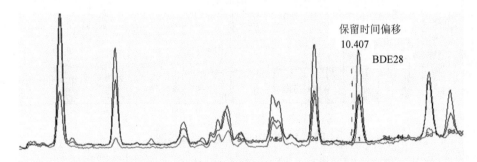

图 6-1-41　实际样品测试中目标化合物保留时间发生偏移的情况

在使用负化学源对同位素 BDE209 对 BDE209 定性时，需要特别注意定量离子的选择。如果 BDE209 定量离子选择不当会影响同位素 BDE209 的定量，这是因为 BDE209 碎片离子和同位素 BDE209 碎片离子有部分重合，如 492.6。图 6-1-42～图 6-1-45 分别为 BDE209 和同位素 BDE209 质谱图。可以看出选择同位素 BDE209 的定量离子为 495.6 时，离子强度虽然不高，但是实际样品中的 BDE209 碎片离子不会对其产生影响，定量更加准确。

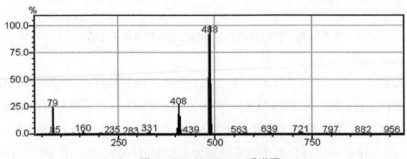

图 6-1-42　BDE209 质谱图

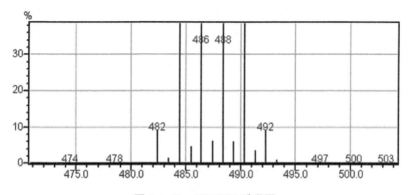

图 6-1-43　BDE209 质谱图

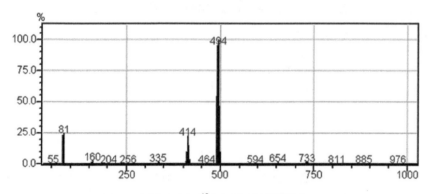

图 6-1-44　^{13}C-BDE209 质谱图

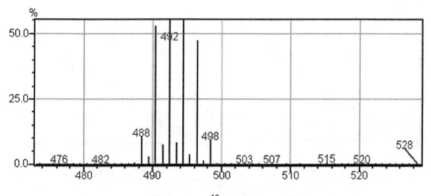

图 6-1-45　^{13}C-BDE209 质谱图

　　使用同位素回收率校正的另外一个原因是 BDE209 在 GC-MS 中容易降解，含量梯度不同的 BDE209 分解率也不相同，图 6-1-46 和图 6-1-47 为 100 μg/ml 和 2 000 μg/ml BDE209 的色谱图，可以看出低含量的 BDE209 分解率比高含量的要高，因此校正曲线的线性范围就较窄，图 6-1-48 为 5～500 μg/ml 的校正曲线的线性。而使用 ^{13}C-BDE209 作为内标绘制校准曲线，线性范围可以达到 5～2 000 μg/ml（图 6-1-48）。在前处理净化良好的情况下，浓缩待上机溶液至 100～200 μl 有助于提高目标化合物的响应，提高仪器的灵敏度。

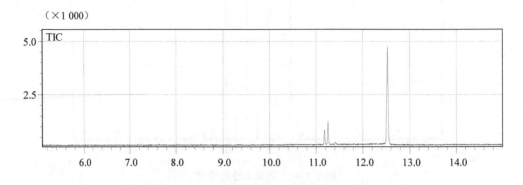

图 6-1-46　100 μg/ml BDE209 标准溶液分解情况

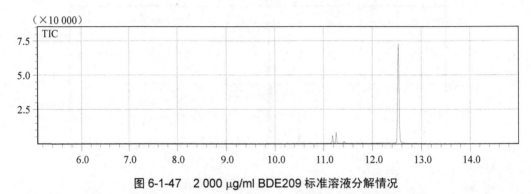

图 6-1-47　2 000 μg/ml BDE209 标准溶液分解情况

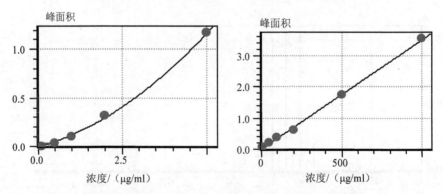

图 6-1-48　不使用和使用 ^{13}C-BDE209 作为内标的校正曲线

非污染场地的环境空气、大气、土壤等样品中的 PBDEs 含量一般较低，校正曲线的最高点一般设在 20 ng/ml，通常不超过 50 ng/ml，最低点的设定根据本实验室的仪器灵敏度决定，图 6-1-49 为 1～20 ng/ml 的校正曲线。

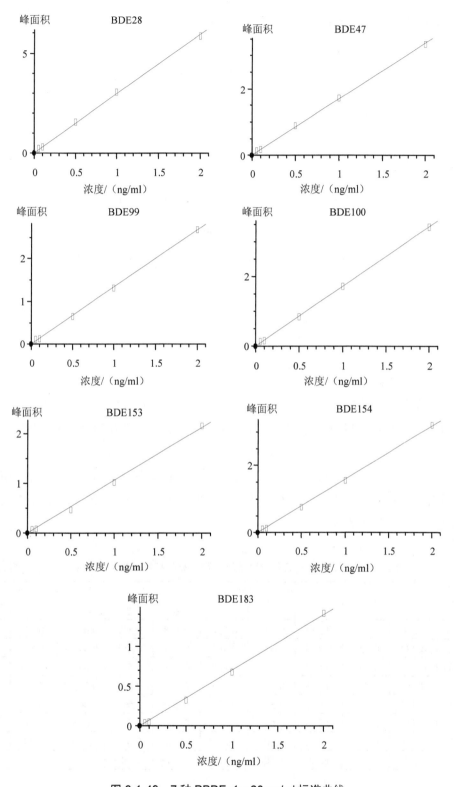

图 6-1-49　7 种 PBDEs1～20 ng/ml 标准曲线

BDE209 在环境介质中含量往往较高，因此需要另外配制 20～500 ng/ml 校准曲线（图 6-1-50）。

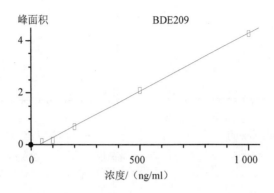

图 6-1-50　BDE209 20～500 ng/ml 标准曲线

6.1.8　分析方法特性参数

6.1.8.1　检出限和定量限

（1）土壤和沉积物样品分析

称取 7 份 10.0 g 石英砂作为空白基质，萃取前添加绝对量各为 5.0 ng（BDE209 为 50 ng）的 PBDEs 标准物质，7 个平行样品在完全相同的条件下按照与样品分析相同的步骤进行萃取、净化和仪器分析测定，按照 HJ 168—2010 要求，计算各个空白基质样品中 PBDEs 含量，计算 7 个平行样结果的标准偏差，以 3 倍标准偏差为方法检出限，以 4 倍检出限作为方法测定下限，结果见表 6-1-4。

表 6-1-4　土壤和沉积物多溴联苯醚测定检测限和定量限测定结果　　　　单位：μg/kg

PBDEs	平行测定结果							标准偏差	方法检出限	定量限
	1	2	3	4	5	6	7			
BDE28	0.506	0.578	0.532	0.662	0.554	0.518	0.512	0.054 9	0.17	0.68
BDE47	0.472	0.533	0.408	0.504	0.448	0.441	0.488	0.042 1	0.13	0.52
BDE100	0.577	0.556	0.512	0.536	0.508	0.468	0.545	0.036 0	0.11	0.44
BDE99	0.484	0.59	0.546	0.649	0.525	0.506	0.533	0.055 7	0.17	0.68
BDE154	0.422	0.534	0.612	0.556	0.523	0.474	0.593	0.066 1	0.20	0.80
BDE153	0.556	0.652	0.535	0.604	0.524	0.560	0.537	0.045 7	0.14	0.56
BDE183	0.455	0.602	0.602	0.609	0.614	0.434	0.611	0.079 9	0.24	0.96
BDE209	6.21	6.53	6.72	5.89	6.48	7.07	8.08	0.708 8	2.1	8.5

（2）水质样品分析

量取 7 份 2.0 L 纯净水作为空白基质，加入质量各为 2.0 ng（BDE209 为 20 ng）的 PBDEs 标准样品，按照与样品分析相同的步骤进行萃取、净化和仪器分析，计算 7 个空白加标样品中 PBDEs 含量，计算其标准偏差，以 3 倍标准偏差定为方法检出限，以 4 倍检出限作为测定下限，结果见表 6-1-5。

表 6-1-5　水质样品中测定多溴联苯醚检测限和定量限测定结果　　　　单位：ng/L

PBDEs	平行测定结果							标准偏差	方法检出限	测定下限
	1	2	3	4	5	6	7			
BDE28	0.96	1.02	1.07	0.88	0.97	0.94	0.95	0.061	0.19	0.76
BDE47	1.07	1.04	1.05	0.93	1.08	0.96	0.94	0.064	0.20	0.80
BDE100	0.97	0.98	0.83	0.86	0.96	0.90	0.87	0.060	0.18	0.72
BDE99	0.98	1.01	0.85	0.91	1.01	0.92	0.9	0.061	0.19	0.76
BDE154	1.01	1.03	0.90	0.96	1.04	0.92	1.11	0.074	0.23	0.92
BDE153	0.92	0.91	0.90	0.96	1.04	0.95	0.89	0.051	0.16	0.64
BDE183	0.80	0.79	0.88	1.00	0.85	0.84	1.2	0.146	0.44	1.76
BDE209	12.8	12.7	11.9	12.9	12.8	12.5	10.5	0.862	2.6	10.4

（3）环境空气样品

将 7 个石英纤维膜和 7 个聚氨基甲酸乙酯泡沫（PUF）作为空白基质，萃取前分别添加绝对量为 5.0 ng 的 7 种 PBDEs 标准物质，按照与样品分析相同的步骤进行萃取、净化和仪器分析，计算各个空白基质样品中 PBDEs 含量，计算 7 个平行样结果的标准偏差。以 3 倍标准偏差作为方法检出限，以 4 倍检出限作为测定下限。结果见表 6-1-6。

表 6-1-6　大气样品中测定多溴联苯醚检测限和定量限测定结果　　　　单位：ng/L

PBDEs	平行测定结果							标准偏差	方法检出限	定量限
	1	2	3	4	5	6	7			
石英滤膜										
BDE28	5.43	5.91	5.59	5.35	5.63	6.01	5.33	0.267	0.81	3.3
BDE47	5.75	5.78	5.81	5.12	5.61	6.18	5.19	0.371	1.2	4.8
BDE100	5.46	5.60	5.58	5.20	5.38	5.70	5.09	0.220	0.66	2.7
BDE99	5.45	6.06	5.92	5.23	5.78	6.67	5.80	0.460	1.4	5.6
BDE154	5.29	5.82	5.96	5.21	5.48	6.35	5.03	0.469	1.5	6.0
BDE153	5.84	6.26	6.47	5.52	5.91	6.88	5.71	0.475	1.5	6.0
BDE183	5.41	5.41	5.50	5.71	5.53	5.62	5.05	0.212	0.64	2.6
BDE209	17.7	16.9	9.63	17.5	14.2	17.5	10.5	3.46	10.4	41.6

PBDEs	平行测定结果							标准偏差	方法检出限	定量限
	1	2	3	4	5	6	7			
PUF										
BDE28	5.37	5.19	5.65	6.21	5.99	5.31	5.53	0.376	1.2	4.8
BDE47	5.90	5.60	6.11	6.61	6.32	5.62	5.58	0.402	1.3	5.2
BDE100	5.77	5.52	5.99	6.78	6.04	5.57	5.52	0.449	1.4	5.6
BDE99	5.65	6.43	6.19	6.62	5.82	6.03	6.19	0.334	1.0	4.0
BDE154	5.66	5.56	6.19	6.83	6.36	5.69	5.77	0.469	1.5	6.0
BDE153	5.91	6.03	6.36	6.86	6.88	6.12	6.04	0.403	1.3	5.2
BDE183	6.34	6.57	7.00	7.51	6.29	6.54	5.71	0.570	1.8	7.2
BDE209	18.72	8.96	12.75	13.45	18.68	18.73	19.21	4.05	12.2	48.8

6.1.8.2 精密度和准确度

清洁基质中加入一定量的标准样品。添加 PBDEs 高、中、低三个水平，分别为标准曲线系列浓度标准溶液中最低、中间和最高浓度。加标回收率的测定用于反映测试结果的准确度和精密度。

（1）固体样品

称取 6 份 10.0 g 石英砂作为空白基质，分别加入 20.0 ng PBDEs（BDE209 添加量为 200 ng）标准样品。另外再称取 6 份 10.0 g 石英砂，分别加入 50.0 ng PBDEs（BDE209 添加量为 500 ng）标准样品。按照与样品分析相同的步骤进行萃取、净化和测定。分别计算各个空白基质样品中 PBDEs 含量和 6 个平行样结果的平均值、标准偏差和相对标准偏差。结果显示（表 6-1-7 和表 6-1-8）相对标准偏差在 13%以内，回收率在 85%~110%。

表 6-1-7　低浓度空白加标固体样品精密度和准确度结果

目标化合物	测定值/（ng/g）						平均值/（ng/g）	标准偏差/（ng/g）	相对标准偏差/%	加标量/（ng/g）	加标回收率/%
	1	2	3	4	5	6					
BDE28	1.87	1.90	1.94	1.7	1.74	1.92	1.85	0.10	5.41	2.00	92.3
BDE47	2.07	1.96	2.00	1.72	1.78	1.97	1.92	0.14	7.08	2.00	95.8
BDE100	1.83	1.88	1.88	1.72	1.64	1.81	1.79	0.098	5.46	2.00	89.7
BDE99	1.92	1.98	1.94	1.76	1.87	1.99	1.91	0.087	4.56	2.00	95.5
BDE154	1.74	1.65	1.74	1.87	1.99	1.96	1.82	0.14	7.46	2.00	91.3
BDE153	1.70	1.77	1.72	1.9	2.12	2.30	1.92	0.24	12.7	2.00	95.9
BDE183	2.10	1.84	2.29	2.1	2.22	2.32	2.15	0.18	8.27	2.00	107
BDE209	22.0	21.3	19.5	23.8	17.9	20.7	20.9	2.0	9.77	20.2	104

表 6-1-8　高浓度空白加标固体样品精密度和准确度结果

目标化合物	测定值/（ng/g）						平均值/（ng/g）	标准偏差/（ng/g）	相对标准偏差/%	加标量/（ng/g）	加标回收率/%
	1	2	3	4	5	6					
BDE28	5.28	5.66	5.71	5.82	5.14	5.21	5.47	0.29	5.33	5.00	109
BDE47	5.12	5.7	5.53	6.18	4.65	5.32	5.42	0.52	9.63	5.00	108
BDE100	5.06	5.6	5.29	5.36	4.40	5.79	5.25	0.49	9.32	5.00	105
BDE99	5.49	5.31	5.06	5.87	4.66	5.12	5.25	0.41	7.83	5.00	105
BDE154	4.91	5.28	4.57	5.09	4.45	4.94	4.87	0.31	6.40	5.00	97.5
BDE153	4.94	5.12	4.78	5.38	5.18	4.53	4.99	0.31	6.1	5.00	100
BDE183	4.25	4.47	4.95	4.66	4.67	4.37	4.56	0.25	5.51	5.00	91.2
BDE209	45.3	48.8	54.7	46.5	53.2	60.2	51.45	5.6	11.0	50.0	103

（2）水质样品

量取 2.00 L 地表水作为水样基质，分别加入 2.0 ng PBDEs（BDE209 添加量为 20.0 ng）标准样品，基质加标样品共 6 份。另外 6 份水样加入 20.0 ng PBDEs（BDE209 添加量为 200.0 ng）标准样品。按照与样品分析相同的步骤进行萃取、净化和测定。分别计算各个基质样品中 PBDEs 含量和 6 个平行样结果的平均值、标准偏差和相对标准偏差。结果显示（表 6-1-9 和表 6-1-10）相对标准偏差在 10% 以内，加标回收率在 97%～105%。其中，BDE209 的结果为加标检测值减去空白平均值。

表 6-1-9　低浓度空白加标水样精密度和准确度测定结果

目标化合物	测定值/（ng/L）						平均值/（ng/L）	标准偏差/（ng/L）	相对标准偏差/%	加标量/（ng/L）	加标回收率/%
	1	2	3	4	5	6					
BDE28	1.05	0.980	1.05	0.972	0.992	1.02	1.01	0.036 0	3.56	1.0	101
BDE47	1.00	0.990	1.02	0.941	0.977	1.05	1.00	0.037 7	3.79	1.0	99.6
BDE100	1.00	0.968	1.03	0.932	0.972	0.977	0.978	0.031 1	3.18	1.0	97.8
BDE99	1.03	0.961	0.985	1.01	1.08	1.05	1.02	0.041 9	4.12	1.0	102
BDE154	1.01	0.934	1.04	0.92	0.930	0.976	0.970	0.049 6	5.11	1.0	97.0
BDE153	1.04	1.00	0.936	0.986	1.11	0.972	1.01	0.059 8	5.93	1.0	101
BDE183	1.04	0.932	1.01	0.95	1.06	1.04	1.00	0.052 8	5.26	1.0	100
BDE209	10.5	9.40	9.95	11.2	9.90	8.95	9.98	1.87	9.13	10.0	99.8

表 6-1-10　高浓度空白加标水样精密度和准确度测定结果

| 目标化合物 | 测定值/（ng/L） | | | | | | 平均值/（ng/L） | 标准偏差/（ng/L） | 相对标准偏差/% | 加标量/（ng/L） | 加标回收率/% |
	1	2	3	4	5	6					
BDE28	9.75	10.2	10.3	9.69	9.79	10.1	9.98	0.27	2.74	10	99.8
BDE47	10.3	10.4	10.8	10.3	10.3	10.8	10.5	0.22	2.13	10	105
BDE100	9.54	10.3	9.54	9.56	9.67	10.2	9.80	0.35	3.55	10	98.0
BDE99	9.91	10.7	10.4	9.74	9.94	10.3	10.2	0.37	3.63	10	102
BDE154	9.95	9.87	9.42	9.74	9.64	10.1	9.78	0.23	2.35	10	97.8
BDE153	10.5	9.69	10.4	10.3	10.2	10.0	10.2	0.31	3.05	10	102
BDE183	10.7	10.5	10.3	9.91	10.5	9.82	10.3	0.37	3.59	10	103
BDE209	93.5	97.5	99	103	104	97.1	98.5	3.7	3.77	100	98.3

（3）环境空气样品

同时使用两台大流量采样器采集 6 d 环境空气样品，采样体积为 939 m³。其中一台于采样前在 PUF 上分别添加 5 ng 和 50.0 ng 的 PBDEs（BDE209 分别为 50 ng 和 500 ng）标准样品，再采集空气样品。另一台直接采集空气样品。按照与样品分析相同的步骤进行萃取、净化和测定。分别计算各基体加标样品减去对照样中 PBDEs 含量和其平均值、标准偏差和相对标准偏差。结果（表 6-1-11 和表 6-1-12）显示，相对标准偏差在 13%以内，回收率在 88%～126%。

表 6-1-11　低浓度空气基体加标样品精密度和准确度测定结果

| 目标化合物 | 测定值/（pg/m³） | | | | | | 平均值/（pg/m³） | 标准偏差/（pg/m³） | 相对标准偏差/% | 加标量/（pg/m³） | 加标回收率/% |
	1	2	3	4	5	6					
BDE28	4.97	4.39	4.46	4.75	4.65	4.72	4.66	0.211	4.53	5.32	87.5
BDE47	4.62	5.34	5.61	5.34	5.85	5.99	5.46	0.486	8.91	5.32	102
BDE100	5.64	6.55	5.50	6.00	6.35	6.13	6.03	0.404	6.71	5.32	113
BDE99	6.24	6.82	6.34	6.46	6.85	6.86	6.59	0.280	4.24	5.32	124
BDE154	6.84	6.74	6.35	6.89	6.84	6.67	6.72	0.199	2.97	5.32	126
BDE153	6.87	5.76	5.93	6.06	6.89	6.77	6.38	0.518	8.11	5.32	120
BDE183	6.35	6.62	4.80	5.04	5.99	6.24	5.84	0.745	12.8	5.32	110
BDE209	46.8	55.1	56.6	58.9	52.9	63.8	55.6	5.73	10.3	53.2	104

表 6-1-12　高浓度空气基体加标样品精密度和准确度测定结果

目标化合物	测定值/（pg/m³）						平均值/（pg/m³）	标准偏差/（pg/m³）	相对标准偏差/%	加标量/（pg/m³）	加标回收率/%
	1	2	3	4	5	6					
BDE28	49.7	44.6	51.0	45.6	45.6	40.1	46.1	3.90	8.46	53.2	86.6
BDE47	49.6	48.3	51.7	47.6	48.3	42.8	48.1	2.95	6.14	53.2	90.3
BDE100	51.0	47.6	52.2	47.1	48.5	42.6	48.2	3.35	6.96	53.2	90.6
BDE99	51.5	48.7	48.7	47.9	51.9	43.7	48.7	2.96	6.07	53.2	91.6
BDE154	51.4	50.2	50.2	44.7	48.6	40.1	47.5	4.30	9.05	53.2	89.3
BDE153	51.5	46.4	51.4	46.9	46.3	42.2	47.4	3.54	7.46	53.2	89.2
BDE183	51.2	47.7	52.9	46.7	52.1	41.8	48.7	4.19	8.59	53.2	91.6
BDE209	579	614	553	559	612	618	589	29.3	5.0	532	111

6.1.9　应用示范性研究

6.1.9.1　大气中 PBDEs 的测定

　　2010 年 10 月至 2011 年 9 月在北京朝阳区中日友好环境保护中心楼顶安装了大流量空气采样器，每周采集样品 1 次，采样周期为 1 年，共采集环境空气样品 52 个，测定结果见表 6-1-13。

表 6-1-13　北京大气中的 PBDEs　　　　　　　　单位：pg/m³

目标化合物	检出率/%	平均值	中位值	最大值	最小值	标准偏差
BDE28	79.2	1.70	1.10	8.28	nd	1.97
BDE47	83.3	1.89	1.22	8.41	nd	2.08
BDE100	4.20	—	—	0.219	nd	—
BDE99	66.7	0.969	0.582	3.64	nd	1.23
BDE154	50.0	0.598	0.105	2.98	nd	0.875
BDE153	31.3	0.342	nd	2.38	nd	0.630
BDE183	47.9	0.658	nd	4.55	nd	1.06
Σ_7PBDEs	93.7	6.16	5.91	23.6	nd	6.26
BDE209	100	164	127	454	30.7	108

　　研究结果表明，北京大气中大气样品中 Σ_7PBDEs 和 BDE209 的含量分别为 6.16 pg/m³（低于检出限～23.6 pg/m³）和 164 pg/m³（30.7～454 pg/m³）。

　　与其他国家或地区大气中的低溴代 PBDEs 浓度相比，北京大气中的 Σ_7PBDEs 含量低于北美地区，而与欧洲大气中的 Σ_7PBDEs 含量相当。BDE209 是北京大气样品中主要检测出的目标化合物，检出率为 100%，含量占 Σ_8PBDEs 的 95%。和其他国家或地区大气中的 PBDEs 含量比较，北京大气中的 BDE209 含量远远高于北美地区，而与日本和中国广州大气中的 Σ_7PBDEs 含量相当。

BDE209 主要集中在大气颗粒物上，对于另外 7 种 PBDEs，随着溴原子取代数目的增加，大气颗粒物相中的分布比例会相应增加。BDE209 主要吸附在颗粒物相中（QFF），与大气中颗粒物浓度水平有一定的相关性（图 6-1-51），而与季节和温度的关系不大。

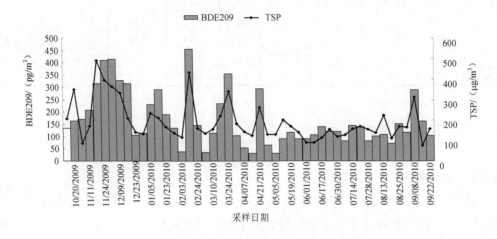

图 6-1-51   大气中的 BDE209 含量和总悬浮颗粒物含量的关系

低溴代 PBDEs 主要存在于气相中（PUF），而北京大气中低溴代 PBDEs 含量与大气温度存在一定的相关性（图 6-1-52），温度升高其含量会相应的升高。12 月至翌年 3 月含量较低，6—9 月含量较高。BDE28 和 BDE47 由于在大气气溶胶相的分布比例较高，受季节和温度的影响最大（图 6-1-53）。

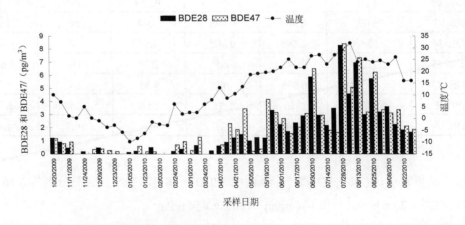

图 6-1-52   北京大气中 BDE28 和 BDE47 浓度与气温的关系

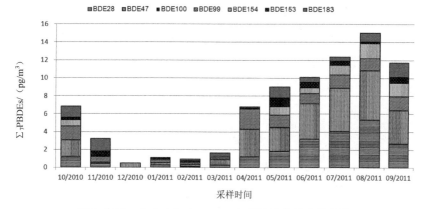

图 6-1-53　北京大气中 PBDE 含量随季节的变化趋势

6.1.9.2　固体样品中 PBDEs 的测定

土壤样品中 PBDEs 的测定

2012 年 7 月在江苏省苏州、无锡和南通采集了 58 个城市地表尘土样品，采样点见图 6-1-54～图 6-1-56，测定结果见表 6-1-14。

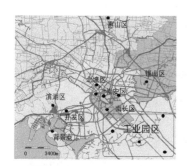

图 6-1-54　无锡采样点位

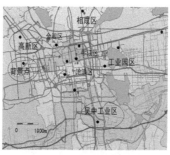

图 6-1-55　苏州采样点位

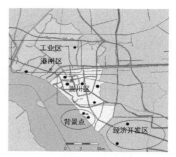

图 6-1-56　南通采样点位

表 6-1-14　苏州、无锡和南通城市地表尘土（干重）中的 PBDEs　　　　单位：μg/kg

目标化合物	检出率/%	平均值	几何平均值	中位值	最大值	最小值	标准偏差
BDE28	93.1	0.45	0.24	0.20	5.62	nd	0.796
BDE47	96.6	1.79	1.03	1.03	18.7	nd	2.91
BDE100	51.7	0.32	0.45	nd	3.09	nd	0.59
BDE99	65.5	1.75	1.36	0.67	16.8	nd	3.49
BDE154	70.7	0.59	0.50	0.24	4.42	nd	0.82
BDE153	72.4	1.11	0.96	0.53	7.66	nd	1.48
BDE183	87.9	3.03	1.92	1.62	18.7	nd	4.05
BDE209	100	322	163	272	1 440	4.01	361

　　研究结果表明，与世界其他地区土壤中的 PBDEs 含量比较，苏州、无锡和南通地表尘土中的 PBDEs 含量较高。其中，BDE209 是城市地表尘土中主要的 PBDEs 同类物（＞96%）。城市公园地表尘土样品中 PBDEs 含量最低，南通市工业区样品中 PBDEs 高于城市中心区，而苏州和无锡工业区样品和中心区样品中 PBDEs 含量没有显著性差异（图 6-1-57）。

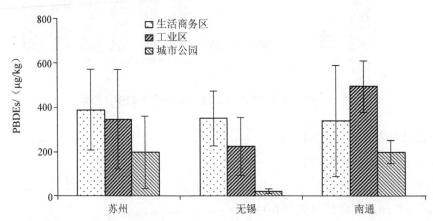

图 6-1-57　苏州、无锡和南通不同功能区地表尘土中 PBDEs 含量比较

6.1.9.3　城市生活污泥样品中 PBDEs 测定

　　浙江省某污水处理厂污泥样品的测定结果见表 6-1-15。结果显示污泥样品中的 PBDEs 含量比土壤样品高许多，BDE209 是污泥中检测出主要的 PBDEs 同类物。

表 6-1-15　污泥样品（干重）中的 PBDEs 含量　　　　　　　单位：µg/kg

目标化合物	测定值						平均值	标准偏差	相对标准偏差/%
	1	2	3	4	5	6			
BDE28	0.382	0.405	0.421	0.373	0.284	0.398	0.377	0.049	12.9
BDE47	0.898	0.896	0.832	0.945	1.027	1.000	0.933	0.072	7.8
BDE100	0.171	0.166	0.202	0.153	0.182	0.215	0.182	0.023	12.9
BDE99	0.459	0.568	0.605	0.504	0.652	0.511	0.550	0.071	13.0
BDE154	0.322	0.297	0.308	0.381	0.320	0.293	0.320	0.032	10.1
BDE153	0.745	0.772	0.829	0.682	0.854	0.845	0.788	0.067	8.5
BDE183	0.818	0.799	0.844	0.869	1.026	0.864	0.870	0.081	9.3
BDE209	184	204	233	267	219	179	214	33.0	15.4

6.1.9.4　水质样品中 PBDEs 的示范性研究

　　2012 年在太湖地区采集了 43 个地表水样品，采样体积分别为 5.00 L，采用固相萃取方法富集，测定结果见表 6-1-16。结果表明，地表水样品中的 PBDEs 检出率较高，为水体中普遍存在的一种持久性有机污染物。其中，BDE209 是主要的 PBDEs 同类物，其含量比其他 PBDEs 同类物高一个数量级。

表 6-1-16　水质样品中的 PBDEs 含量　　　　单位：pg/L，BDE209 为 ng/L

目标化合物	平均值	中位值	最大值	最小值	标准偏差
BDE28	3.30	2.36	20.4	nd	3.77
BDE47	3.82	1.57	42.9	nd	7.22
BDE100	2.42	0.78	33.1	nd	5.88
BDE99	3.55	1.59	28.3	nd	5.53
BDE154	1.66	1.04	17.4	nd	2.74
BDE153	2.36	1.67	13.8	nd	2.44
BDE183	3.57	2.13	15.6	nd	3.71
BDE209	2.39	1.07	10.3	nd	2.76

6.1.10　质量保证和质量控制技术要求

6.1.10.1　样品采集

（1）实验器具的通用清洗程序

使用毛刷或白洁布，蘸去污粉等清洁剂将肉眼可见附着物刷净，在使用 50℃左右的洗涤剂水溶液浸没超声清洗 20 min 后，用自来水充分洗净，再用去离子水清洗。在 160℃条件下烘干，用锡箔包好放入塑料袋中保存。使用前依次用甲醇（或丙酮）、正己烷各洗净 2遍。所有接口处严禁使用油脂。

（2）采样记录

采样记录应包含详细的采样信息，包括采样工具、采样材料和试剂的准备、处理和贮存条件等。采样时应记录样品的编号和名称、来源、采样量、保存状况、采样点位、采样日期、采样人员等信息。采样人员应及时填写采样记录或采样报告，并确保记录的完整性和准确性。

注意：采集的样品要有代表性。如果采样过程中出现故障或其他变化，则应详细记录故障或变化情况以及采取的措施和效果，操作人员应在记录上签名。

（3）大气样品的采集

大气样品的采集应注意：QFF 和 PUF 采样前经过净化处理，回收率指示物在采样时加入 PUF 和 QFF 中；采样同时采集运输空白样品，处理步骤与实际样品空白相同；QFF和 PUF 安装时采样人员须戴棉布手套操作；采样开始后详细记录采样信息，必要情况下拍摄照片反映采样点周围的环境信息。

（4）水质样品的采集

采集、盛装样品器具采样前要用碱性洗涤剂和水充分洗净。应当选用洁净不锈钢或玻璃材质的水桶或吊桶等容器取样。采水样之前，用水冲洗采样容器3次。不可搅动水底沉积物。水样中有沉降性的固体，应当静止沉淀后分离除去。将不含沉降性固体但含有悬浮固体的水样转移至保存水样的容器中，加入抑制细菌试剂（硫酸等，使水样 pH<2）。采样同时采集运输空白样品，并详细记录采样信息，必要情况下拍摄照片反映采样点周围的环境信息。

（5）土壤/沉积物/污泥/飞灰样品的采集

使用对有机污染物无吸附作用的不锈钢或铝合金材质器具。在实施采样之前，根据采样区域的类别与特点，收集资料并应制定采样方案，采样方案包括采样目的和要求、采样频次、布点方案、采集样品数量、采样程序、安全和质量保证、采样记录等。必要时对现场进行事前调查，确保采样具有代表性。

土壤样品采样时要特别注意样品的代表性。将采集的土壤样品放在干净的铝箔纸上弄碎，混合均匀并铺成四方形，划分对角线，分成4份，保留对角的2份，其余2份弃去，如果保留的土样数量仍很多，可再用四分法处理，直至对角的2份达到所需数量为止。

6.1.10.2　样品保存和运输

装运前需要核对各种信息。在采样现场样品逐件与样品登记表、样品标签和采样记录进行核对。样品采集后应贮存在密闭容器内以避免损失及污染。应在避光条件下运输和贮存样品。样品要采取低温保存的运输方法，如使用冷媒、车载冰箱等冷藏设备进行运输。样品应尽快送至实验室进行样品制备和样品分析。运输过程中严防样品的损失、混淆和污染。

样品运输到实验室后，对于污泥/沉积物/水质样品应尽快进行分析，如不能及时进行制备，应在一定条件下冷藏保存。如需预留部分样品作为备份，应对新鲜土壤样品分装后冷冻保存并做好相应的记录与标识。

6.1.10.3　样品制备

制样操作间应分设风干室和磨样室。操作间应避光，严防阳光直射土样，并保证通风良好、整洁、无尘，无易挥发性化学物质。制样工具每处理一份样品后，应及时擦拭洗涤，严防交叉污染。应选用玻璃、不锈钢、玛瑙及木材等材质工具和容器。操作时应避免样品间的交叉污染。制样过程中采样时的标签与样品始终放在一起，如样品名称和编码中途发生改变，应及时做好变更记录，避免混淆。

由于机械研磨产生的高温会使样品中低沸点的 PBDEs 挥发损失，因此一般采用手工研磨方式，如果机械研磨带有冷冻功能，也可采用。特殊情况下，污泥和沉积物按照新鲜样操作要求进行样品前处理（加入无水硫酸钠混匀，并计算含水量）。

研磨混匀后的样品，一般装入棕色玻璃瓶中，瓶盖带 PTFE 内衬，外套密封袋。样品标签一式两份，分别置于密封袋内并贴在样品瓶上。

6.1.10.4　样品前处理

环境介质中的 PBDEs 残留浓度低，如存在干扰物质，对 PBDEs 分析会产生严重干扰。因此样品前处理步骤在很大程度上决定着分析结果的代表性、准确性和可靠性。有效的前处理方法可以起到充分富集痕量组分、消除基体干扰、提高方法灵敏度的作用，还可以除去对仪器或分析系统有害的物质，使分析仪器能长时间保持在稳定、可靠的状态下运行。

使用索氏抽提萃取样品时需要注意：①用玻璃棉塞好玻璃纤维滤筒口，以防止提取过程中粉末状样品冲出提取滤筒。②将液-液萃取操作时制备的提取液与冷凝管、索氏提取器、玻璃纤维滤筒、电加热套按照图所示组装。用铝铂将索氏提取装置包严，使之受热均匀，注意包到与滤筒高度相同即可，以避免受热不均引起的在加热过程中的溶剂喷出，将样品标签贴在相应的冷凝管上。③打开冷凝水开关，检查是否正常（冷凝水是否循环，是否降温），检查完毕后打开电热套，通过调节电压调节二氯甲烷的淋洗速度，提取 18 h 以上。④索氏提取完成规定的时间段后，停止加热，等待完全冷却。取下冷凝水管，挂在架子上，将烧瓶取下，并将相应的冷凝管上的标签贴在烧瓶上，用铝铂封好。

使用加速溶剂萃取需要注意：使用时加入石英砂或硅藻土等分散剂可提高萃取效率。对于含水的新鲜样品需要使用可以与水互溶的极性溶剂，如丙酮、乙腈等。由于使用 ASE 最大的问题是存在交叉污染问题，因此使用该方法特别注意清洗系统，特殊情况下每两个样品萃取之间增加清洗系统的程序。为了提高萃取效率，萃取次数选择 3 次为宜。

6.1.10.5　净化技术

有效的净化方式能够最大限度地保留目标化合物的同时，去除大量干扰测定的杂质，减少基体效应，增加定量的准确性。在净化前应在本实验室测定洗脱曲线来决定洗脱剂的强度和用量。浓硫酸磺化法可以除去脂肪、多环芳烃、酞酸酯类多种干扰物，在使用浓硫酸酸洗过程中注意去除有机相中的残留硫酸要彻底。使用 3%碳酸氢钠溶液清洗后再用蒸馏水清洗。层析柱法是依据测试样品各组分在层析柱中吸附剂上反复吸附与解吸，依据保留性能的不同，从而使 PBDEs 和杂质分离，达到分离纯化的目的。复合层析柱法操作复杂，净化效果较好，但对不同批次吸附剂之间有较大的活性差异，可能造成不同批次间净化效果的差异较大。因此，建议在净化每批次的样品前，重新测定洗脱曲线验证洗脱剂的用量。复合层析柱的装填建议首先添加正己烷溶剂，然后添加不同类型的硅胶或佛罗里土填料，装填过程中通过轻敲玻璃管壁以避免气泡产生。净化过程中样品浓缩液液面刚好与填料上层齐平时再进行淋洗。

6.1.10.6　仪器分析

（1）定性分析

对标准样品的定性采用全扫描模式（Scan），在初次分析、气相色谱条件改变、重新调谐、色谱柱变化（如切短等）的条件下，都需要进行全扫描分析，确定化合物的保留时间和定性定量离子的 m/z 数。样品中目标化合物的保留时间与标准溶液中对应的同位素同类物的保留时间参比获得。样品中目标化合物的定量离子对参考离子的色谱峰的相对强度之比与标准溶液中的强度比误差在±20%以下时，判定该目标化合物的存在。若误差＞±20%，则要分析原因，是否是由于杂质峰引起的或其他原因引起的。

（2）定量分析

定量采用选择离子模式（SIM）分析，校准曲线法选用内标-同位素回收率校正法。样品中的 PBDEs 浓度如果超过校准曲线的上限，样品应稀释后重新进行分析。校准曲线配制 5 个浓度水平的 PBDEs 标准溶液，最低浓度设为响应最小的 PBDEs 单体信噪比为 3 所对应的浓度，最高浓度均不得超出仪器的线性响应范围。连续进样分析时，每 24 h 测定校准曲线中间浓度的标准溶液，确认仪器灵敏度变化。PBDEs 测定结果的相对偏差控制在15%以内。超过此范围是需要查明原因，重新制作校准曲线，并全部重新测定该批样品。

6.1.10.7　数据质量管理

（1）空白试验

①试剂空白。任何样品的仪器分析都应该同时分析待测样品溶液所使用的溶剂作为试剂空白。所有试剂空白测试结果应低于方法检出限。需要做试剂空白的材料有氯化钠、无水硫酸钠、铜粉、浓硫酸（正己烷液液萃取，正己烷浓缩后测试）、溶剂浓缩液、PUF、QFF、复合硅胶材料等。

②方法空白。方法空白实验是用来研究样品溶液制备和分析仪器进样操作等环节产生的目标化合物污染，保证和控制分析测试环境对样品中目标化合物的分析没有显著干扰。为评价实验环境的污染干扰水平，每批次检测样品应做方法空白，作为参考以判断分析结果的准确性，方法空白一般为样品量的 10%，每批样品不少于 1 个。方法空白中检出的每个目标化合物的浓度不得超过方法的定量检出限。

方法空白可用处理过的河沙或石英砂代替样品，按照与样品相同的步骤进行样品制备、前处理、仪器分析等操作流程。除不添加实际样品外，方法空白试验的样品制备、前处理、仪器分析和数据处理步骤与实际样品分析步骤相同。

若前处理条件发生变化要重做方法空白。在样品制备过程有重大变化时（如使用新的试剂或仪器设备，或者仪器维修后再次使用时）或样品间可能存在交叉污染时（如高浓度样品后）应进行方法空白的分析。

空白来源包括试剂空白、材料空白、仪器和设备（如加速溶剂萃取仪、均质器等）是否玷污等因素。因此，当空白值过高时，需对各项影响因素逐一排查。建议使用玻璃及不锈钢材质，萃取方式最好是独立萃取（如索式提取和微波萃取等），及时清洗仪器管路，包括旋转蒸发仪。每批次样品必须进行方法空白和运输空白检查。

③运输空白。运输空白实验是用来研究样品在运输环节产生的目标化合物污染。按照与样品相同的步骤进行样品制备、前处理、仪器分析等操作流程。

（2）平行样品的测定

平行样分析是指同一样品的两份或多份样在完全相同的条件下进行同步分析，一般做平行双样。按照每批样品数量的 10%做平行样。重复测定样品的相对偏差应小于 20%；否则，重新测定该样品。

（3）清洁基质和基质加标回收试验

清洁基质中加入一定量的标准样品，以计算回收率。添加 PBDEs 高、中、低三个水平，分别为标准曲线系列浓度标准溶液中最低、中间和最高浓度。加标回收率的测定用以反映测试结果的准确度和精密度。

基质加标：在一批试样中，随机抽取 10%试样进行加标回收测定。加标量一般为样品浓度的 0.5～3 倍，且加标后的总浓度不应超过分析方法的测定上限，加标回收率应在加标回收率允许范围之内。

（4）标准物质

因为分析结果是通过与标准物质的比对得到的，为了维持分析结果的可信度，有必要使用确保可靠溯源的标准物质。标准溶液应当装在密封的玻璃容器中，以防止由于溶液蒸发引起的浓度变化。标准溶液应当贮存在避光、制冷等控制条件之下。建议在每次使用前后称量并记录标准溶液的重量。

（5）仪器性能检查

在测定 PBDEs 样品前，通过 DDT 分解实验验证仪器的清洁度。测定 5 μg/ml 的 p,p'-DDT 全扫描模式，如果降解比例＞15%则需更换新的衬管或截取 10 cm 左右色谱柱。

质谱仪分析必须检查的项目：质谱灵敏度（5 ng/ml BDE28 S/N＞10）、质谱分辨率（＞1 000）、质量准确性相对（24 h m/z 差值 RMS＜0.1 u）、质量重复性（6 次平行样峰面积结果相对标准偏差＜10%）。

（6）分析记录

分析记录一般要设计成记录本格式，页码、内容齐全，用碳素墨水笔填写翔实，字迹要清楚。包含的项目：样品号和其他标识号；采样记录；分析日期和时间；提取和净化记录；提取液分取情况；内标添加记录；样品体积及进样体积；仪器和操作条件；色谱图、磁盘文件和其他原始数据记录；结果报告；其他相关资料等。

（7）质量管理记录

记录下列与质量管理有关的信息，必要时提交含有这些数据的报告。

①采样器具的校准和溯源。

②气相色谱/质谱联用仪的例行（每日）检查、调试和校准情况。

③分析条件实验和相关结果。

④标准物质的生产商和溯源。

⑤检出限及其确认。

⑥方法空白实验和运输空白实验的结果。

⑦回收率确认结果。

⑧分析仪器的灵敏度波动情况。

⑨分析操作的原始记录（全过程）。

⑩其他应提供的材料。

（8）数据结果

采样、运输、储存、分析失误造成的离群数据应剔除。低于分析方法检出限的测定结果以"未检出"报出。

（9）不确定度评估

为了完整地对测量结果质量有一个定量的描述，以便使人们能了解其可靠性，并能对测量结果之间，测量结果与标准或规范中指定参考值之间进行比较，可以对测试数据做"不确定度"（uncertainty）评估。不确定度是用来表征合理地赋予被测量值的分散性，与测量结果相联系的参数。参考由 ISO 公布的"测量不确定度表示指南"和我国制定的《测量不确定度评定与表示》。

（10）制定标准操作程序（SOP）

按照以下项目制定操作程序规范，此操作规范应非常具体详细、易懂，相关人员必须彻底了解该标准操作程序。

①采样用具等的准备、维护（Maintenance）、保管以及使用方法。

②前处理用试剂的准备、精制、保管以及使用方法。

③分析用试剂、标准物质等的准备、标准溶液的准备、保管以及使用方法。

④分析仪器的分析条件设定、调整、操作程序。

⑤分析方法全过程的记录（包括所使用的微机的硬盘和软件）。

（11）实验室注意事项

①实验室配备基本毒性防护措施和个人防护措施。

②实验人员必须接受 PBDEs 知识教育和操作技术培训。

③实验室应注意 PBDEs 监测方法适用的样品基质类型。

④应定期进行空白试验以证明实验室和处理系统未受污染。

⑤所有分析样品必须添加内标物质，内标分析结果应符合回收率要求。

⑥ 参加国内外的比对实验，有条件时应与已经建立操作标准和质量控制措施的其他实验室进行 PBDEs 对比分析。

⑦ 实验室应定期校准仪器，确保仪器处于正常状态。

⑧ 发生任何分析事故都应提供分析评价和处理报告，并重新对实验室的分析能力进行确认。

6.1.11 小结

本研究对多环境介质中 PBDEs 的监测技术以及质量保证和质量控制技术进行了深入研究，开发建立了大气、水质、土壤/沉积物、污泥/飞灰的采样技术、萃取技术、净化技术以及仪器的分析方法。

在萃取技术上，对固体样品（土壤/沉积物、污泥/飞灰）、空气样品可以使用索氏提取、加速溶剂萃取、超声萃取和微波萃取方式；对水质样品的萃取可以使用液液萃取和固相萃取方式。萃取溶剂使用 V（正己烷）：V（二氯甲烷）=1：1 体系。在净化技术上，首先使用浓硫酸酸洗，脱硫后使用多层复合硅胶柱进行净化，生活污泥样品在需要使用氧化铝柱进一步净化。在仪器分析技术上，采用气相色谱质谱技术对样品中的 PBDEs 进行定性定量分析，对低溴代 PBDEs 使用 EI 源进行分析测定，BDE209 可以使用 NCI 源进行测定。在定性定量分析技术上，采用参比碳同位素 PBDEs 同类物保留时间进行定性，碳同位素 PBDEs 同类物回收率校正方式进行定量。

通过严格的质量保证和质量控制措施，评价了所建分析方法的检出限、重现性、准确性以及精密度等。另外，通过对实际样品的分析检测，验证了方法的适用性。结果显示，本研究所建立的多环境介质中 PBDEs 的分析方法，萃取效率高、能有效地去除干扰、定性定量准确可靠、方法的检出限低、回收率高、准确度/精确度高，方法的操作性和实用性较强，能满足多环境介质 PBDEs 的分析测试要求，是一套适合我国国情的、分析技术上较成熟的分析测试方法。

6.2 环境中全氟烷基化合物监测技术研究

6.2.1 方法概要

土壤和沉积物中的目标化合物通过甲醇超声、振荡萃取，离心后用高纯水稀释，经固相萃取法浓缩富集和净化，然后使用液相色谱串联质谱法分析检测。样品经前处理后通过聚苯乙烯基二乙烯苯（SDVB）填料的固相萃取小柱（SPE）萃取，使用少量的甲醇淋洗去除杂质，再使用氨水甲醇溶液淋洗得到目标化合物。氮吹富集浓缩，加入内标并定容后，由 LC-MS/MS 分析检测。

或采用固相萃取技术将水质样品中的全氟化合物富集至弱阴离子固相柱中，经 0.5% 氨水的甲醇溶液洗脱后浓缩定容，使用 HPLC-MS/MS 进行定性和定量测定。

生物样品（干样或鲜样）通过乙腈超声萃取，浓缩后使用高纯水稀释，固相萃取法富集和净化，然后使用液相色谱串联质谱法分析检测。样品经前处理后通过聚苯乙烯基二乙烯苯（SDVB）填料的固相萃取小柱（SPE）萃取，使用少量的甲醇淋洗去除杂质，再使用氨水甲醇溶液淋洗得到目标化合物。氮吹富集浓缩，加入内标并定容后，由 LC-MS/MS 分析检测。

6.2.2　试剂与仪器

6.2.2.1　试剂与材料

所有试剂使用前应核查其空白，如有必要，使用前采取必要的净化手段，以确保最小的背景干扰。

（1）纯水，电阻不小于 18.2 MΩ，Milliq 纯水仪制备；

（2）乙酸，w（CH$_3$COOH）=99.9%，HPLC 级（美国 Alfa）；

（3）氨水溶液，w（NH$_3$）=50%，HPLC 级（美国 Alfa）；

（4）醋酸铵，w（CH$_3$COONH$_4$）=97%，HPLC 级（美国 Alfa）；

（5）甲醇（CH$_3$OH），HPLC 级（美国 Alfa）；

（6）内标溶液：^{13}C$_2$-PFOA、M2PFOA，ρ=50 mg/ml（甲醇溶剂）（美国 Wellington 公司）；

（7）回收率指示物：^{13}C$_8$-PFOA，M8PFOA，ρ=50 mg/ml（甲醇），1,2,3,4-^{13}C$_4$-PFOS，MPFOS，ρ=50 mg/ml（甲醇）（美国 Wellington 公司）；

（8）目标物：全氟丁酸 PFBA（98%）、全氟戊酸 PFPeA（97%）、全氟庚酸 PFHpA（99%）、全氟辛酸 PFOA（96%）、全氟壬酸 PFNA（97%）、全氟癸酸 PFDA（98%）、全氟十一烷基酸 PFUnDA（95%）、全氟十二烷基酸 PFDoDA（95%）、全氟十四烷基酸 PFTA（97%）（美国 Sigama 公司）；

（9）目标化合物储备溶液的配制（0.1 ng/μl）：准确称取 10 mg（精确至 0.1 mg）目标化合物至 100 ml 聚丙烯容量瓶中，加入甲醇定容，再用甲醇将其稀释 1 000 倍。如果购买标准溶液，用甲醇稀释至 0.1 ng/μl。将标准储备溶液保存在 4℃±2℃ 的冰箱中，使用前需取出平衡至室温，使用后立刻放回冰箱保存。

（10）醋酸缓冲溶液配制（0.025 mol/L，pH=4）：取 0.5 ml 醋酸溶解于 349.5 ml 水中。称取 0.116 g 醋酸铵溶解于 60 ml 水中。取 200 ml 稀释的醋酸溶液和 50 ml 醋酸铵溶液充分混合，得到缓冲溶液。

（11）氨水/甲醇溶液（w=0.5%）：量取 50%的氨水 1.0 ml 溶解于 99.0 ml 甲醇中，混匀。

（12）氮气（N_2）：纯度＞99.999%（北京如源如泉科技有限公司）；

（13）硫代硫酸钠（$Na_2S_2O_3 \cdot 5H_2O$）：分析纯（广州市西陇化工有限公司）；

（14）抗坏血酸：分析纯（广州市西陇化工有限公司）。

6.2.2.2　仪器与设备

在实验过程中所有接触样品的设备、器皿等均应不含有干扰物质，使用前应用纯水和甲醇淋洗所有实验器皿和固相萃取材料。

（1）Agilent1200-6410A 高效液相色谱-三重四极杆串联质谱仪（美国）；

（2）Waters 固相萃取装置（美国）；

（3）EYELA CVE-3100 平行蒸发仪（日本）；

（4）N-EVAP™112 氮吹仪（美国）；

（5）SIBATA 超声波发生器（日本）；

（6）TMS-200 恒温振荡器（上海）；

（7）FA25 匀浆机（上海）；

（8）Chemvak 真空泵和压力系统，用于富集过程，最大负压 80 kPa（德国）；

（9）Oasis® WAX Waters 弱阴离子固相色谱小柱固相萃取柱，柱身由惰性材料制成，如聚丙烯。富集 1 000 ml 水时，固相吸附材料一般为 150～200 mg。使用前，依次用 4 ml 的 0.5%氨水甲醇溶液、4 ml 甲醇和 4 ml 纯水预活化（美国）；

（10）Brand 聚丙烯采样瓶（德国），1 000 ml，具塞锥形瓶。为减少空白引入，瓶子、瓶塞在使用前使用甲醇清洗并晾干。

（11）岛津 PP 样品瓶（日本），材质应不含有含氟材料（聚四氟乙烯等），可以使聚丙烯或聚乙烯材料；

（12）Brand 烧杯（德国），聚丙烯材质，500 ml；

（13）Brand 离心管（德国），聚丙烯材质，15 ml、50 ml、100 ml；

（14）Brand 量筒（德国），聚丙烯材质，500 ml。

（15）Brand 容量瓶（德国），聚丙烯材质，10 ml；

（16）岛津尼龙滤膜：0.22 μm（日本）；

（17）其他实验室常用设备。

6.2.3　样品采集和保存

6.2.3.1　水质样品

样品容器应使用聚丙烯材质采样瓶，采水器具使用不锈钢制品，使用前使用甲醇充分清洗。根据下述公式估算出测定所需的样品量作为水质样品的最小采样量。

$$V = Q_{DL} \times \frac{y}{x} \times \frac{1}{\rho_{DL}}$$

式中，V——测定所需样品量，L；

　　　Q_{DL}——测定方法的检测下限，μg/L；

　　　y——最终检测液量，μl；

　　　x——HPLC-MS/MS 进样量，μl；

　　　ρ_{DL}——样品的检测下限，μg/L。

样品采集方法参考《水质　采样技术指导》（HJ 494—2009）中规定的基本指导原则，根据不同水质类别对采样的要求进行样品采集。监测对象属于地表水或污水时，可参考《地表水和污水监测技术规范》（HJ/T 91—2002）进行采样。监测对象属于地下水时，可参考《地下水环境监测技术规范》（HJ/T 164—2004）进行采样。对于工业生产排放废水的监测可参考《水污染物排放总量监测技术规范》（HJ/T 92—2002）。当监测对象为河流时，可进一步参考《水质　河流采样技术指导》（HJ/T 52—1999）的方法。当监测对象为湖泊或水库时，可进一步参考《水质　湖泊和水库采样技术指导》（GB/T 14581—1993）的方法。

将采集的样品保存于聚丙烯材质的采样瓶中，密封保存，运回实验室。水质样品的保存与管理应符合《水质采样　样品的保存和管理技术规定》（HJ 493—2009）中的一般性规定。当样品中有余氯时，加入一定量的硫代硫酸钠（每升水 80 mg），或其他适量去除余氯的试剂（如抗坏血酸等，抗坏血酸加入量为每升水 0.625 g）。在 4℃、避光条件下，将样品运回实验室。样品采集后，14 d 内完成样品的前处理，样品萃取液在 28 d 内完成样品分析。

6.2.3.2　土壤和沉积物样品

样品容器应使用聚丙烯材质的密封袋，采土壤/沉积物工具使用不锈钢制品，使用前使用甲醇充分清洗。根据下式估算出测定所需的样品量作为土壤/沉积物样品的最低采集量。

$$M = Q_{DL} \times \frac{y}{x} \times \frac{1}{\rho_{DL}} \times \frac{1}{W}$$

式中，M——测定所需样品量，g；

　　　Q_{DL}——测定方法的检测下限，ng/g 干重；

y —— 最终检测液量，μl；

x —— HPLC-MS/MS 进样量，μl；

W —— 含水率，%；

ρ_{DL} —— 所需样品的检测下限，ng/g 干重。

采集方法参考《海洋监测规范 第 3 部分：样品采集、贮存与运输》（GB 17378.3—1998）和《土壤环境监测技术规范》（HJ/T 166—2004）中规定的基本指导原则，根据不同沉积物或土壤类别对采样的要求进行样品采集。样品采集后，保存于聚丙烯材质的密封袋中，密封保存，运回实验室。土壤/沉积物样品的保存与管理应符合 GB17 378.3—1998 和 HJ/T 166—2004 中的一般性规定。在 4℃、避光条件下，将样品运回实验室。样品采集后，将样品冷冻干燥，研磨过筛（80～100 目），并计算含水率。将均一后的样品保存在聚丙烯材质的密封袋中，保存在 -20℃ 的冰箱中，待测。

6.2.3.3　生物样品

生物样品可通过底栖拖网捕捞、近岸定点养殖采样、渔船捕捞、沿岸定置网捕捞及垂钓、市场直接购买等方式取得。种类主要为经济鱼类、贝类及部分底栖生物、浮游动植物等。样品应使用聚丙烯材质的密封袋封装。分割及解剖工具使用不锈钢制刀具、镊子、剪刀等，所有工具使用前应使用甲醇充分清洗。若样品不能尽快分析，可将样品冻干保存：将样品解剖、清洗干净，-20℃ 下冰冻后冷冻干燥，研磨粉碎混匀后转入聚丙烯材质的密封袋，-20℃ 下冷冻保存；若样品能及时分析，可使用鲜样分析，将样品解剖、清洗干净，使用匀浆机将样品打碎均匀，转入螺口具塞聚丙烯管中 -20℃ 下冷冻保存。

6.2.4　样品制备、萃取和净化

6.2.4.1　水质样品

样品分析前应使用 0.8 μm 石英纤维膜过滤，去除水中颗粒物。使用聚丙烯量筒量取过滤后水样 500 ml，加入回收率指示物（M8PFOA 和 MPFOS 各 10.0 ng），充分均匀后放置 30 min。当样品中悬浮物质量浓度超出 500 mg/L 时，取样量减少为 100 ml。

本研究对 HLB（Oasis®200 mg-6 ml，美国 Waters）和 WAX 两种固相萃取小柱进行了净化效果比对。①HLB 柱：使用前首先用 6 ml 甲醇和 6 ml 水清洗活化。样品过柱后用 6 ml 甲醇（1+19）溶液冲洗杂质，冲洗后离心去除残留的水，用 8 ml 甲醇洗脱。②WAX 柱：依次用 6 ml 0.5% 氨的甲醇溶液，6 ml 甲醇和 6 ml 水进行活化。加样后用 6 ml，pH=4 醋酸盐缓冲液将目标物锁定，再用超纯水洗涤数次，用高压抽干柱中残留的水分。再使用 3 ml 甲醇淋洗去除杂质，最后用 8 ml 0.5% 氨水甲醇溶液洗脱。

如表 6-2-1 所示，对低碳数的全氟烷基酸（如 PFBA 和 PFPA 等），WAX 小柱有较好

的回收率，故选择 WAX 小柱进行固相萃取较为合适；同时研究中也发现，对于 $C_7 \sim C_{10}$ 的全氟烷基酸 WAX 小柱和 HLB 小柱有相近的回收率，且回收率较好。而当碳数继续增加如 PFTA，WAX 和 HLB 柱对其的回收率均降低，为 40%～75%。这可能是由于在碳数较低时全氟烷基酸具有较强的电离能力，弱阴离子交换柱（WAX）利用离子交换力将目标物保留在固相柱上，洗脱时微弱的碱性条件（0.5%氨水甲醇）将目标物置换出来。随着碳数增加（当全氟烷基酸的碳数为 7～10 时），电离能力逐渐减弱，分子间极性作用力为主要吸附力，WAX 和 HLB 柱型无显著区别，均有较好的富集能力。然而，当碳数增加至大于 11 时，分子间极性作用力也被削弱，WAX 和 HLB 对其的吸附力减弱，造成回收率降低。综上所述，若分析的目标物不包含短链的全氟烷基酸时，可以采用 HLB 柱进行净化。

表 6-2-1　两种固相萃取小柱对 PFCs 的净化富集效果对比

目标物	HLB		WAX	
	加标量/（ng/ml）	测定值	加标量/（ng/ml）	测定值
PFPA	20	4.5	20	25.4
PFBA	20	8.4	20	28.3
PFHpA	20	15.5	20	29.8
PFOA	20	19.8	20	23.1
PFNA	20	15.1	20	25.5
PFDA	20	20.6	20	20.2
PFDoDA	20	15.4	20	15.8
PFUnDA	20	12.1	20	13.6
PFTA	100	40.2	20	41.0
PFOS	20	20.2	20	20.2

依次使用 0.5%氨水/甲醇溶液 6 ml、甲醇 6 ml 和纯水 6 ml 淋洗固相萃取柱。淋洗过程中确保小柱湿润，为保持小柱湿润可继续加入纯水。

固相萃取柱预处理完成后，开始样品富集。在预处理固相萃取柱到样品富集过程中，注意防止吸附床表面有气泡，富集过程中确保小柱不干。在一定压力下，让样品以 3～5 ml/min 流速均匀通过固相萃取小柱。柱中残留的样品用泵抽 30 s。如果 30 s 不足以去除全部水分，可重复若干次，但不能超过 2 min，防止目标物流失。

使用 4 ml 醋酸盐缓冲溶液（pH=4）淋洗固相萃取小柱，将目标物保留在小柱上，用真空泵抽干小柱 2 min，去除柱中残留的水分。再使用 4 ml 甲醇淋洗小柱，除去杂质。最后，使用 8 ml 的 0.5%氨水甲醇溶液淋洗小柱，富集得到目标物。

在适宜的水浴温度（<50℃）下用温和的氮气流浓缩萃取液至 500 μl，加入内标溶液（M2PFOA，10.0 ng），并用甲醇定容至 1.00 ml 后使用涡轮混匀器中混匀。用塑料滴管移取一部分样品转移至聚丙烯材料的自动进样瓶中，用于 HPLC-MS/MS 仪器分析。

由于聚丙烯材料的自动进样瓶在进样后不密封，所以不推荐把 1.00 ml 萃取液全部转移至自动进样瓶中。由于自动进样瓶中萃取液可能会蒸发损失，故不用自动进样瓶保存萃取液，可用 15 ml 的离心管或 2 ml 聚丙烯样品瓶保存。当目标物包含 PFOSA 等 PFOS 前驱体目标物时，不宜使用 4 ml 甲醇淋洗小柱，这些目标物将在甲醇组分中洗脱得到。

6.2.4.2　土壤和沉积物样品

传统的索氏提取系统是全玻璃体系，由于玻璃体系对高碳数的全氟化合物有不可逆吸附，索氏提取较少应用于土壤、沉积物中全氟化合物的提取过程。而加速溶剂萃取系统（ASE）中不可避免有含氟聚合物部件，因此 ASE 也较少被用于全氟化合物的提取。相较于其他萃取体系，超声萃取和振荡萃取均可避免使用玻璃或含氟聚合物材质的使用，同时其萃取效率较高，因此被广泛应用于土壤、沉积物中全氟化合物的萃取过程中。

全氟化合物有较强的水溶性，较常使用的萃取溶剂有甲醇、乙腈，以及一定比例的乙酸水溶液（10%），实验室对比了甲醇和乙酸水溶液的萃取效率。具体操作如下：

向样品中加入 8 ml 萃取溶剂，在涡轮混合器中混匀，使用恒温振荡器以 200 r/min 的转速振荡 20 min，再使用超声发生器 30℃恒温条件下超声 20 min。将样品及萃取液转移至 15 ml 聚丙烯离心管中，以 8 000 r/min 离心 10 min，移取上清液于 500 ml 聚丙烯烧杯中。该过程再次重复两遍。合并三次萃取液，加入 200 ml 高纯水，得到萃取液的水溶液。

依据上述操作过程，分别以甲醇和乙酸溶液（10%）作为萃取液进行了对比。研究结果表明，对于短链全氟酸类（PFBA 和 PFPA），甲醇溶液和乙酸水溶液有相近的提取效率；但是，在提取长链化合物时，甲醇的提取效率优于乙酸水溶液。如 PFUnDA、PFDoDA，甲醇提取时回收率为 50%～60%，而使用乙酸水溶液提取时回收率低于 30%，因此最终选择甲醇溶液作为萃取液。

准确称取土壤样品 1～5 g（精确至 0.01 g）于 100 ml 的聚丙烯管中，加入回收率指示物（M8PFOA 和 MPFOS，10.0 ng），充分均匀后放置 30 min。向样品中加入 8 ml 甲醇，在涡轮混合器中混匀，使用恒温振荡器以 200 r/min 的频率振荡 20 min，再使用超声波发生器 30℃恒温条件下超声 20 min。

将萃取液转移至 15 ml 聚丙烯离心管中，以 8 000 r/min 离心 10 min，移取上清液于 500 ml 聚丙烯烧杯中。再重复上述超声-振荡萃取和离心步骤 2 次，合并三次萃取液，加入 200 ml 高纯水，得到萃取液的甲醇水溶液。样品溶液净化过程同水质样品。

由于通常沉积物样品中含有硫化物，使用 SPE 小柱净化时使用 4 ml 甲醇清洗能够去除硫的干扰。当目标物包含 PFOSA 时，需要收集甲醇相，可使用稀盐酸处理后的铜丝、铜珠（使用前使用甲醇荡洗两次）将硫去除，从而减少硫对仪器分析的干扰（图 6-2-1）。此外，在样品提取时也可在甲醇溶液中加入适量的铜粉去除硫。

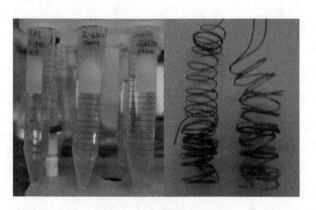

图 6-2-1 　淋洗液中的硫

6.2.4.3 　生物样品

根据保留时间和特征离子识别目标物。内标法定量。所有质量控制样品和实际样品在分析前均加入回收率指示物来评价分析方法。

准确称取生物组织样品干样 0.5～1 g（精确至 0.001 g）或鲜样 2～5 g（精确至 0.01 g）于 50 ml 的聚丙烯试管中，加入回收率指示物（M8PFOA、MPFOS 各 10.0 ng），放置 30 min。

（1）冻干样品

在经冷冻干燥的样品中加入 10 mmol/L KOH 甲醇 8 ml，在涡轮混合器中混匀，使用恒温振荡器以 200 r/min 的转速振荡 16 h，再使用超声发生器 30℃恒温条件下超声 20 min，将样品及萃取液转移至 15 ml 聚丙烯离心管中，以 8 000 r/min 离心 10 min，移取上清液于 500 ml 聚丙烯烧杯中。将样品转回至 100 ml 聚丙烯管中，重复上述超声、振荡过程两次，合并两次萃取液，加入 200 ml 纯水，得到萃取液的甲醇水溶液用于固相柱萃取净化。

（2）新鲜样品

向样品加入乙腈 40 ml，在涡轮混合器中混匀，使用超声发生器 30℃恒温条件下超声 20 min，以 3 500 r/min 离心 10 min。转移上清液于 100 ml 聚丙烯烧杯中，氮吹浓缩。将生物组织样转移回 50 ml 的聚丙烯管中，重复上述超声过程一次，合并两次萃取液，氮吹浓缩至 10 ml，加入 40 ml 高纯水，用于固相柱萃取净化。

由于生物样品中含有一定量脂肪，使用 SPE 小柱净化时使用 4 ml 甲醇清洗能够去除脂肪的干扰。当目标物包含 PFOSA 时，需要收集甲醇相，可使用活性炭除去脂肪对仪器分析的干扰（图 6-2-2）。处理过程为：将甲醇淋洗组分氮吹浓缩定容至 1 ml，加入 25 µl 乙酸和 50 mg 活性炭，充分振荡，静置分层。若样品澄清，说明脂肪已充分去除，将样品在 8 000 r/min 条件下离心 10 min，取出上清液用于仪器分析。若样品仍然浑浊，说明样品中仍有大量的脂肪，继续加入乙酸和活性炭，振荡静置至样品澄清为止。

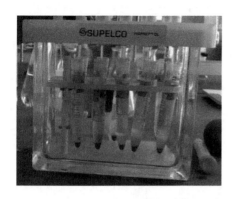

图 6-2-2　活性炭处理前（左）后（右）

6.2.5　液相色谱-三重四极杆质谱分析

仪器分析前，在 ESI 源负离子模式下，建立最佳的 HPLC 分离条件和质谱条件。

6.2.5.1　色谱的参考条件

（1）液相色谱条件的建立

甲醇和乙腈是液相色谱中常用的两种有机溶剂。如图 6-2-3 和图 6-2-4 所示，实验中分别对选择甲醇和乙腈作为液相色谱流动相的目标物分离效果进行了对比。当选择甲醇为液相色谱流动相的有机相时，目标物不能实现有效分离，其中 PFHpA 和 PFHxS 出现共溢，PFOS 和 PFNA 出现共溢；而选择乙腈作为流动相时则能够较好地实现 PFCs 11 种目标化合物的有效分离。所以最终选择乙腈作为液相色谱流动相的有机相、10 mmol/L 的乙酸铵溶液作为液相色谱流动相的无机相。

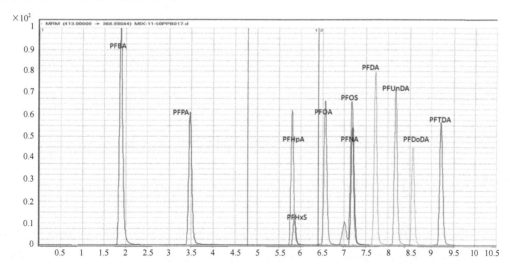

图 6-2-3　流动相为甲醇和 10 mmol/L 乙酸铵溶液时 11 种全氟化合物 MRM 图

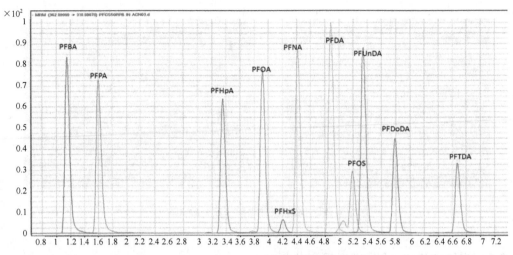

图 6-2-4　流动相为乙腈和 10 mmol/L 乙酸铵溶液时 11 种全氟化合物 MRM 图

（2）色谱系统背景的去除

由于液相系统中无法将含氟聚合物完全用不锈钢或 PEEK 材质的管路替代，因此，不可避免会引入系统干扰，其中 PFOA 的假阳性污染较为普遍。研究发现，在液相系统更换了一台新的脱气机后，甲醇溶剂进样时发现了较高的 PFOA 干扰，响应值相当于 5 ng/ml（图 6-2-5）。

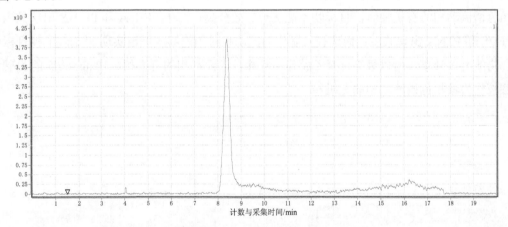

图 6-2-5　甲醇中的 PFOA

为判断干扰来源，分别将 10 ml 甲醇和乙腈浓缩，进样结果发现浓缩后的甲醇或乙腈中 PFOA 浓度与无浓缩的溶剂中浓度相当，因此推断干扰来自液相系统。由于液相系统中存在含氟聚合物材料，流动相将溶出的 PFOA 流经色谱柱，带到检测器。当溶出的 PFOA 流经色谱柱时，色谱柱中填料对其具有吸附解析过程。采用梯度洗脱方法过程中，当水相比例较大时，色谱柱中填料对 PFOA 的吸附过程为主要过程；当水相减少有机相增加时，吸附过程逐渐减弱，解析过程不断加强；当有机相达到一定比例后，解析过程为主要过程。由于色谱柱对 PFOA 的作用，使得色谱柱对溶出的 PFOA 有一个捕集再释放的现象，因此对溶剂的扫描谱图中 PFOA 保留时间处发现了假阳性干扰。

在液相系统阻尼器和进样针之间串联延迟柱就是利用了色谱柱对系统中干扰物能够捕集并释放的原理。样品分析的过程中，液相系统被溶出的 PFOA 先被延迟柱捕集，当流动相中有机相增加到一定比例时，捕集的 PFOA 被洗脱进入色谱柱，进入检测器。若背景中的 PFOA 出峰时间较样品中 PFOA 出峰时间晚一个峰宽，即可实现样品中待测物质与干扰物的分离（图 6-2-6）。

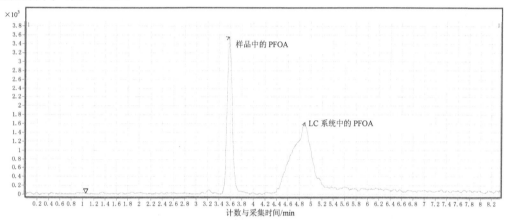

图 6-2-6　10 μg/L 标准溶液中 PFOA 与系统中干扰分离

（3）色谱的参考条件

色谱柱为 ZORBAX Eclipse plus C18 100 mm×2.1 mm× 3.5 μm，色谱柱温度为 30℃；流动相流速为 0.30 ml/min，进样体积为 5.0 μl。高效液相色谱参数见表 6-2-2。

表 6-2-2　高效液相色谱梯度淋洗条件

时间/min	流速/（ml/min）	A：乙腈/%	B：0.1 mol/L 甲酸溶液/%
0	0.3	30	70
5	0.3	75	25
9	0.3	100	0
11	0.3	100	0
12	0.3	30	70
15	0.3	30	70

6.2.5.2　质谱条件

为得到每个目标物的最佳质谱条件，需要依次将目标物以同类物标准溶液的形式，依次经过全扫（scan）、单扫（SIM）和生成子离子（product ion）等手段对各参数依次调试得到。以 PFOA 为例，图 6-2-7～图 6-2-10 给出了得到其最佳测定质谱条件的调试过程。为缩短分析时间，可以将分析柱更换为一个死体积较小的二通，70%乙腈-30% 10 mmol/L 醋酸铵缓冲溶液等洗脱。

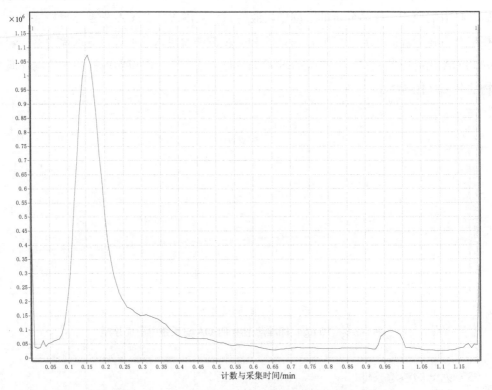

图 6-2-7　1 μg/ml PFOA 同类物标准溶液全扫色谱图

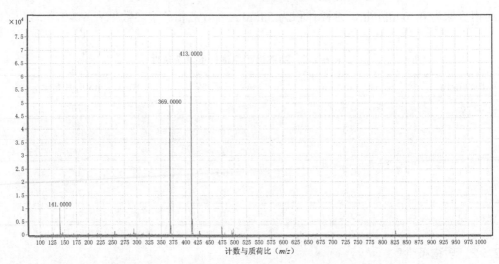

图 6-2-8　1 μg/ml PFOA 同类物标准溶液全扫质谱图

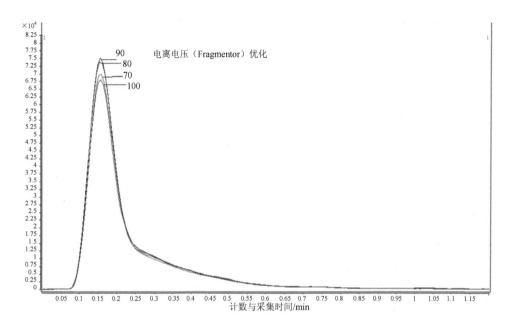

图 6-2-9　1 μg/ml PFOA 同类物标准溶液单扫色谱图

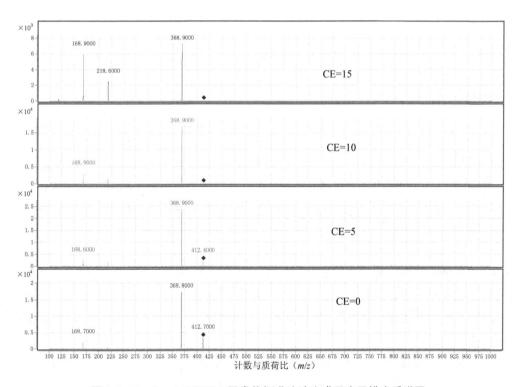

图 6-2-10　1 μg/ml PFOA 同类物标准溶液生成子离子模式质谱图

　　在单扫的模式下，对电离电压进行多个条件的设定和扫描，由图 6-2-9 可知，最佳的电离电压为 90。

　　生成子离子模式（product ion）下，一方面得到 PFOA 的子离子分别为 368.9 和 168.9。CE 值依次为 0、5、10 和 15，由图 6-2-10 可知，当碰撞能（CE）值为 10 时，母离子 413 完全碎裂，但是在 CE 值为 5 时，子离子 368.9 的响应值最高。因此，选择 PFOA 的质谱条件为：母离子 413.0，子离子 368.9，电离能 90，碰撞能为 5。

　　离子源：电喷雾离子源（ESI）；扫描方式：负离子扫描；检测方式：多反应检测（MRM）；雾化器：40 psi；干燥气流速：8L/min；干燥气温度：350℃；毛细管电压：4 000 eV。定性离子对、定量离子对、碰撞气能量和碰撞能见表 6-2-3。

表 6-2-3　目标物的特征选择离子及质谱条件

目标物	种类	母离子 m/z	子离子 m/z	电离能	碰撞能
PFBA	目标化合物	213	169	70	2
PFPeA	目标化合物	263	218.9	70	3
PFHpA	目标化合物	362.9	318.8	80	5
PFOA	目标化合物	413	368.9	90	5
PFHxS	目标化合物	398.9	79.9	135	60
PFNA	目标化合物	462.9	418.9	95	3
PFDA	目标化合物	513	468.8	95	7
PFOS	目标化合物	499	99	125	50
PFUnDA	目标化合物	562.9	518.7	105	5
PFDoDA	目标化合物	612.8	568.7	105	10
PFTeDA	目标化合物	713	668.5	120	10
M8PFOA	回收率指示物	503	80	140	60
MPFOS	回收率指示物	421	376	80	5
M2PFOA	内标	415	370	90	10

6.2.5.3　校准曲线的绘制

　　（1）标准储备液和校准

　　分别准确称取目标化合物各 10.0 mg±0.2 mg，溶解于 10.00 ml 甲醇中，得到 1000 μg/ml 标准溶液，−20℃保存。

　　将上述标准溶液依次移取（11 个同类物）100.0 μl 于聚丙烯容量瓶中，用甲醇定容至 10.00 ml，得到 10.0 μg/ml 标准储备液，−20℃保存。

　　（2）内标和回收率指示物溶液

　　用移液器移取 50.0 μg/ml M2PFOA 内标准溶液 20.0 μl 于聚丙烯容量瓶中，用甲醇定容至 10.00 ml，浓度为 100.0 ng/ml。用移液器移取 M8PFOA 和 MPFOS（50.0 μg/ml）标准溶液各 20.0 μl 于聚丙烯容量瓶中，用甲醇定容至 10.00 ml，得到 100.0 ng/ml 回收率指示物混合标准溶液。

（3）标准曲线

由于实际水样、土壤、沉积物等样品中 PFASs 的含量水平较低，约为每单位样品几纳克至几十纳克，标准曲线的最高点不高于 50 ng/ml。标准曲线配制前可先配制一瓶 100.0 ng/ml 标准溶液，一方面能够使工作曲线有较好的线性，另一方面也可减少对储备液的玷污。配制方式为：移取 10.0 μg/ml 标准溶液 100.0 μl 于聚丙烯容量瓶中，用甲醇定容至 10.00 ml，得到 100.0 ng/ml 标准溶液。

将 100.0 ng/ml 标准溶液和 100.0 ng/ml 回收率指示物混合标准溶液用相应量程的移液器分别依次移取 10.00 μl，20.00 μl，50.00 μl，100.0 μl，200.0 μl，500.0 μl，1 000 μl 和 2 000 μl 于聚丙烯容量瓶中，并加入 1 000 μl 的 100.0 ng/ml 内标溶液（定容后质量浓度为 10.0 ng/ml），用甲醇定容至 10.00 ml。标准工作溶液质量浓度依次为 0.100 ng/ml、0.200 ng/ml、0.500 ng/ml、1.00 ng/ml、2.00 ng/ml、5.00 ng/ml、10.0 ng/ml 和 20.0 ng/ml。

将配制好的标准溶液系列分别进样，以标准工作溶液浓度为横坐标，以峰面积为纵坐标，绘制标准曲线。用标准工作曲线对样品进行定量，样品溶液中全氟化合物的响应值均应在仪器测定的线性范围之内。在上述色谱条件下，各目标物的总离子流图如图 6-2-11 所示。

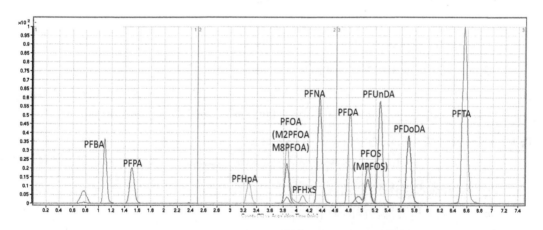

图 6-2-11　标准溶液中 PFASs 的 HPLC/MS/MS 标准谱图

6.2.5.4　样品测定

（1）定性分析

目标化合物色谱峰的定性包括保留时间和特征离子两方面的吻合。样品中目标化合物的保留时间和标准溶液系列中（或是基质加标标准溶液中）目标化合物的保留时间偏差不大于±5%。样品中母离子和子离子构成的特征离子对的相对丰度与标准溶液系列中目标化合物的特征离子对的相对丰度偏差不大于 25%。当保留时间和离子丰度两个条件都满足时，确定是目标化合物。

需要注意的是 PFOS 包含直链和支链的全氟辛烷磺酸同分异构体。如果未实现支链-PFOS 和直链-PFOS 的分离，将会干扰分析结果。直链-PFOS 和其他异构体的分离可以通过色谱柱的选择和色谱条件的优化来实现。

（2）定量分析

采用内标定量法，内标指示物为 M2PFOA。标准溶液各目标物（除 PFTA 外）质量浓度梯度依次为：0.10 ng/ml、0.20 ng/ml、0.50 ng/ml、1.0 ng/ml、2.0 ng/ml、5.0 ng/ml、10.0 ng/ml 和 20.0 ng/ml；PFTA 质量浓度为 0.50 ng/ml、1.00 ng/ml、2.50 ng/ml、5.0、10.0 ng/ml、25.0 ng/ml 和 50.0 ng/ml（100.0 ng/ml 偏离线性，去除该浓度）。在样品分析前和分析后，分别将标准曲线系列溶液依次进样，利用两次进样的平均值，采用内标法制作标准曲线（各目标物在线性范围内线性相关系数的平方 $R^2 > 0.99$）。利用标准工作曲线对实际样品进行分析，水体样品中全氟化合物的浓度按下式计算：

$$C_i = \frac{c_{a,i} \times v}{1\,000 \times V}$$

式中，C_i —— 样品中目标化合物的质量浓度，ng/L；

$c_{a,i}$ —— 萃取液中目标化合物的质量浓度，ng/ml；

v —— 样品定容体积，1 ml；

V —— 水样采样体积，L。

土壤和沉积物样品中全氟化合物的质量浓度按下式计算：

$$C_i = \frac{c_{a,i} \times v}{1\,000 \times m}$$

式中，C_i —— 土壤和沉积物中目标化合物的含量，ng/g；

$c_{a,i}$ —— 萃取液中目标化合物的检出质量浓度，ng/ml；

v —— 样品定容体积，ml；

m —— 土壤和沉积物样品干重质量，g。

生物样品中全氟化合物的浓度按下式计算：

$$C_i = \frac{c_{a,i} \times v}{10 \times m \times f}$$

式中，C_i —— 生物样品中目标化合物的含量，ng/g；

$c_{a,\,i}$ —— 萃取液中目标化合物的检出质量浓度，ng/ml；

v —— 样品定容体积，ml；

m —— 生物样品质量，g；

f —— 生物样品脂肪含量，%。

测试结果保留 3 位有效数字，小数点后的数字可保留到第 3 位。

6.2.6　分析方法特性参数

6.2.6.1　检出限和定量限

按照 HJ/T 168—2010 相关要求，根据低浓度方法空白加标平行样（6 次平行）三倍标准偏差计算方法的检出限。

（1）水中 PFCs 分析方法检出限和测定下限

准确量取 500 ml 高纯水（18.2 MΩ），加入回收率指示物和目标物混合标准溶液，各标准物质除 PFTA 外均为 0.50 ng（PFTA 加标量为 2.50 ng）。样品经预处理后的 WAX 小柱富集净化，使用 0.5%氨水甲醇溶液淋洗得到目标物。淋洗液浓缩定容后，加入内标指示物，通过 HPLC-MS/MS 分析得到低浓度加标回收结果（表 6-2-4）。

方法检出限=2.57 S（ng/ml）（n=6，a=0.05 时，t=2.57）；最低定量浓度=4 S（ng/ml）。由表 6-2-4 可见，6 次实验的相对标准偏差（RSD）为 3.7%～23%。

表 6-2-4　水中 PFCs 分析的方法检出限和测定下限结果　　　　单位：ng/L

目标物	PFBA	PFPA	PFHpA	PFOA	PFHxS	PFNA	PFDA	PFOS	PFUnDA	PFDoDA	PFTA
BS1	0.37	0.38	0.75	0.43	0.65	0.49	0.55	0.35	0.62	0.58	1.81
BS2	0.33	0.46	0.83	0.53	0.57	0.53	0.51	0.32	0.72	0.70	2.94
BS3	0.61	0.41	0.92	0.60	0.64	0.50	0.54	0.29	0.62	0.56	1.83
BS4	0.47	0.49	0.85	0.43	0.57	0.51	0.55	0.34	0.61	0.60	2.09
BS5	0.43	0.36	0.92	0.40	0.63	0.49	0.54	0.35	0.75	0.57	1.95
BS6	0.58	0.61	0.97	0.43	0.61	0.54	0.50	0.32	0.61	0.57	1.99
平均值	0.47	0.45	0.87	0.47	0.61	0.51	0.53	0.33	0.66	0.60	2.10
SD	0.11	0.09	0.08	0.08	0.03	0.02	0.02	0.03	0.06	0.05	0.42
RSD/%	23.0	20.0	9.2	17.0	4.9	3.9	3.8	9.1	9.1	8.3	20.0
检出限	0.4	0.3	0.3	0.3	0.1	0.1	0.1	0.1	0.2	0.2	1.4
测定下限	1.5	1.2	1.1	1.1	0.4	0.3	0.3	0.4	0.8	0.7	5.6

（2）土壤和沉积物中 PFCs 分析方法检出限和测定下限

鉴于土壤/沉积物样品和生物样品难以得到不含目标物的纯净基体。因此使用已经抽提过土壤和鱼肌肉组织样为清洁基体，进行低浓度加标实验，从而获得方法检出限和定量限。其中土壤样品取样量为 1.0 g，生物样品取样量（干重）为 0.5 g。

准确称取清洁的土壤样品 1.0 g 左右，加入回收率指示物和目标物标准溶液，老化平衡后再加入 8 ml 甲醇，经过振荡、超声和离心，分离得到澄清的上层萃取液。重复萃取 3 次，合并的萃取液溶解于 200 ml 高纯水中，然后经 WAX 小柱净化富集净化。淋洗液定容浓缩后，经液相色谱串联质谱检测结果见表 6-2-5。其中检测限=2.57S（μg/kg 干重）（$n=6$，$a=0.05$ 时，$t=2.57$），定量限=4S（μg/kg 干重）。

表 6-2-5　土壤/沉积物中 PFCs 检出限和和测定下限结果　　　　　　单位：μg/kg 干重

目标物	PFBA	PFPA	PFHpA	PFOA	PFHxS	PFNA	PFDA	PFOS	PFUnDA	PFDoDA	PFTA
BS1	0.7	0.3	0.4	0.5	0.3	0.3	0.3	0.2	0.2	0.3	1.1
BS2	0.6	0.3	0.3	0.6	0.3	0.4	0.4	0.3	0.3	0.3	1.7
BS3	0.8	0.4	0.4	0.5	0.4	0.3	0.4	0.3	0.3	0.3	1.3
BS4	0.6	0.2	0.4	0.4	0.4	0.4	0.4	0.2	0.2	0.4	1.6
BS5	0.6	0.4	0.3	0.4	0.3	0.4	0.3	0.2	0.2	0.3	1.6
BS6	0.7	0.4	0.5	0.5	0.4	0.4	0.4	0.2	0.2	0.4	1.8
平均值	0.7	0.3	0.4	0.5	0.3	0.4	0.4	0.2	0.2	0.3	1.5
SD	0.1	0.1	0.1	0.1	0.0	0.0	0.0	0.0	0.1	0.0	0.3
RSD/%	11	21	18	16	9	13	13	15	28	9	18
检出限	0.2	0.2	0.2	0.3	0.1	0.2	0.2	0.1	0.2	0.1	0.9
测定下限	1.0	0.9	0.9	1.0	0.4	0.6	0.6	0.5	0.9	0.4	3.8

（3）生物体中 PFCs 分析方法检出限和测定下限

准确称取清洁的鱼体肌肉组织干样 0.5 g 左右，加入回收率指示物和目标物标准溶液，平衡后，使用 8 ml 10 mmol/L KOH 甲醇萃取，经过振荡、超声和离心。分离得到上层萃取液，重复萃取 3 次，合并萃取液并用 200 ml 高纯水稀释，然后利用 WAX 小柱富集和净化目标物，得到的淋洗液经过氮吹浓缩定容后，经 HPLC-MS/MS 分析，得到结果见表 6-2-6。检测限=2.57S（ng/ml）（$n=6$，$a=0.05$ 时，$t=2.57$）；最低定量浓度=4S（ng/ml）。

表 6-2-6　生物体中 PFCs 测定检测限　　　　　　单位：μg/kg 干重

目标物	PFBA	PFPA	PFHpA	PFOA	PFHxS	PFNA	PFDA	PFOS	PFUnDA	PFDoDA	PFTA
BS1	0.5	0.4	0.4	0.5	0.4	0.3	0.4	0.4	0.3	0.3	1.5
BS2	0.5	0.4	0.6	0.6	0.4	0.5	0.4	0.3	0.3	0.4	1.8
BS3	0.5	0.3	0.4	0.4	0.4	0.4	0.4	0.3	0.3	0.3	1.7
BS4	0.6	0.3	0.5	0.5	0.4	0.4	0.5	0.4	0.4	0.3	1.6
BS5	0.5	0.3	0.4	0.4	0.4	0.4	0.4	0.4	0.4	0.4	1.6
BS6	0.8	0.6	0.9	0.9	0.8	0.9	0.6	0.4	0.5	0.5	2.7
平均值	0.6	0.4	0.6	0.6	0.5	0.5	0.4	0.4	0.3	0.4	1.8
SD	0.1	0.1	0.2	0.2	0.2	0.2	0.1	0.1	0.1	0.1	0.5
RSD/%	17	30	35	36	36	40	17	19	19	25	25
检出限	0.3	0.4	0.7	0.7	0.6	0.6	0.3	0.2	0.2	0.3	1.6
测定下限	1.3	1.6	2.6	2.6	2.2	2.6	1.0	0.9	0.9	1.2	6.2

（4）方法检出限和定量限汇总

综上所述，土壤/沉积物、水体和生物体肌肉组织中各目标物的方法检出限和定量下限汇总见表 6-2-7。

表 6-2-7　土壤/沉积物、生物样品和水样中全氟烷基酸和全氟磺酸的方法检出限

目标化合物名称	土壤/沉积物/（μg/kg 干重）		生物样品/（μg/kg 干重）		水质样品/（ng/L）	
	检出限	定量限	检出限	定量限	检出限	定量限
PFBA	0.2	1	0.3	1.3	0.6	2.3
PFPA	0.2	0.9	0.4	1.6	0.5	1.9
PFHpA	0.2	0.9	0.7	2.6	0.4	1.6
PFOA	0.3	1	0.7	2.6	0.4	1.6
PFHxS	0.1	0.4	0.6	2.2	0.2	0.6
PFNA	0.2	0.6	0.6	2.6	0.1	0.4
PFDA	0.2	0.6	0.3	1	0.1	0.4
PFOS	0.1	0.5	0.2	0.9	0.2	0.6
PFUnDA	0.2	0.9	0.2	0.9	0.3	1.2
PFDoDA	0.1	0.4	0.3	1.2	0.3	1.0
PFTA	0.9	3.8	1.6	6.2	2.2	8.6

其中，土壤样品取样量为 1.0 g，生物样品取样量为 0.5 g，水样取样量为 0.5 L。

6.2.6.2　准确度和精密度

（1）水质样品分析

分别以两个浓度的空白加标（2.0 ng/L 和 20.0 ng/L）样品验证方法的准确度。准确量取纯水 500 ml，分别加入标准溶液 10 μl 和 100 μl（除 PFTA 各目标物质量浓度为 100 ng/ml，PFTA 为 500 ng/ml），混合均匀后过滤，再经 WAX 小柱富集后洗脱，洗脱液浓缩后使用 HPLC-MS/MS 分析，测定结果见表 6-2-8 和表 6-2-9。

表 6-2-8　低浓度空白加标回收率测定结果

目标化合物	测定结果/（ng/L）						平均值/（ng/L）	RSD/%	回收率/%
	BS1	BS2	BS3	BS4	BS5	BS6			
PFBA	1.94	1.64	1.90	1.48	1.68	1.92	1.76	9.8	88.0
PFPA	3.86	3.90	4.38	3.98	3.56	4.18	3.98	6.5	74.0
PFHpA	1.98	1.90	1.98	1.90	1.80	1.76	1.88	4.5	94.0
PFOA	2.04	2.40	2.20	1.80	1.72	2.50	2.12	15	106
PFHxS	2.50	2.34	2.20	2.20	2.48	2.38	2.36	5.2	118
PFNA	2.08	1.94	2.16	1.92	1.92	2.02	2.00	4.4	100
PFDA	1.94	2.02	1.86	1.92	1.80	2.00	1.92	3.8	96
PFOS	1.88	1.68	2.14	2.16	1.76	1.88	1.92	9.5	96

目标化合物	测定结果/（ng/L）						平均值/（ng/L）	RSD/%	回收率/%
	BS1	BS2	BS3	BS4	BS5	BS6			
PFUnDA	2.84	2.28	2.54	2.50	2.08	2.16	2.40	11	120
PFDoDA	1.64	1.88	1.54	1.68	1.36	1.54	1.60	9.9	80
PFTA	7.10	7.46	5.44	6.92	5.14	5.54	6.26	15	63

表 6-2-9　高浓度空白加标回收率测定结果

目标化合物	测定结果/（ng/L）						平均值/（ng/L）	RSD/%	回收率/%
	BS1	BS2	BS3	BS4	BS5	BS6			
PFBA	30.2	27.6	25.6	33.2	31.6	32.6	30.2	9.2	151
PFPA	20.6	19.6	18.4	22.4	22.6	22.4	21.0	7.7	92
PFHpA	19.4	18.8	18.6	21.8	22.8	22.0	20.6	8.3	103
PFOA	20.6	18.4	18.2	19.6	19.6	19.0	19.2	4.2	96
PFHxS	15.4	14.6	12.4	15.8	15.2	14.4	14.6	7.4	73
PFNA	19.4	19.6	19.2	21.0	21.0	21.0	20.2	3.8	101
PFDA	16.8	16.0	15.2	17.2	18.2	17.4	16.8	6.4	84
PFOS	15.8	16.2	14.2	18.4	17.8	19.4	17.0	10	85
PFUnDA	11.4	11.2	8.4	13.6	14.4	13.6	12.0	17	60
PFDoDA	10.4	11.0	12.8	13.4	14.8	10.4	12.2	15	61
PFTA	42.2	51.8	42.4	58.8	56.2	62.8	52.4	15	52

实验中发现 PFPA 等物质的玷污（表 6-2-10），质量浓度为 1.25 ng/L，PFPA 回收率为扣除空白后结果。

表 6-2-10　水中全氟烷基化合物分析方法空白结果　　　　　　　单位：ng/L

目标物	PFBA	PFPA	PFHpA	PFOA	PFHxS	PFNA	PFDA	PFOS	PFUnDA	PFDoDA	PFTA
BS1	nd	1.38	nd	nd	nd	0.08	0.09	nd	nd	nd	nd
BS2	nd	1.09	nd	0.04	nd	0.13	0.10	nd	nd	nd	nd
BS3	nd	1.26	nd	0.08	nd	0.11	0.09	nd	nd	nd	nd
BS4	nd	1.25	nd	0.08	nd	0.12	0.05	nd	nd	nd	nd
BS5	nd	1.17	nd	0.09	nd	0.11	0.08	nd	nd	nd	nd
BS6	nd	1.37	nd	0.05	nd	0.13	0.09	nd	nd	nd	nd
平均值	nd	1.25	nd	0.06	nd	0.11	0.08	nd	nd	nd	nd
RSD/%	—	9.00	—	36.1	—	16.9	21.9	—	—	—	—

经研究表明，方法空白中较高的 PFPA 可能是由于仪器背景（超高效液相系统）引入。由于仪器使用寿命的原因，实验室对液相系统中真空脱气机的半透膜进行了更换，更换后 PFPA 的背景干扰被去除，但是却引入较高的 PFOA 污染。

为进一步验证方法的准确性和精密性，采集北京某园区地表水，利用平行样品分析和基体加标平行（加标量 10.0 ng/L，PFTA 50.0 ng/L）验证方法的准确性和精密度。如表 6-2-11 所示，6 次基体加标平行的结果中各目标物的回收率为 79%～129%，RSD 均小于 15%。6 次平行样品的结果中，各检出目标物的 RSD 均小于 20%。说明本方法具有良好的准确性和重现性。

表 6-2-11　水体样品加标回收结果　　　　　　　　　单位：ng/L

样品编号	PFBA	PFPA	PFHpA	PFOA	PFHxS	PFNA	PFDA	PFOS	PFUnDA	PFDoDA	PFTA	M8PFOA	M8PFOS
S1	4.0	2.0	nd	1.3	0.6	0.4	nd	0.5	nd	nd	nd	9.6	9.7
S2	4.2	2.6	nd	1.4	0.5	0.5	nd	0.5	nd	nd	nd	9.4	10.0
S3	5.2	2.6	nd	1.5	0.6	0.4	nd	0.5	nd	nd	nd	9.6	9.1
S4	4.1	2.4	nd	1.0	0.5	0.4	nd	0.5	nd	nd	nd	8.5	8.5
S5	3.9	2.4	nd	1.1	0.5	0.4	nd	0.5	nd	nd	nd	7.5	8.0
S6	4.0	2.6	nd	1.1	0.5	0.5	nd	0.5	nd	nd	nd	10.2	9.5
平均值	4.2	2.4		1.2	0.5	0.4		0.5					
RSD/%	12	8.8		15.7	9.8	13.4		6.4					
MS1	17.9	10.4	10.6	11.9	12.2	9.1	9.7	10.3	39.3	8.3	8.3	7.7	8.3
MS2	15.0	12.1	10.8	12.1	12.0	8.6	8.5	10.9	36.6	10.5	12.3	7.8	8.3
MS3	18.0	12.9	11.2	16.0	13.6	8.6	9.1	10.9	41.9	9.8	10.7	8.3	8.5
MS4	16.2	13.2	10.2	16.6	11.8	9.1	7.3	13.3	37.7	8.6	9.3	8.4	8.5
MS5	15.3	12.0	12.2	14.2	13.1	9.9	10.7	12.8	43.5	9.5	9.1	8.7	9.7
MS6	14.7	11.0	10.2	14.2	12.5	9.1	8.1	10.4	38.8	8.1	8.8	8.5	7.4
平均值	17.9	10.4	10.6	11.9	12.2	9.1	9.7	10.3	39.3	8.3	8.3	8.7	8.8
RSD/%	9.1	8.7	6.9	14	5.6	5.1	14	11	6.6	10	15	9.9	9.0
回收率/%	120	95	109	129	120	87	89	110	79	91	98	87	88

（2）土壤样品及土壤样品基体加标

准确称取 1 g（精确至 0.01 g）土壤样品，按 2.4.2 所述前处理步骤进行土壤平行样实验和土壤基体加标平行，所得结果如表 6-2-12 所示。平行样品测试结果中发现 PFDoDA 的相对标准偏差较大，这可能是由于该目标物浓度较低，样品标准溶液中 PFDoDA 的定量浓度接近标准工作曲线的最低点，定量结果有较大的偏差引起。其他的检出目标物，如 PFBA、PBPA、PFHpA、PFOA、PFUnDA 等的 RSD 均小于 25%。基体加标平行实验中，各目标物的回收率为 59%～138%，RSD 均小于 20%。说明本方法适用于土壤样品中全氟烷基酸和全氟烷基磺酸的检测。

表 6-2-12 土壤样品和土壤样品加标回收结果 单位：ng/g 干重

样品编号	PFBA	PFPA	PFHpA	PFOA	PFHxS	PFNA	PFDA	PFOS	PFUnDA	PFDoDA	PFTA	M8PFOA	M8PFOS
S1	22.0	1.2	5.4	0.2	nd	nd	0.2	nd	1.8	0.2	nd	7.3	8.9
S2	21.2	1.6	6.2	0.1	nd	nd	0.3	nd	1.9	0.2	nd	7.3	9.8
S3	17.2	1.3	5.1	0.2	nd	nd	0.3	nd	2.0	0.4	nd	8.2	10.3
S4	23.4	0.8	5.1	0.2	nd	nd	0.2	nd	1.8	0.2	nd	7.9	10.2
S5	17.2	1.4	5.9	0.7	nd	nd	0.2	nd	1.9	0.2	nd	8.3	11.4
S6	15.5	1.0	5.6	0.2	nd	nd	0.2	nd	1.8	0.2	nd	8.8	10.8
平均值	19.4	1.2	5.6	0.2			0.2		1.9	0.2			
RSD/%	16	23	8.1	22			17		5.6	32			
MS1	34.0	9.2	17.1	13.8	9.4	13.1	11.6	10.6	13.2	9.1	31.1	8.3	10.7
MS2	31.8	13.5	15.6	16.3	9.3	12.9	11.9	10.9	12.5	8.4	24.0	8.3	10.5
MS3	31.7	12.6	17.4	13.2	10.0	13.1	11.5	10.7	13.4	8.7	27.3	8.8	11.2
MS4	33.7	11.5	15.3	10.8	9.4	12.0	11.1	10.3	12.6	9.1	35.5	7.9	10.2
MS5	32.6	13.2	15.8	10.7	9.6	12.7	11.2	10.2	12.3	8.0	21.7	8.0	10.1
MS6	35.7	12.2	16.9	11.2	9.2	13.2	12.1	10.3	13.2	9.4	38.5	8.3	10.4
平均值	33.3	12.0	16.3	12.7	9.5	12.8	11.6	10.5	12.9	8.8	29.7	8.1	10.4
RSD/%	4.6	13	5.4	17	3.0	3.4	3.2	2.7	3.5	5.9	5.9		
回收率/%	138	108	108	124	95	128	113	105	110	86	59	81	104

（3）生物样品和生物样品加标回收结果

同土壤样品一样，生物样品目前没有 PFAAs 的基体标准样品，因此，使用平行样和基体加标平行判断实验方法的准确性和精密度。准确称取冷冻干燥的生物样品 0.5 g，加入回收率指示物/已知浓度的目标物溶液，使用 10 mmol/L KOH 甲醇溶液萃取，浓缩至 10 ml，加入高纯水使甲醇比例不大于 20%，经 WAX 小柱富集和净化，酌情加入活性炭进一步去除脂肪，定容后，加入内标指示物进行仪器分析，分析结果见表 6-2-13。由表 6-2-13 可知，本方法适用于生物样品中 PFAAs 的分析，具有良好的准确性和重现性。

表 6-2-13 生物样品和生物样品加标回收结果 单位：ng/g 干重

目标物	PFBA	PFPA	PFHpA	PFOA	PFHxS	PFNA	PFDA	PFOS	PFUnDA	PFDoDA	PFTA	M8PFOA	M8PFOS
S1	1.2	0.3	nd	0.5	0.2	0.5	7.7	7.8	7.7	1.0	nd	8.7	12.9
S2	1.3	0.3	nd	0.5	0.2	0.4	7.0	7.1	6.5	1.1	nd	7.7	10.6
S3	1.1	0.3	nd	0.4	0.2	0.5	8.5	8.7	8.2	1.1	nd	8.6	13.1
S4	1.1	0.2	nd	0.4	ND	0.4	7.5	7.7	7.3	1.0	nd	5.5	7.5
S5	1.0	0.3	nd	0.4	ND	0.5	8.1	7.8	7.0	1.0	nd	8.9	12.4
S6	1.2	0.3	nd	0.5	0.2	0.5	7.8	8.3	7.7	1.0	nd	8.8	13.4
平均值	1.2	0.3		0.5	0.2	0.5	7.8	7.9	7.4	1.0			
RSD/%	7.5	15		10	8.6	6.8	6.4	6.9	8.0	6.3			

目标物	PFBA	PFPA	PFHpA	PFOA	PFHxS	PFNA	PFDA	PFOS	PFUnDA	PFDoDA	PFTA	M8PFOA	M8PFOS
MS1	34.0	9.3	17.1	13.8	9.4	13.1	11.6	10.6	13.2	9.1	31.1	8.3	10.7
MS2	31.8	13.5	15.6	16.3	9.3	12.9	11.9	10.9	12.5	8.4	24.0	8.3	10.5
MS3	31.7	12.6	17.4	13.2	10.0	13.1	11.5	10.7	13.4	8.7	27.3	8.8	11.2
MS4	33.7	11.5	15.3	10.8	9.4	12.0	11.1	10.3	12.6	9.1	35.5	7.9	10.2
MS5	32.6	13.2	15.8	10.7	9.6	12.7	11.2	10.2	12.3	8.0	21.7	8.0	10.1
MS6	35.7	12.2	16.9	11.2	9.2	13.2	12.1	10.3	13.2	9.4	38.5	8.3	10.4
平均值	33.3	12.0	16.3	12.7	9.5	12.8	11.6	10.5	12.9	8.8	29.7	8.1	10.4
RSD/%	7.1	7.6	12	6.5	7.7	7.5	3.2	4.8	8.9	8.9	5.3		
回收率/%	133	76	83	93	76	90	113	78	89	77	59	78	114

6.2.7　应用示范研究

6.2.7.1　样品采集

地表水样品和沉积物样品采集于 2013 年 4—5 月，分别位于北京市区的通惠河、清河、温榆河、沙河、坝河、北小河等 7 条主要河道，样品采集点位见表 6-2-14。

表 6-2-14　地表水和沉积物采样点位信息

点位	编号	北纬	东经	温度/℃	总盐度/（mg/L）	pH	溶解氧/（mg/L）	采集沉积物
清河	Q1	40°4′51″	116°27′58″	16.2	0.5	7.05	11.2	√
	Q2	40°4′43″	116°29′15″	16.3	0.6	7.07	5.3	√
	Q3	40°0′41″	116°16′5″	21.7	0.5	8.58	4.0	
	Q4	40°0′48″	116°17′26″	23.8	0.4	8.47	12.16	
	Q5	40°1′31″	116°20′44″	26.8		9.066	11.4	√
	Q6	40°1′57″	116°23′31″	25.3		7.7	4.93	√
	Q7	40°3′59″	116°27′6″	27.0		8.6	9.42	√
温榆河	W1	40°4′9″	116°30′20″	15.1	0.6	7.13	0.85	√
	W2	40°4′14″	116°30′48″	16.1	0.6	7.18	2.31	√
	W3	40°3′46″	116°31′49″	18.0	0.5	7.63	7.27	√
	W4	40°3′23″	116°32′18″	17.5	0.5	7.62	6.39	√
	W5	40°1′47″	116°34′1″	16.8	0.5	7.3	4.6	√
	W6	40°0′47″	116°35′46″	17.9	0.5	7.6	7.83	√
	W7	40°0′0″	116°37′59″	17.8	0.5	7.32	5.18	√
	W8	39°57′0″	116°38′16″	17.8	0.5	7.33	3.98	√
	W9	39°55′36″	116°38′46″	15.6	0.5		5.73	√

点位	编号	北纬	东经	温度/℃	总盐度/（mg/L）	pH	溶解氧/（mg/L）	采集沉积物
小中河	X1	39°56′17″	116°39′27″	16.1	0.7	7.2	1.31	√
通惠河	T1	39°54′37″	116°38′53″	18.2	0.5		2.83	
	T2	39°54′18″	116°36′54″	20	0.5		3.31	√
	T3	39°54′22″	116°33′32″	22	0.5	6.94	3.05	√
	T4	39°54′18″	116°30′40″	23.5	0.5	7.91	6.64	
	T5	39°54′45″	116°30′58″	25	0.5	7.37	4.48	
	T6	39°54′12″	116°28′6″	18.9	0.5	8.41	6.9	
	T7	39°52′14″	116°25′40″	19	0.7	7.67	12.94	
沙河	S1	40°7′59″	116°36′15″	22.9		8.86	8.47	√
	S2	40°7′42″	116°20′13″	20.7	0.5	8.2	6.96	√
	S3	40°7′27″	116°17′54″	22.1	0.5	7.83	4.21	√
北小河	BXH1	40°0′6″	116°25′38″	22.4		7.9	6.63	√
	BXH2	40°0′9″	116°29′30″	24.0		8.3	4.97	√
	BXH3	39°58′30″	116°33′31″	23.5		8.4	0.72	√
坝河	B1	39°57′52″	116°34′6″	24.5		8.3	1.22	√
	B2	39°57′8″	116°37′28″	25.8		8.1	0.48	√
	B3	39°58′4″	116°32′24″	25.1		8.2	2.31	√
	B4	39°58′5″	116°29′48″	26.6		8.8	7.79	

6.2.7.2 样品前处理

准确量取水样 500 ml，加入回收率指示物（M8PFOA 和 MPFOS 各 10.0 ng），充分均匀，过 0.45 μm 呢绒滤膜去除颗粒物。然后将样品以 3～5 ml/min 流速经过固相萃取小柱。需要注意的是，富集过程中要防止小柱不干。若吸附床表面有气泡，会干扰样品流速，可轻微敲击小柱去除气泡。样品完全通过小柱后，使用 pH=4 的醋酸铵缓冲溶液淋洗固相萃取小柱，将目标物锁定在小柱上，高纯水冲洗小柱，用真空泵抽干小柱 2 min，去除柱中残留的水分。然后使用 3 ml 甲醇淋洗小柱，去除杂质。最终目标物通过 8 ml 的 0.5%氨水甲醇溶液淋洗得到。淋洗液在适宜的水浴温度（<50℃）下用一个温和的氮气流浓缩萃取液至 500 μl，加入内标溶液（M2PFOA，10.0 ng），再使用甲醇定容至 1 ml 后使用涡轮混匀器中混匀。用塑料滴管移取一部分样品转移至聚丙烯材料的自动进样瓶中，用于 HPLC-MS/MS 仪器分析。

沉积物样品采集后运输至实验室，将样品置于–20℃冰箱内。当样品完全凝固后，对样品进行冷冻干燥，然后研磨过筛（60～80 目），冷冻保存于干净的玻璃广口瓶中，样品分析前取出恒温至室温。样品分析时，准确称取沉积物样品 4 g（精确至 0.01 g）于 100 ml 的聚丙烯管中（使用前依次用高纯水和甲醇清洗），加入回收率指示物（M8PFOA 和 MPFOS 各 10.0 ng），充分均匀并静置 30 min。然后使用甲醇超声振荡萃取，合并萃取液稀释至 300 ml，经固相萃取小柱（弱阴离子交换）富集净化后，仪器分析。

6.2.7.3　仪器分析

色谱条件见 6.2.5.1，质谱分析条件详见 6.2.5.2。

（1）标准曲线配制

将标准储备液稀释为 100.0 ng/ml 标准溶液，即移取 10.0 μg/ml 标准溶液 100.0 μl 于 PP 容量瓶中，用甲醇定容至 10.00 ml，得到 100.0 ng/ml 标准溶液。

将 100.0 ng/ml 标准溶液和 100.0 ng/ml 回收率指示物混合标准溶液用相应量程的移液器分别依次移取 10.00 μl、20.00 μl、50.00 μl、100.0 μl、200.0 μl、500.0 μl、1 000 μl 和 2 000 μl 于 PP 容量瓶中，并加入 1 000 μl 的 100.0 ng/ml 内标溶液（定容后浓度为 10.0 ng/ml），用甲醇定容至 10.00 ml。标准工作溶液浓度依次为 0.100 ng/ml、0.200 ng/ml、0.500 ng/ml、1.00 ng/ml、2.00 ng/ml、5.00 ng/ml、10.0 ng/ml 和 20.0 ng/ml。

（2）仪器校正溶液配制

仪器校正溶液配制方式同标准曲线中 10.0 ng/ml 配制方式一致。每天样品分析前，先分析仪器校正溶液，得到各目标物峰面积相差＜15%，说明仪器状态良好可继续样品分析，否则需对仪器进行维护和清洗后再进行样品分析。

6.2.7.4　地表水中 PFASs

表 6-2-15 中列出了北京地表水中各全氟化合物（PFASs）的浓度水平，全氟化合物总浓度水平为 6.43～81.4 ng/L。其中，PFBA、PFHxA、PFOA、PFNA 在所有样品中检出并占有较高的比重，PFOS 的检出率为 70.6%，高碳数的 PFUnDA、PFDoDA 和 PFTDA 均未检出。

表 6-2-15　北京地表水中 PFASs 浓度　　　　　　　　单位：ng/L

编号	PFBA	PFPA	PFHxA	PFHpA	PFOA	PFNA	PFDA	PFOS	PFUnDA	PFDoDA	PFTDA
Q1	1.57	0.93	1.90	0.52	3.11	0.26	nd	1.69	nd	nd	nd
Q2	2.52	0.78	2.12	0.50	9.58	0.31	nd	1.50	nd	nd	nd
Q3	8.21	0.00	0.82	0.00	2.37	0.19	nd	nd	nd	nd	nd
Q4	6.70	2.01	1.05	0.51	6.74	0.28	0.16	nd	nd	nd	nd
Q5	8.20	0.94	1.13	0.56	7.06	0.37	0.35	nd	nd	nd	nd
Q6	8.04	1.06	0.51	0.49	6.87	0.30	0.46	nd	nd	nd	nd
Q7	7.20	3.10	1.10	0.95	7.10	0.39	0.36	nd	nd	nd	nd
W1	5.81	4.99	8.41	7.28	40.10	0.39	nd	14.7	nd	nd	nd
W2	2.21	1.54	2.20	0.58	5.52	0.33	nd	5.58	nd	nd	nd
W3	1.37	0.91	2.02	0.52	4.58	0.37	nd	4.42	nd	nd	nd
W4	2.55	1.12	1.83	0.57	4.77	0.28	nd	5.49	nd	nd	nd
W5	2.57	1.20	2.28	1.04	5.32	0.31	nd	7.71	nd	nd	nd
W6	0.89	1.03	2.33	0.41	3.75	0.39	nd	10.8	nd	nd	nd
W7	4.88	2.20	11.25	1.09	7.37	0.41	nd	14.7	nd	nd	nd

编号	PFBA	PFPA	PFHxA	PFHpA	PFOA	PFNA	PFDA	PFOS	PFUnDA	PFDoDA	PFTDA
W8	3.40	0.76	3.13	0.25	3.29	0.34	nd	5.21	nd	nd	nd
W9	1.83	0.69	3.31	0.37	4.04	0.29	nd	6.58	nd	nd	nd
X1	0.88	0.30	1.37	0.27	2.39	0.41	nd	6.46	nd	nd	nd
T1	0.16	1.24	2.00	0.88	4.06	0.36	nd	1.91	nd	nd	nd
T2	0.29	0.44	1.31	0.40	2.76	0.15	nd	1.08	nd	nd	nd
T3	0.35	1.19	2.45	0.41	4.00	0.32	nd	1.32	nd	nd	nd
T4	0.46	0.84	2.09	0.37	2.53	0.38	nd	1.24	nd	nd	nd
T5	0.22	0.75	2.02	0.48	0.91	0.05	nd	0.55	nd	nd	nd
T6	0.60	1.07	2.25	0.89	2.41	0.16	nd	1.02	nd	nd	nd
T7	0.41	0.51	1.76	0.24	0.77	0.09	nd	0.62	nd	nd	nd
S1	6.72	nd	0.87	0.59	5.90	0.37	0.58	1.36	nd	nd	nd
S2	8.33	0.67	0.90	0.88	7.63	0.48	0.45	0.36	nd	nd	nd
S3	6.74	nd	1.41	nd	2.01	0.13	nd	nd	nd	nd	nd
BXH1	7.68	0.95	1.96	1.30	15.62	0.95	0.97	0.61	nd	nd	nd
BXH2	7.79	nd	0.98	1.10	11.57	0.59	0.44	0.25	nd	nd	nd
BXH3	10.3	nd	0.72	0.68	6.92	0.40	0.21	0.26	nd	nd	nd
B1	10.8	nd	1.57	0.51	6.93	0.35	0.27	nd	nd	nd	nd
B2	7.12	nd	1.63	0.63	7.33	0.42	0.46	nd	nd	nd	nd
B3	3.83	0.46	0.64	0.48	7.23	0.30	0.61	nd	nd	nd	nd
B4	6.72	0.51	0.91	0.70	6.75	0.32	0.23	nd	nd	nd	nd

在北京地表水中，PFOA 是最主要的污染物，浓度水平为 0.77~40.1 ng/L，占总 PFASs 的 33.7%。PFOS 是目前被广泛关注的另一个污染物，从调研结果发现 PFOS 的污染状况较 PFOA 轻，浓度为未检出~14.7 ng/L，在坝河和清河的部分河段中无检出，小中河和温榆河中 PFOS 浓度水平较高为 4.42~14.7 ng/L，占总 PFASs 的 18%~55%。其他污染物中 PFBA 的浓度水平较高为 0.22~10.8 ng/L，其次依次为 PFHxA 和 PFPA。PFNA 的检出浓度较低，统计数据显示 PFNA 和 PFOA 有显著的线性相关关系，相关系数为 0.82（$p < 0.01$，去除异常点 W1），说明 FPNA 和 PFOA 具有相同的污染源。

6.2.7.5 沉积物中 PFASs

表 6-2-16 中列出了北京城市河道沉积物中各全氟化合物（PFASs）的含量水平，全氟化合物总水平为 0.01~3.82 μg/kg 干重。其中，PFOA、PFOS 和 PFDA 为主要污染物，检出率依次为 80.8%、50.0% 和 69.2%，PFHxA 和 PFTDA 均未检出。相较于地表水，低碳数的 PFBA、PFPA 和 PFHpA 仅在及少量的样品中检出，且检出浓度较低。

表 6-2-16　北京地表水中 PFASs 浓度　　　　　　　　　　单位：ng/g 干重

编号	PFBA	PFPA	PFHxA	PFHpA	PFOA	PFNA	PFDA	PFOS	PFUnDA	PFDoDA	PFTDA
Q1	nd	nd	nd	nd	0.06	nd	nd	nd	nd	nd	nd
Q2	nd	nd	nd	nd	0.06	nd	0.07	0.24	nd	nd	nd
Q4	0.15	nd	nd	nd	0.08	nd	0.08	nd	0.03	0.14	
Q5	0.09	nd	nd	nd	0.09	nd	0.07	nd	nd	0.07	nd
Q6	nd	nd	nd	nd	0.03	nd	nd	nd	nd	0.03	nd
Q7	nd	nd	nd	nd	0.01	nd	nd	nd	nd	nd	nd
W1	nd	nd	nd	nd	0.24	0.11	0.26	0.66	nd	nd	nd
W2	nd	nd	nd	nd	0.20	0.05	0.14	0.40	nd	nd	nd
W3	nd	nd	nd	nd	0.04	nd	0.06	0.15	nd	nd	nd
W4	nd	nd	nd	nd	0.09	0.04	0.12	0.37	nd	nd	nd
W5	nd	nd	nd	nd	nd	nd	0.02	0.20	nd	nd	nd
W6	nd	nd	nd	nd	0.07	nd	nd	0.18	nd	nd	nd
W7	nd	nd	nd	nd	nd	nd	nd	0.09	nd	nd	nd
W8	nd	nd	nd	nd	nd	nd	0.05	0.21	nd	nd	nd
W9	0.03	0.03	0.05	nd	nd	nd	nd	0.16	nd	nd	nd
X1	nd	nd	nd	nd	0.44	0.63	0.68	1.82	nd	nd	nd
T2	nd	nd	nd	nd	nd	nd	0.04	0.34	nd	nd	nd
T3	nd	nd	nd	nd	0.11	nd	nd	0.22	nd	nd	nd
S1	0.06	nd	nd	nd	0.02	nd	0.06	nd	0.03	0.03	nd
S2	0.11	nd	nd	nd	0.15	0.03	0.07	nd	nd	0.20	nd
S3	0.09	nd	nd	nd	0.03	nd	0.03	nd	nd	0.07	nd
BXH2	nd	nd	nd	nd	0.03	nd	0.03	nd	nd	0.06	nd
BXH3	0.11	0.12	nd	nd	0.05	nd	0.03	nd	nd	0.10	nd
B1	nd	nd	nd	nd	0.01	nd	nd	nd	nd	nd	nd
B2	0.07	nd	nd	nd	0.13	0.07	0.75	nd	0.08	0.39	nd
B3	nd	nd	nd	nd	0.06	nd	0.04	nd	nd	0.05	nd

　　在清河沉积物中，PFOA 是主要的污染物，含量水平为 0.01～0.09 μg/kg 干重，占总 PFASs 的 51.8%。PFOS 是温榆河底泥中的主要污染物，含量水平为 0.09～0.66 μg/kg 干重，在坝河、沙河、北小河和清河的部分河段中无检出。与天津（0.06～0.64 mg/kg 干重）、辽宁辽河（未检出～0.37 μg/kg）、日本明海（0.09～0.14 μg/kg）、德国罗特美因河（0.07～0.31 μg/kg）等地含量水平相当。

　　比较沉积物和水体中全氟化合物的污染状况发现，低碳数（碳 4～8）的污染物在更倾向于在水相中分布，而随着碳数的增加污染物逐渐容易吸附于沉积物中（如碳 10），至碳数增加至 11 时，以沉积物中吸附为主，水相中难以检出。

6.2.7.6　质量控制和质量保证

样品分析过程中质量保证和质量控制样品包括水样空白 5 个，空白加标 2 个，平行样品 2 个，每个样品在分析前均加入回收率指示物。其中，空白样品中有微量的 PFOA、PFPA 和 PFBA 检出，质量浓度分别为 0.06 ng/L、0.10 ng/L 和 0.20 ng/L，空白加标各目标物回收为 74.5%～10.1%，样品回收率指示物的回收率为 80.8%～124%，相对标准偏差（RSD ＜20%）。沉积物样品包含空白样品 3 个，空白加标样品 2 个，平行样品 2 个，样品分析前加入回收率指示物。空白样品中有微量的 PFOA、PFPA、PFBA 和 PFDA 检出，含量依次为 0.03 ng/g、0.04 ng/g、0.11 ng/g 和 0.03 ng/g 干重，空白加标各目标物加标回收 82.6%～114%，样品回收率指示物回收率为 76.0%～124%，RSD＜20%。

6.2.7.7　小结

总的来说，北京市地表水中全氟化合物均有不同程度的检出，其中低碳数污染物倾向于在水相中富集，高碳数污染物具有在沉积物中富集的趋势。PFOA 和 PFOS 是地表水和底泥中的主要污染物，水相中低碳数的 PFBA、PFHxA 等的污染状况也不容忽视。北京市地表水中 PFOS 的污染水平与天津海河和河北白洋淀、辽宁大辽河等水体中 PFOS 的含量水平相当。北京市沉积物中 PFOS 含量水平与天津海河、日本明海底泥和德国罗特美因河底泥中 FPOS 含量水平。北京地表水中的 PFOA 与天津海河含量相当，但是部分河段中（温榆河等）沉积物中的 PFOA 高于天津海河和河北白洋淀底泥中 PFOA 的含量水平。

6.2.8　质量保证和质量控制技术要求

6.2.8.1　方法建立的质量保证和质量控制技术要求

（1）系统空白的初始验证

使用新批号的 SPE 柱、溶剂、离心管、移液管和进样小瓶等，需保证其实验室试剂空白（LRB）未受污染，且符合实验室试剂空白（LRB）的质控指标要求。如使用自动萃取系统，为确保所有阀门和管线未受 PFAA 污染，需对每一个萃取池的 LRB 进行检查。

每次萃取批次均需 LRB，以保证潜在背景污染未干扰到定量方法中的目标物。每 20 个样品需做一个 LRB。如出现 LRB 干扰目标物的定性或定量，处理该批次样品前要找到和去除该干扰物。样品处理前需把背景污染控制在可接受水平，即低于 1/3 的方法检出限。空白污染的质量浓度值通过标线外推法计算，该方法与数据质量目标不符。如果 LRB 中目标物的质量浓度大于等于 1/3 检出限，该批次样品中受干扰的目标物的数据无效。由于背景干扰对某些目标物经常出现，强烈建议制作 LRB 数据的历史记录。

（2）精密度的初始验证

根据实验步骤，选择校准曲线的中间浓度进行实验室空白加标，分析 4～7 个重复的实验室空白加标（LFB）。在空白加标样品中也加入保护剂（如硫代硫酸钠、抗坏血酸等）。测定结果的相对标准偏差应在 20%以内。

（3）准确度的初始验证

利用精密度的初始验证的数据计算测定值回收率。测定值回收率的平均值需在实际值的±30%以内。

（4）方法检出限

如果空白试验的测定值过高，或变动较大时，无法计算检出限。因此，本方法计算的检出限以下述条件为前提：任意测定值之间可允许的差异范围为"空白试验测定值的均值±估计检出限的 1/2"以内。

空白试验中未检测出目标物质时，按照样品分析的全部步骤，对浓度值或含量为估计方法检出限值 2～5 倍的样品进行 n（$n \geqslant 7$）次平行测定。计算 n 次平行测定的标准偏差，并计算方法检出限。MDL 值计算出来后，需判断其合理性。

（5）质控样（QCS）

作为检测能力初始验证的一部分，每次稀释配制标准溶液或者每个季度都要采用与标准系列来源不同的标液作为质控样进行分析。如果找不到第二家供货商，可采用不同批号的标液替代。QCS 的制备和分析与标准系列相同，其测定值在实际值的±30%以内。如其准确度未能达标，需检查整个流程。

6.2.8.2　分析检测过程中质量控制要求

（1）样品的采集保存

①现场空白（FRB）。每采集一个批次的样品都需要采集现场空白。现场空白必须和样品在同一时间、同一地点采集。在实验室将试剂用水和防腐剂同时加入样品瓶中，运输到采样点。对每批的现场空白样，一个没有防腐剂的空瓶也同时运往采样点。现场空白样和样品一起运往实验室分析。每批样品必须同时采集现场空白。用于现场空白的试剂用水采样前必须经过检测，目标物的浓度应小于 1/3 方法检出限。

②样品及萃取液保存时间。研究结果证明本方法的目标化合物在 10℃以下运输，6℃以下冷藏保存的条件下，可以稳定保存 14 d，因此必须在 14 d 内进行萃取。萃取液室温下在聚丙烯离心管中可保存 28 d。

（2）空白

①实验室试剂空白（LRB）。每次萃取批次均需测定 LRB，以保证潜在背景污染未干扰到方法中的目标物定量。每 20 个样品需做一个 LRB。如出现 LRB 干扰目标物的定性或定量，处理该批次样品前要找到和去除该干扰物。样品处理前需把背景污染控制在可接受水平，即低于 1/3 的方法检出限。空白污染的浓度值通过标线外推法计算，该方法与数据质量目标不符。如果 LRB 中目标物的浓度大于等于 1/3 方法检出限，该批次样品中受干扰

的目标物的数据无效。由于背景干扰对某些目标物经常出现，强烈建议制作 LRB 数据的历史记录。

②实验室添加空白（LFB）。每个萃取批次均需测定 LFB。LFB 浓度应在批次的最低、中位值和最高值间循环。LFB 的最低浓度值应在实际最低值与 2 倍方法检出限之间。最高浓度值应为校准曲线最高点。低浓度 LFB 测定值应在添加值的 50%～150%，中位浓度和高浓度 LFB 测定值应在 70%～130%。如不符，则该萃取批次的样品数据无效。

（3）内标（IS）

每天测试样品的内标响应值都要检查。其内标响应面积应在最近的连续校准检查（CCC）的内标响应值的 70%～140%，且不能偏离最初标线中内标平均面积的 50%。如不达标，换新的进样瓶盖再测。聚丙烯盖会使溶剂蒸发导致内标面积偏高。如果再测值符合标准要求，报告该值。

如果再测值不符合要求，分析者应重新分析最近的标准系列溶液。如果标准曲线未能达到要求，则重新测定标准系列、绘制标准曲线；如果符合要求，在既定时间内完成样品的测定，否则报告该值时标注可疑，或者重新采样、分析。

（4）回收率指示物（SUR）

在萃取开始前，回收率指示物需人为添加于所有实际样品和质量保证/控制样品之中，也添加于标准系列中。加标回收率用以评价从萃取至测定的全部方法过程。其回收率按下式计算：

$$R=（A/B）×100\%$$

式中，A —— 质控或实际样品计算获得的回收率指示物浓度；

　　　B —— 添加的回收率指示物浓度。

加标回收率应在 70%～130%。当样品、空白或 CCC 的加标回收率低于 70%或高于 130%时，需要检查：①计算失误；②标液降解；③污染；④仪器性能。更正错误，重新分析。

如果分析结果达标，报告该重新分析的结果。如果分析结果不达标，分析者应重新分析最近的标准系列溶液。如果标准曲线未能达到要求，则重新测定标准系列、绘制标准曲线；如果符合要求，在既定时间内完成样品的测定。否则报告该值时标注可疑，或者重新采样、分析。

（5）实验室样品基质加标（LFSM）

每萃取批次要分析 LFSM，用以确定样本基质未影响方法准确度。通过分析实际重复样（FD 平行样）评价方面精密度。如果发现样品基质影响目标物测定或 LFSM 历史记录的趋势不可接受，应从实际样品再制备 LFSM 或 LFSMD。包含 LFSMD 的萃取批次无须 FD 的萃取。如果各种基质均有分析，如地下水和地表饮用水，应建立单独的方法性能。

日常获取的各类样品的 LFSM 数据都应存档。

每个萃取批次或每分析 20 个实际样品需有一个样品被指定为 LFSM。向该样品中添加适量的一级稀释标液（PDS），最好添加浓度大于或等于基质背景浓度，且添加浓度应在批次的最低、中位值和最高值间循环。

用下面的公式计算每个分析物的回收率（R）

$$R=（A-B）/C×100\%$$

式中，A—— 添加样品中的测量浓度；

B—— 未添加样品的测量浓度；

C—— 添加浓度。

回收率测定有时会因基质差异。对于添加浓度在原始浓度或高于其浓度水平的样品，其回收率应在 70%～130%；对于添加低浓度或方法检出限（<2 倍方法检出限）时，回收率应在 50%～150%。如不能达标，但分析物的实验室性能在 CCC 中受控，此时的回收率被判定为基质偏差。此时的未添加样品需标注"基质效应"，以使数据使用者明白该样品结果因基质效应而可疑。

（6）平行样（FD）或实验室添加样品基质平行（LFSMD）

在实际样品数量低于 20 时，每个萃取批次至少要做一个 FD 或 LFSMD。平行样是为考察与样品采集、保存、储存和实验室分析流程等环节有关的精密度。当实际样品多为未检出时，推荐进行 LFSMD 分析。

计算平行样（FD_1 和 FD_2）的相对百分差（RPD）采用公式：

$$RPD=[abs（FD_1-FD_2）/ave（FD_1+FD_2）]×100\%$$

平行样 FD 的 RPD 值应≤30%。当目标物浓度低于 2 倍方法检出限时，其 RPD 值会变大，此时的 RPD 值应≤50%。若不达标，但分析物的实验室性能在 CCC 中受控，此时的回收率被判定为基质偏差。此时的未添加样品需标注"基质效应"，以使数据使用者明白该样品结果因基质效应而可疑。

计算实验室添加样品基质平行 LFSMD 的 RPD 值采用公式：

$$RPD=[abs（LFSM-LFSMD）/ave（LFSM+LFSMD]×100\%$$

实验室添加样品基质平行 LFSMD 的 RPD 值应≤30%。当目标物浓度低于 2 倍方法检出限时，其 RPD 值会变大，此时样品添加浓度与原始浓度接近，其 RPD 值应≤50%。若不达标，但分析物的实验室性能在 CCC 中受控，此时的回收率被判定为基质偏差。此时的未添加样品需标注"基质效应"，以使数据使用者明白该样品结果因基质效应而可疑。

（7）现场空白（FRB）

FRB 的目的是确保实际样品中 PFAAs 的测定结果未在样品采集和处理时受到影响。

只有实际样品中含有被分析的目标物时或其浓度与方法检出限接近时，才需要进行 FRB 分析。FRB 分析与实际样品的分析步骤相同。如果在实际样品中测得的目标物同时也存在于 FRB 中，且其浓度大于 1/3 的方法检出限，那么与 FRB 相关的所有样品数据被判定为无效。该样品需要重新采集和分析。

（8）质控样（QCS）

每次稀释配制标准溶液或者每个季度都要采用与标准系列来源不同的标液作为质控样进行分析。如果找不到第二家供货商，可采用不同批号的标液替代。QCS 的制备和分析与 CCC 相同，其测定值在实际值的±30%以内。如其准确度未能达标，需检查整个流程。

（9）连续续校准检查（continuing calibration check，CCC）

①校准系列。配制一系列至少 5 个标准系列溶液，标准系列溶液的最低浓度点必须小于等于定量下限。建议至少有 4 个校正标准溶液浓度大于或等于方法定量下限。

LC/MS/MS 采用内标法计算。使用 LC/MS/MS 数据处理软件对每个目标物进行线性回归或二次回归。标准曲线必须总是强制通过零点，并且如果必要浓度需要加权。强制通过零点可以更好地估计目标物的背景值。

标准系列上的每个目标物的每个校正点计算值在其真值范围为 70%～130%。最低浓度点的目标物的计算值在其真值范围为 50%～150%。如果不能达到这个标准，分析人员很难满足下面 QC 的要求。建议重新分析校正标准溶液再次校正，限定校正范围或选择不同的校正方法（同样需要强制通过零点）。

应当注意的是，当采集 MS/MS 数据时，对每个目标物的 LC 的条件必须重现以获得重现的保留时间。如果这一条件不能满足，在选定的时间内不会监测到正确的离子。作为预防措施，每个的色谱峰不能在选定时间窗口的边缘位置。

②连续校准检验（CCC）。标准物质检查。校正标准包括目标物，内标和标准回收率指示物质。进行周期性 CCC 的分析以验证待测组分校准物质的精确度。每批次样品分析前要进行 CCC，每 10 个实际样品及分析最后均要进行 CCC。

最简单的日常校正检查如下所述。确保在每组分析的开始和结束，以及在分析进程中每 10 个样品之后进行初始校正。在这一系列中，一个实际样品算作一个样品。LRB、CCC、LFB、LFSM、FD、FRB 和 LFSMD 不计入样品数中。每批分析 CCC 的开始必须先分析小于等于方法检出限的浓度以确保仪器的灵敏度。如果配制标准溶液的最低浓度点不是一个系列的校正溶液，则需要分析两个校正标准溶液以满足以上要求。随后的 CCCs 可以在中间浓度和高浓度的校正标准溶液中轮流进行。

进样分析校正标准溶液中的一个浓度点，采用与进行初始校正分析相同的分析条件进行分析。任何样品的内标定量离子的绝对峰面积是最近一次 CCC 峰面积的 70%～140%，是初始校正平均峰面积的 50%～150%。如果任何一个内标峰面积的改变超出此范围，必须进行系统维护，以恢复系统灵敏度。具体维护包括清洗电喷雾探针、清洗大气压电离源、清洗质谱分析器和更换液相色谱柱等。

计算 CCC 过程中每个目标物和 SUR 的浓度。对于中高浓度 CCCs 的每个目标物和 SUR 的计算值必须在真值的±30%范围内。每个目标物的最低浓度点的计算值必须在±50%范围内，SUR 必须在真值的±30%范围内。如果不能满足以上要求，那么所有的问题数据都是不可用的，必须采取补救措施并需要再次校准。在出问题之前，任何已分析的实际样品或 QC 样品在纠正之后应该重新分析。如果对某个特殊的目标物由于计算浓度大于 130%（对低浓度 CCC 大于 150%）而使 CCC 失败，并且实际样品萃取液未检出目标物，可以报告未检出而不必再次分析。

补救措施。未满足 CCC-QC 准则的需要补救措施。主要维护包括清洗电喷雾探针、清洗大气压电离源、清洗质谱分析器和更换液相色谱柱等，需要再次校准并且通过分析不大于方法检出限的 CCC 再次确保灵敏度。

6.2.8.3　不确定度分析

不确定度的含义是指由于测量误差的存在，对被测量值的不能肯定的程度，不确定度的大小表明了结果的可信赖程度。它是测量结果质量的指标。不确定度越小，所述结果与被测量的真值越接近，质量越高，水平越高，其使用价值越高；不确定度越大，测量结果的质量越低，水平越低，其使用价值也越低。通过不确定度的分析能够评价测试结果的准确性。本章以水中全氟烷基酸/烷基磺酸为例，评估了分析方法的不确定度。

（1）实验部分

本实验采用固相萃取-液相色谱串联质谱联用法测定水体中全氟烷基酸/烷基磺酸及其盐。

将样品过滤，去除水体中颗粒物。准确量取样品，加入回收率指示物并静置。使用弱阴离子交换柱富集和净化水溶液中的全氟烷基酸/烷基磺酸及其盐。淋洗固相萃取柱，浓缩，加入内标指示物，使用液相色谱串联质谱仪分析。

（2）不确定度评估

进入环境中的全氟烷基酸/烷基磺酸及其盐有多种，分别以全氟辛酸和全氟辛烷磺酸为代表进行评估。

①前处理引入的不确定度。PFOA 和 PFOS 分析的前处理主要包括萃取（提取）、浓缩和净化三大主要步骤。萃取过程中，目标化合物无法从基质中完全提取出来，同时在浓缩和净化过程中会有损失，从而造成了目标物在前处理过程的不确定度较大。该不确定度可以通过标准回收率指示物的回收情况来反映。6 个水质样品中 10 ng $^{13}C_8$-PFOA 和 $^{13}C_4$-PFOS 的回收率见表 6-2-17。

表 6-2-17　$^{13}C_8$-PFOA 和 $^{13}C_4$-PFOS 的回收率　　　　　　　单位：%

指示物	1	2	3	4	5	6	平均值	标准偏差	不确定度
$^{13}C_8$-PFOA	77	78	83	84	87	85	87	84	3.3
$^{13}C_4$-PFOS	83	83	85	85	97	74	88	85	7.4

不确定度 $u_1 = t_{(a,n-1)} \cdot S$，$t = 2.57$（$a = 0.05$，$n-1 = 5$）。

②分析和数据处理引入的不确定度。

a. 标准物质引入的不确定度。标准物质引入不确定度包括 5 个环节：

标准物质/样品的不确定度，PFOA 和 PFOS 的不确定度均为 ±0.5%，扩展因子 $K=1.96$，因此标准物质的相对不确定度为 $u_2 = 0.5\%/1.96 = 0.255\%$。

标准物质的称取，使用十万分之一天平称取 PFOA（9.82 mg）和 PFOS（9.85 mg），天平精度 ±0.1 mg，由于称量引入的不确定度为 $u_3 = 0.1/\sqrt{3} = 0.058$ mg。

标准物质溶液储备液配制过程，将标准样品溶解于 10.00 ml 甲醇中，容量瓶的精度为 ±0.08 ml（20℃），不考虑温度影响，容量瓶的不确定度为 $u_4 = 0.08/\sqrt{3} = 0.046$ ml。

标准混合溶液配制时，使用移液器移取的过程和定容过程。用微量移液器 0.5～10 µl（精度 ±0.23%），移取 10.0 µl 标准溶液，用甲醇稀释至 10.00 ml 容量瓶中，其中微量移液器带来的相对不确定度 $u_5 = 0.23\%/\sqrt{3} = 0.133\% = 0.001\,3$，定容带来的不确定度 $u_4 = 0.08/\sqrt{3} = 0.046$ ml。

标准曲线配制过程：依次取混合标准溶液 10.0 µl、20.0 µl、50.0 µl、100.0 µl、200.0 µl、500.0 µl、1 000 µl 和 2 000 µl 分别溶解于甲醇中，加入 500 µl 的内标（100 ng/ml，定容后浓度为 5.00 ng/ml），并定容至 10.00 ml。标准曲线配制过程包括移液器、定容等部分不确定度，8 个浓度点配制过程产生的不确定度见表 6-2-18。

表 6-2-18　不同浓度不确定度引入过程

浓度/（ng/ml）	移液器			容量瓶/mL
	规格	相对不确定度	体积×次数	不确定度 u_4
0.10	0.5～10	0.23%/$\sqrt{3}$　（u_5）	10.0 µl×1	0.08/3$^{1/2}$
0.20	2～20	0.31%/$\sqrt{3}$　（u_6）	20.0 µl×1	0.08/3$^{1/2}$
0.50	20～200	0.8%/$\sqrt{3}$　（u_7）	50.0 µl×1	0.08/3$^{1/2}$
1.0	20～200	0.8%/$\sqrt{3}$　（u_7）	100 µl×1	0.08/3$^{1/2}$
2.0	20～200	0.8%/$\sqrt{3}$　（u_7）	200 µl×1	0.08/3$^{1/2}$
5.0	100～1 000	0.16%/$\sqrt{3}$　（u_8）	500 µl×1	0.08/3$^{1/2}$
10.0	100～1 000	0.16%/$\sqrt{3}$　（u_8）	1000 µl×1	0.08/3$^{1/2}$
20.0	100～1 000	0.16%/$\sqrt{3}$　（u_8）	1000 µl×2	0.08/3$^{1/2}$

综上所述，由于标准物质引入的不确定度计算公式为：

$$u_{标} = \sqrt{\left[u_2^2 + \left(\frac{u_3}{m} \right)^2 + 10 \times \left(\frac{u_4}{V} \right)^2 + 2 \times u_5^2 + u_6^2 + 3 \times u_7^2 + 4 \times u_8^2 \right]} \tag{1}$$

根据式（1）计算得到 PFOA 的相对不确定度为 0.018，PFOS 的相对不确定度为 0.018。从公式可以看出，容量瓶定容是标准物质使用时引入误差的重要来源。

b. 标准曲线引入的不确定度。进样内标准物质的使用能够有效地降低仪器分析时带来的误差，本方法使用内标法定量，表 6-2-19 给出了经进样内标校准后的 PFOA 和 PFOS 峰面积。

表 6-2-19　PFOA 和 PFOS 标准系列的峰面积测定结果及拟合方程

目标物		PFOA	PFOS
峰面积	0.10 ng/ml	1 508	229
	0.20 ng/ml	1 674	303
	0.50 ng/ml	2 367	805
	1.0 ng/ml	3 341	1 512
	2.0 ng/ml	4 841	2 964
	5.0 ng/ml	11 128	7 115
	10.0 ng/ml	20 268	13 269
	20.0 ng/ml	38 429	24 738
拟合方程		1 423.47+1 860.01C	357.31+1 239.08C
r		0.999 84	0.999 09

工作曲线经最小二乘法拟合后，线性方程为 $A=B_0+B_1C$，8 点工作曲线各测定 1 次经内标校正后，标准曲线的残差标准偏差：

$$s_r = \sqrt{\frac{\sum_{i=1}^{8} [A_i - B_0 + B_1 C_i]^2}{n-2}} \tag{2}$$

$$U_c(C_{样}) = \frac{S_r}{B_1} \times \sqrt{1 + \frac{1}{n} + \frac{(C_{样} - \bar{C})^2}{\sum_{i=1}^{8}(C_i - \bar{C})^2}} \tag{3}$$

根据式（2）计算 PFOA 和 PFOS 的工作曲线的残差标准偏差分别为 252 和 399。

某实际水样检出质量浓度 PFOA 为 5.95 ng/ml，PFOS 为 5.15 ng/ml；回收率指示物 $^{13}C_8$-PFOA 为 77%，$^{13}C_4$-PFOS 为 83%；取样量 0.50L。根据式（3）计算标准曲线引入的不确定度，PFOA 的不确定度为 0.14 ng/ml，PFOS 的不确定度为 0.34 ng/ml。

c. 标准曲线定量引入的不确定度。

$$U_C = C_{样} \sqrt{u_{标}^2 + \left(\frac{U_{C线}}{C_{样}}\right)^2} \tag{4}$$

根据式（4）计算 PFOA 和 PFOS 的工作曲线带来的不确定度分别为 0.18 ng/ml 和 0.35 ng/ml。

土壤中 PFOA 和 PFOS 的不确定度为：

$$C_{水} = \frac{C_{样} \cdot V_{定容}}{V_{样}} \cdot P \tag{5}$$

式中，$C_{水}$ —— 土壤中 PFOA 或 PFOS 的质量浓度，ng/L；

　　　$C_{样}$ —— 仪器检出质量浓度，ng/ml；

　　　$V_{定容}$ —— 样品定容体积，ml；

　　　P —— 前处理回收率，%；

　　　$V_{样}$ —— 取样量，L。

1 000 ml 量筒（北玻，A 级，精度 10 ml）的不确定度 $U_C(V_{样})$ =0.01L/$\sqrt{3}$ =0.005 8L。

定容用 1.0 ml 刻度试管不属于量器，没有出厂精度和不确定度数值。使用超纯水（Milli-Q Gradient，美国 Millipore，998.774 mg/cm^3）和万分之一电子天平（240，0.01 mg），在 20.0℃对定容后的 6 只刻度试管称量后计算其体积的不确定度 $u(V)$ =0.06 ml。

$$U(C_{水}) = K \times C_{水} \sqrt{\left(\frac{u_1}{P}\right)^2 + \left(\frac{u_C C_{样}}{C_{样}}\right)^2 + \left(\frac{uV_{样}}{V_{样}}\right)^2 + \left(\frac{uV_{定容}}{V_{定容}}\right)^2} \tag{6}$$

其中，K 为扩展因子，当置信区间为 95%时，K=1.96。

某实际水样检出质量浓度 PFOA 为 5.95 ng/ml，PFOS 为 5.15 ng/ml；回收率指示物 $^{13}C_8$-PFOA 为 77%，$^{13}C_4$-PFOS 为 83%；取样量 0.50L。得到水样中 PFOA 质量浓度 11.9 ng/L，PFOS 质量浓度 10.3 ng/L。根据式（5）计算得到 PFOA 的不确定度为 1.9 ng/L，PFOS 的不确定度为 2.6 ng/L。

（3）结论

水体中 PFOA 和 PFOS 的分析不确定度来源包含多个方面，本部分只讨论了由于前处理过程、标准物质使用和仪器分析等环节所引入的部分，未涉及样品采样所带来的不确定度分析。由前文可见，样品前处理过程、仪器分析至最终得到计算结果的过程中，目标物的损失在分析结果不确定度的构成中占比例最大，其次为样品取样量和标准曲线配制。这充分说明了在 PFOA 和 PFOS 分析过程中，选择合适的回收率指示物的重要性。

6.2.9　小结

在样品的采集、储藏和分析过程中，背景污染和基体干扰对测试结果有重要作用。含氟聚合物（如聚四氟乙烯）具有耐酸耐碱耐热的特性，在实验室设备和器械中广泛应用，如层析柱的活塞、HPLC 的管路、固相萃取仪的管路等对 PFASs 的分析带来了不容忽视的背景污染。在采样、储存、前处理和仪器检测时需注意以下几点：

（1）所有含聚氟类塑料，包括聚四氟乙烯（PTFE）和含氟橡胶等材质的容器，在样品的采集、保存和富集过程中避免使用。

（2）分析过程中使用的容器使用前必须依次使用水和甲醇清洗。

（3）建议将 HPLC 系统中的聚四氟仪器（或其他含氟材料）管路、配件等更换成不锈钢或 PEEK（聚醚醚酮）材质的。

（4）样品瓶瓶盖是不含氟的聚合材料。此外，由于长链的 PFASs 接触到玻璃制品后会不可逆的吸附到玻璃表面，样品采集和保存过程中应当避免使用。同时，样品采集后要尽快分析，尤其是污泥和生物样品，必须进行冷冻储藏。因为研究表明一些氟代调聚物可以生物降解成 PFOS 或者全氟羧酸（PFCAs）。

（5）基体效应同样也是一个很难解决的问题。一方面通过对提取液进行净化；另一方面利用回收率指示物和内标的校正，能够提高方法的精密度和准确性。需要指出的是，沉积物样品处理过程中可能有较高的硫单质，干扰样品定量结果。可以使用 3 ml 甲醇淋洗去除硫，也可以在氨水甲醇淋洗液中加入活化好的铜丝或者铜珠去除样品中的硫。

样品萃取后，将有机溶剂萃取液浓缩至一定体积，并加入高纯水稀释是必要的环节，这样可以减少低碳数目标物的损失。而在生物样品的处理过程中，肌肉组织样品中脂肪的去除是全氟化合物分析方法的关键步骤。同样，甲醇淋洗能够去除大部分的脂肪，氨水甲醇淋洗液浓缩定容后样品为澄清溶液，经 0.22 μm 呢绒（或 PP）滤膜过滤直接进样；若氨水甲醇淋洗液浓缩后呈浑浊状，说明需要加入活性炭粉末去除脂肪。需要强调的是活性炭在去除脂肪干扰的同时，对目标物也有一定的去除作用，此时可使用同位素标记法得到准确可靠的测定结果。

另外，由于不同厂家的 QQQ 分析原理并不完全一致，因此在查询了仪器分析条件后，要结合实验室自身的仪器条件对分析条件进行优化和确立，进而获得较好的仪器条件。

6.3　环境中多溴联苯监测技术研究

6.3.1　方法概要

本研究以商业六溴、八溴、十溴联苯产品的主要同类物为主,包括 BB18、BB52、BB101、BB153、BB180、BB194、BB206、BB209,着重研究这些同类物在多环境介质(大气、水、土壤/沉积物)中的分析方法,包括采样、前处理及仪器分析。

6.3.2　试剂与仪器

6.3.2.1　试剂与材料

除非另有说明,研究中所使用的试剂均为农残分析纯级试剂,并进行试剂空白试验,即依照分析时的浓缩倍率将浓缩的正己烷、甲醇、丙酮和二氯甲烷 1 μl 注入 GC/MS 时不会对 PBBs 的标准溶液及内标物质产生干扰。

(1)正己烷:高效液相色谱级,购于美国 Honeywell。

(2)二氯甲烷:高效液相色谱级,购于美国 Honeywell。

(3)甲醇:高效液相色谱级,购于美国 Honeywell。

(4)丙酮:高效液相色谱级,购于美国 Honeywell。

(5)蒸馏水:使用前用正己烷充分洗净,空白实验中不会对 PBBs 的标准物质及内标物质产生干扰。

(6)20%二氯甲烷-正己烷溶液:二氯甲烷与正己烷以体积比 1∶4 混合。

(7)回收率指示物:$^{13}C_{12}$ 标记 BB153 溶液,添加量视仪器灵敏度而定,一般为 5~10 ng,购于加拿大 WEILINGTON 公司。

(8)内标溶液

①内标储备液:异辛烷中的 $^{13}C_{12}$-PCB209(50 μg/ml)。购于美国 CIL 公司。

②内标中间液:1 000 μl $^{13}C_{12}$-PCB209(50 μg/ml)加入预先装有 9 000 μl 壬烷的棕色高密瓶,配制成质量浓度为 5 μg/ml 的 $^{13}C_{12}$-PCB209 内标中间储备溶液。

(9)标准溶液

①标准储备液:异辛烷中的 BB18、BB52、BB101、BB153、BB180、BB194、BB209 标准溶液,35 μg/ml,异辛烷中的 BB206 标准溶液,50 μg/ml。购于美国 AccuStandard 公司。

②标准使用液：分别取标准储备溶液 BB18（35 μg/ml）10.0 μl，BB52（35 μg/ml）10.0 μl，BB101（35 μg/ml）20.0 μl，BB153（35 μg/ml）100 μl，BB180（35 μg/ml）200 μl，BB194（35 μg/ml）300 μl，BB206（50 μg/ml）210 μl，BB209（35 μg/ml）300 μl，合并入预先装有 2 370 μl 壬烷的棕色高密瓶，配制成目标化合物质量浓度分别为 100 ng/ml、100 ng/ml、200 ng/ml、1 000 ng/ml、2 000 ng/ml、3 000 ng/ml、3 000 ng/ml 和 3 000 ng/ml 的标准使用液。

（10）浓硫酸：分析纯，使用前用正己烷清洗，购于北京化工厂。

（11）无水硫酸钠：优级纯，在 450℃温度下灼烧 4 h，密封保存，购于中国天津市津科精细化工研究所。

（12）氢氧化钠：分析纯，购于中国沈阳市医药公司化玻站试剂分装厂。

（13）壬烷：色谱级，购于美国 ACROS ORCANICS。

（14）硅胶：层析填充柱用硅胶（70～23 目），在烧杯中依次用甲醇、二氯甲烷洗净，真空抽干后，在蒸发皿中摊开，厚度小于 10 mm。130℃下干燥 16 h，然后放入干燥器冷却 30 min，装入试剂瓶中密封，置于干燥器中保存，购于中国振翔公司，品牌是 BESEP SPE COLUMN。

（15）佛罗里硅土：（80～200 目），在烧杯中用二氯甲烷洗净，真空抽干后，在蒸发皿中摊开，厚度小于 10 mm。500℃下干燥 6 h，放入干燥器冷却 30 min，装入试剂瓶中密封，置于干燥器中保存，购于美国 SIGMA-ALDRICH 公司。

（16）2%氢氧化钠硅胶：取硅胶 98 g，加入用氢氧化钠配制的 50 g/L 氢氧化钠溶液 40 ml，在旋转蒸发装置中约 50℃温度下减压脱水，去除大部分水分后，继续在 50～80℃减压脱水 1 h，硅胶变成粉末状。所制成的硅胶含有 2%（质量分数）的氢氧化钠，将其装入试剂瓶密封，避光保存。

（17）44%硫酸硅胶：取硅胶 56 g，加入浓硫酸 44 g，充分振荡后变成粉末状。将所制成的硅胶装入试剂瓶密封，避光保存。

（18）铜粉：浓盐酸浸泡铜粉，使铜粉表面氧化层去除后，用蒸馏水洗涤多次除酸，再用丙酮洗涤多次除水。真空抽干，置于密封容器中保存，购于国药集团化学试剂有限公司。

6.3.2.2　仪器与设备

样品前处理装置要用碱性洗涤剂和水充分洗净，使用前依次用甲醇、丙酮、正己烷、二氯甲烷等溶剂冲洗，定期进行空白试验。

（1）气相色谱仪：型号 2010PLUS，购于日本岛津公司。进样口具有不分流进样功能，具有高压进样或脉冲进样功能。最高使用温度不低于 280℃。柱温箱具有程序升温功能，可在 50～350℃温度内进行调节。

（2）质谱仪（MS）：型号 Altra，购于日本岛津公司。具有气质联机接口、EI 源和 NCI 源，具有选择离子检测功能和数据处理系统。

（3）快速流体萃取仪：型号 ASE300，配有 33 ml、66 ml、100 ml 三种规格的萃取池，购于美国 Dionex 公司。

（4）微波萃取仪：具有时间、温度控制和压力控制，微波功率可调，型号 MARS X，购于美国 CEM 公司。

（5）旋转蒸发装置：型号 R210，购于瑞士 Bucher 公司。

（6）平行蒸发仪：型号 VE3100，购于日本 EYELA 公司。

（7）氮吹仪：水浴温度或金属加热块的温度、氮气流速等可以调节，型号 N-EVAP112，购于美国 Organomation Associates.inc 公司。

（8）超声波清洗器：超声波输出功率大于 500W，型号 KQ-500E，购于日本柴田科学株式会社。

（9）马弗炉：用于烘烤吸附剂，能够在 105～650℃ 范围内保持恒温（±5℃），购于美国 Barnstead Thermolyne 公司。

（10）抽虑装置：型号为 6168-4711 和 SPC29，购于日本柴田科学株式会社。

（11）毛细管色谱柱：内径 0.25 mm，膜厚 0.10 μm，柱长 15 m。可对 PBBs 进行良好的分离，并能判明这些化合物的色谱峰流出顺序，型号 DB-1，购于美国安捷伦公司。

（12）载气：高纯氦气（99.999%），购于北京如泉科技有限公司。

（13）填充柱：带聚四氟乙烯柱塞，19 mm×4 mm×400 mm（柱径×壁厚×柱长），购于上海晶菱玻璃有限公司。

（14）分液漏斗：带聚四氟乙烯活塞，容量 2 L，购于上海晶菱玻璃有限公司。

（15）茄形瓶：透明抛光口，容量 300 ml，购于上海晶菱玻璃有限公司。

（16）玻璃漏斗：直径 90 mm，购于上海晶菱玻璃有限公司。

（17）小烧杯：容量 100 ml，购于上海晶菱玻璃有限公司。

（18）玻璃量筒：量程 1 L，购于上海晶菱玻璃有限公司。

（19）石英滤膜：购于美国 Supelco 公司。

6.3.3　样品采集和保存

6.3.3.1　环境空气样品

（1）主动采样

环境空气中 PBB 的采样技术同 PBDEs，使用石英滤膜采集大气颗粒物，同时使用聚氨基甲酸乙酯泡沫（PUF）作为吸附剂，吸附空气中的 PBBs。在采样现场向 PUF 中添加回收率指示物后，将两块 PUF 装入玻璃 PUF 罐中固定好，再将罐放入不锈钢密闭器并安装到采样器上，用锁固定好。

启动采样器（采样器的操作方法参照该仪器使用说明书），以 700 L/min 的流量，连续 24 h 采样，采样量 1 000 m³ 左右。采集开始 5 min 后观察流量并记录，在采样结束后读取流量并记录。采样结束后，装有 PUF 的不锈钢密闭器放入密实袋中密封保存。石英纤维滤纸采样面向里对折，放入密实袋中密封保存。将 PUF、滤纸放入车载冰箱中保存、运输。

（2）被动采样

当前，对于大气中 PBBs 所开展的研究除了监测污染水平和污染物组成的表征外，人们更为关注的是大气 PBBs 在环境中的分布及行为规律。尽管主动式采样装置在这些研究中也得到了应用，但是，其不足之处在于样品采集时需要动力装置，限制了其在无动力情况下的应用。另外，采样装置较为庞大，野外考察中不方便携带，采集时间有限，很难客观地反映大气 PBBs 长期平均污染水平。因而，被动式采样可以弥补主动式采样的这些缺陷。

加拿大学者 Tom Harner 等开发了利用软性聚氨酯泡沫材料作为吸附介质的被动采样装置（简称 PAS）（图 6-3-1 和图 6-3-2）。PAS 采样器由 2 个相向的不锈钢圆盖和 1 根作为固定主轴的螺杆组成，采样时将用于吸附有机污染物的 PAS 碟片固定在主轴上，并通过顶底盖扣合形成一个不完全封闭的空间，以最大限度地减少风、降雨和光照的影响。空气可以通过顶底盖之间的空隙和底盖上的圆孔流通。PAS 通常适合于时间分辨率为数周至数月的大气 POPs 采样。其便于运输，操作简便，因而得到了广泛的应用。

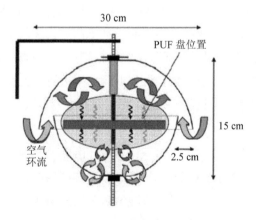

图 6-3-1　被动式采样器结构

将采样器运至采样点。打开采样器上盖，使用聚氨基甲酸乙酯泡沫（PUF）作为吸附剂，吸附空气中的 PBBs。采样现场往 PUF 中添加回收率指示物，装入被动式采样器盖中支架后，用螺母固定采样器上下盖。使用铁丝将仪器固定在周围建筑设施上（图 6-3-2）。

采样结束后，取出被动式采样 PUF 并用锡箔纸包裹严实后放入密实袋中密封保存。放入车载冰箱中保存、运输。

图 6-3-2　被动式采样器采样实物

6.3.3.2　其他环境样品

水、表层沉积物、土壤和固体废物等环境样品的采集同多溴联苯醚。

（1）水质样品

采样容器用碱性洗涤剂和水充分洗干净，并依次用丙酮、二氯甲烷、正己烷淋洗，密闭装入洁净的运输箱，备用。

到达可以直接采水的采样地点，对水质状态、pH、颜色、嗅味等情况填入采样记录表。采样前用样品清洗棕色玻璃瓶或者不锈钢制吊桶三次后直接采集水体样品。水样保存于棕色玻璃瓶中，注意顶端不留空隙，并加入微生物抑制剂，如盐酸、硫代硫酸钠等。低温（0～4℃）运输至实验室，7 d 内萃取，40 d 内分析。水体样品及沉积物样品的采集技术指导及质控可参照《水质　采样技术指导》（HJ 494—2009）。

（2）土壤样品

采集表层土壤（一般采样深度为 0～15 cm），由于同一区域土壤的污染分布并不是均一的，故在同一采样区应进行多点采样，一般每个采样区内的采样点个数为 5～10 或者 10～20，不应少于 5 个。当采集量过大时，可混匀后多次采用四分法进行分取，经最后缩分所得的土样应装入塑料袋中，同时记录采样地点、日期、样品情况、采样人等项目的标签。一般土壤样品留取量为 1 kg 左右。剖面采集土壤样品，按层垂直向下切取土壤。每个点取厚约 1 cm 的土壤，且在每个点上所取的土量要基本相等。采集后的土壤样品运送至实验室后应进行风干或冷冻干燥，并去掉植物残根、石块等杂物。

6.3.4　样品制备和萃取

6.3.4.1　水质样品

一般情况下，应在样品提取之前添加回收率指示物，回收率指示物一般选择碳同位素标记的 PBBs。如果样品提取液需要分割使用（如样品中 PBBs 预期浓度过高需要加以控制或者需要预留保存样时），则回收率指示物可在分割之后添加。将碳同位素标准溶液加入样品瓶中，盖上盖并小心摇动样品瓶混合。样品平衡 1～2 h，同时使悬浮颗粒沉淀。

采集的水样用 3 μm 孔径石英滤膜抽滤，并保存滤膜及水样。将过滤后的滤膜装入加压溶剂萃取仪（ASE）的 34 ml 萃取池中。加入回收率指示物后采用快速流体方式萃取。所用溶剂体系：$V_{(正己烷)}$：$V_{(二氯甲烷)}$=1：1；加热温度 100℃；静态萃取时间为 10 min；萃取压力为 $1.034×10^7$ Pa（1 500 psi）；萃取循环次数 3 次。

本研究水样的取样体积应大于 5 L，在 5～10 L，需要分批萃取，每次萃取 1～2 L，萃取液合并。污水处理厂污水或被 PBBs 污染水体可以减少采样体积。

用量筒取过滤后的水样 2.00 L 于 2 L 分液漏斗，向分液漏斗中加入二氯甲烷 30 ml，盖好分液漏斗瓶塞，手动轻摇分液漏斗 2～3 次，打开瓶塞放气。盖好瓶塞后手动剧烈振荡分液漏斗 5 min，期间每振荡 3～5 次便打开瓶塞放气 1 次。振荡结束后静置几分钟，待二氯甲烷相和水相分层后转移二氯甲烷相至茄形瓶中，再加二氯甲烷 30 ml 至分液漏斗，重复上述操作 2 次。

（注意：振荡过程中分液漏斗磨口处的排气孔与瓶塞上的凹槽应处于错位位置，否则可能导致部分样品溶液漏出。）

用玻璃棉垫在玻璃漏斗颈部，在漏斗中加入 1/2～2/3 体积的无水硫酸钠，用 10 ml 二氯甲烷冲洗，以备对样品进行脱水处理。

（注意：漏斗颈部的玻璃棉不要垫的过松，否则会出现无水硫酸钠同溶液一并落入茄形瓶的情况。）

将上述茄形瓶中的样品萃取液经放置玻璃棉和无水硫酸钠的玻璃漏斗，缓缓倒入另一茄形瓶中。之后，分别用二氯甲烷 3 ml 分 3 次淋洗茄形瓶壁和淋洗滤膜，并入抽滤后的样品萃取液。

（注意：a. 在溶液的脱水过程中，不要使液面高于玻璃漏斗中的无水硫酸钠表面；b. 进行脱水操作时，玻璃漏斗外壁有凝结的水珠，不要让水珠滴入萃取液中；c. 萃取的过程中如果出现乳化现象严重，应当破乳后再进行脱水。）

本研究采用冰冻破乳方法，将装有样品溶液的茄形瓶置于−20℃环境，待水相完全结冰后，取出茄形瓶置于常温下解冻，然后用 3 mm 孔径的石英滤膜抽滤除去有机相表层油状物。

用二氯甲烷 3 ml 分 3 次冲洗倒入萃取液的茄形瓶,洗液经无水硫酸钠层并入脱水后的萃取液中,待净化。可分取一定比例的提取液作为样品储备液,样品储备液应转移至棕色密封储液瓶中冷藏贮存。

6.3.4.2　固态样品

对于固体样品分析,经典的萃取方法为索氏提取法,萃取土壤中溴代阻燃剂的溶剂常为甲苯、己烷/二氯甲烷和己烷/丙酮混合溶剂,萃取时间为 12~24 h,其最大缺点是耗时和溶剂消耗量大。随着新型提取设备的研制和改进,目前自动索氏提取、超声提取、快速流体萃取、微波辅助提取、超临界流体萃取等技术和设备也得到了广泛应用。

本研究使用快速流体萃取方法对固体样品中的多溴联苯进行提取。快速流体萃取方法具有萃取效率高,有机溶剂用量少、快速、自动化程度高、结果重现性好等优点。另外,使用时加入无水硫酸钠或硅藻土等分散剂,提高有机溶剂与样品颗粒物的接触面积,可提高萃取效率。相较于索式提取,在保证优良萃取效率的同时缩短了萃取时间和减少了萃取溶剂,净化方法采用浓硫酸酸洗的化学方式及多种改性固体吸附剂吸附的物理方式,两种不同机理的相互结合得到了良好的净化效果。

分别称取 5.00 g 土样、添加 10 ng $^{13}C_{12}$-BB153 和 2 g 硅藻土混合均匀,加入快速流体萃取仪(ASE)34 ml 萃取池中进行萃取。萃取溶剂为正己烷+二氯甲烷混合溶剂(体积比为 1:1),萃取温度为 100℃,萃取压力 1.034×10^7 Pa(1 500 psi)。萃取程序为静态萃取 5 min,循环 2 次。萃取结束后将样品萃取液转移至茄形烧瓶中,用旋转蒸发仪进行浓缩,并将溶剂转换为正己烷待净化。

6.3.4.3　环境空气样品

将 PUF 样品和 QFF 样品分别装入加速溶剂萃取仪的 66 ml 和 33 ml 萃取池中(也可采用同土壤/沉积物相同的其他萃取方式)。加入同位素标记的 PBBs 后上机萃取。所用溶剂体系为 $V_{(正己烷)} : V_{(二氯甲烷)} = 1:1$,加热温度 100℃,加热时间 5 min,静态萃取时间为 5 min,萃取压力为 1.034×10^7 Pa(1 500 psi),萃取循环次数 2 次。可分取一定比例的提取液作为样品储备液,样品储备液应转移至棕色密封储液瓶中冷藏贮存。

6.3.5　样品净化

6.3.5.1　水质样品

(1)初步净化

对于基质复杂的水质样品,可以在使用复合硅胶柱净化前做初步净化,初步净化可以选择下述硫酸处理。

将试样溶液用浓缩器浓缩到 2 ml 左右。将浓缩液完全转移至分液漏斗,加入正己烷

20 ml，每次加入适量（20 ml）浓硫酸，轻微振荡，静置分层，弃去硫酸层。根据硫酸层颜色的深浅重复操作 2～6 次，直到硫酸层的颜色变浅或无色为止。

正己烷层每次加入适量的水洗涤，重复洗至中性。正己烷层经无水硫酸钠脱水后，用浓缩器浓缩至 1～2 ml。

（2）多层层析柱净化

在层析填充柱底部垫一小团石英棉，加入 40 ml 正己烷。依次装填无水硫酸钠 1 g，活化硅胶 1 g，佛罗里土 3 g，活化硅胶 1 g，2%氢氧化钠硅胶 3 g，活化硅胶 1 g，44%硫酸硅胶 8 g，活化硅胶 1 g，10%硝酸银硅胶 3 g，无水硫酸钠 1 g。流出正己烷溶液，使正己烷液面刚好与硅胶柱上层无水硫酸钠齐平。将萃取浓缩液完全转移到多层层析柱上，用 120 ml 20%二氯甲烷/正己烷溶液淋洗复合硅胶柱。调节淋洗速度约为 2.5 ml/min（大约 1 滴/s），收集淋洗液。

（3）其他样品净化方法

可以使用凝胶渗透色谱（GPC）、活性炭硅胶、氧化铝柱、自动样品处理装置等进行样品的进一步净化处理或配合使用。使用前必须确认满足方法质量控制/质量保证要求后方可使用。

6.3.5.2　固体样品净化

环境样品组成复杂，提取后存在大量共萃物，如腐殖酸、脂类、色素和其他杂质，需要净化处理，净化的效果直接影响色谱柱的分离，方法的灵敏度和重现性。净化不完全还会产生基质效应，色谱峰保留时间发生漂移，色谱峰前伸或拖尾，造成定性不准确。另外，净化不完全的样品会造成气相系统的污染，对后续样品的测试产生不确定性。

（1）去除硫化物

污泥/沉积物样品因为长期处于无氧环境中，含硫化合物被微生物降解还原，而单质硫会极大程度影响色谱效应，故样品在净化之前需去硫。

将试样溶液用浓缩器浓缩至约 20 ml。取 1 g 活化铜粉加入试样溶液中，手摇 2 min 后静止 30 min，再加入 1 g 活化铜粉手摇 2 min 后静置 30 min，直到新加入的铜粉颜色无明显变化后停止。

（2）浓硫酸净化

将过滤铜粉后的试样溶液完全转移至分液漏斗，加入适量（约 30 ml）浓硫酸，轻微振荡（第一次不应剧烈振荡，由于反应剧烈会造成溴系阻燃剂的回收率略有降低），静置分层，弃去硫酸层。再加入约 30 ml 浓硫酸，剧烈振荡，静置过夜。第二日，弃去硫酸层后加入约 30 ml 浓硫酸振荡，根据硫酸层颜色的深浅重复操作 2～4 次，直到硫酸层的颜色变浅或无色为止。对于某些基质较复杂的样品，为了达到净化要求，可适当增加酸洗次数、酸洗硫酸量及静置时间，或在酸洗前用佛罗里硅土进行粗净化再进行酸洗会得到比较好的净化效果（图 6-3-3）。由此可以看出，对于某些基质复杂的样品，在不引入其他净化方法的条件下，更多依赖酸洗次数及酸洗量的增加来达到净化的目的。

酸洗第 1 次　　　　　　　　　　　　酸洗第 2 次

酸洗第 3 次　　　　　　　　　　　　酸洗第 10 次

图 6-3-3　酸洗次数对净化效果的影响

取酸洗 3 次后的萃取液进行进一步净化后分析，所得多层层析柱净化图及色谱图见图 6-3-4。取静置过夜酸洗 10 次后的萃取液进行下一步净化，并进行仪器分析，所得色谱图见图 6-3-5。从图 6-3-4 和图 6-3-5 中可看出，如果样品净化不完全，严重影响后期的仪器分析，包括定性、定量的准确性。

（3）水洗

取适量的蒸馏水洗涤上述经浓硫酸净化后的正己烷层，重复 3～4 次洗至中性。正己烷层经无水硫酸钠脱水后，用浓缩器浓缩至 1～2 ml。

（4）复合硅胶柱深度净化

在层析填充柱底部垫一小团石英棉，加入 40 ml 正己烷。依次装填无水硫酸钠 1 g、活化硅胶 1 g、佛罗里土 3 g、活化硅胶 1 g、2%氢氧化钠硅胶 3 g、活化硅胶 1 g、44%硫酸硅胶 8 g、活化硅胶 1 g 和无水硫酸钠 1 g。以正己烷淋洗，使正己烷液面刚好与硅胶柱上层无水硫酸钠齐平。将萃取浓缩液完全转移到多层层析柱上，用 120 ml 20%二氯甲烷/正己烷溶液淋洗复合硅胶柱。调节淋洗速度约为 2.5 ml/min（大约 1 滴/s），收集淋洗液。

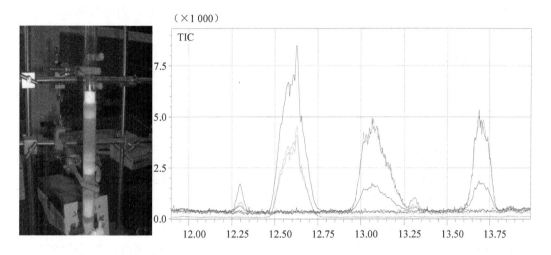

图 6-3-4　多层层析柱净化图及色谱图

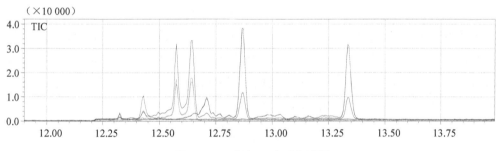

图 6-3-5　酸洗 10 次后色谱图

（5）浓缩

所得的淋洗液用旋转蒸发仪浓缩后，转移至刻度试管，用高纯氮吹或平行蒸发仪除去多余的溶剂，浓缩至低于 1 ml。添加进样内标后用正己烷定容至 100 ml，使进样内标浓度同制作标准曲线进样内标浓度相同，封装后作为分析试料。

6.3.5.3　环境空气样品

对于环境空气样品萃取溶液净化，可以在使用复合硅胶柱净化前进行硫酸初步净化。

将样品萃取溶液用浓缩器浓缩到 2 ml 左右，使用 10 ml 正己烷替换溶剂，继续浓缩至 2 ml 左右。将浓缩液完全转移至分液漏斗加入正己烷 20 ml，每次加入适量（20 ml）浓硫酸，轻微振荡，静置分层，弃去硫酸层。根据硫酸层颜色的深浅重复操作 2～4 次，直到硫酸层的颜色变浅或无色为止。正己烷层每次加入适量的水洗涤，重复洗至中性。正己烷层经无水硫酸钠脱水后，用浓缩器浓缩至 1～2 ml。多层硅胶柱净化同土壤样品。对于 PUF

样品，因其基质较干净，可浓缩后直接采用多层硅胶柱方法净化。

另外，可以使用凝胶渗透色谱（GPC）、活性炭硅胶、氧化铝柱、自动样品处理装置等进行样品的进一步净化处理或配合使用。使用前必须确认满足本方法质量控制/质量保证要求后方可使用。

6.3.6　气相色谱-质谱分析

6.3.6.1　毛细色谱柱的选择

目前，测定环境样品中 PBBs 时可采用多种色谱柱，当选择色谱柱时应考虑固定相、柱长、膜厚和内径等，上述因素都会影响 PBBs 的响应。通常，高溴代的 PBBs 在柱子较长、液膜较厚的色谱柱中分析时，其化合物响应值明显降低，故在分析多溴联苯时，选用长度短、液膜薄的毛细色谱柱可提高目标化合物的仪器检出限。一般选用的色谱柱型号为：DB-1（长 15 m×内径 0.25 mm×膜厚 0.1 μm）。若此类柱子上目标物峰形不好或有玷污，可考虑截柱头、老化柱子或更换新柱子等措施。

本研究分别选用具有相同固定相的 30 m×0.25 mm　i.d.×0.25 μm　df 色谱柱和 15 m×0.25 mm i.d.×0.1 μm df 色谱柱在质谱（EI 源）全扫模式下测定 100 ng/ml 高溴代 PBBs 标准溶液，明显看出当使用长的较厚液膜色谱柱时，高溴代的多溴联苯如 BB194、BB206 和 BB209 的仪器响应值明显降低，其中 BB209 基本没响应，而使用短的薄液膜色谱柱在保证分离度的同时能得到很好的响应值（图 6-3-6～图 6-3-8）

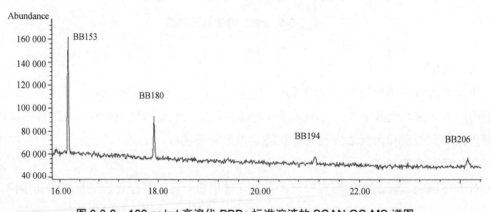

图 6-3-6　100 ng/ml 高溴代 PBBs 标准溶液的 SCAN GC-MS 谱图

（30 m×0.25 mm i.d.×0.25 μm df 色谱柱）

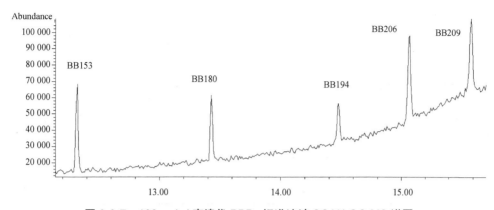

图 6-3-7　100 ng/ml 高溴代 PBBs 标准溶液 SCAN GC-MS 谱图

（15 m×0.25 mm i.d.×0.1 μm df 色谱柱）

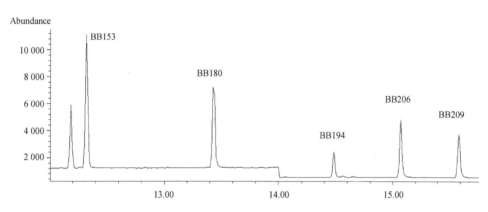

图 6-3-8　100 ng/ml 高溴代 PBBs 标准溶液 SIM GC-MS 谱图

（15 m×0.25 mm i.d.×0.1 μm df 色谱柱）

6.3.6.2　NCI 与 EI 源的比较

图 6-3-9 和图 6-3-10 分别为 10 ng/ml 标准溶液 GC-MS 谱图（NCI 源）和 100 ng/ml 标准溶液 GC-MS 谱图（EI 源）。由于 70 eV 的碎裂电压下 PBBs 破碎程度过高，因此，在相同浓度下 NCI 源上目标物响应值大于 EI 源。但是，由于 NCI 源中 PBBs 主要碎片离子都是 79 和 81，这给准确定性带来了很大的困难，尤其是对于具有复杂基质的样品来说，并且分辨不清同位素标记的目标物（图 6-3-11）。为此，综合考虑选择 EI 源测定更佳。

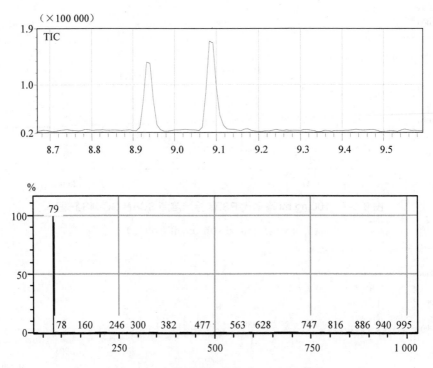

图 6-3-9　10 ng/ml 多溴联苯标准溶液 GC-MS 谱图（NCI 源）

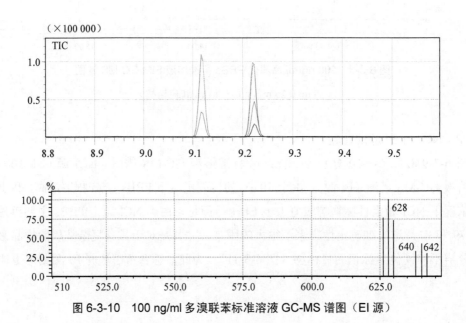

图 6-3-10　100 ng/ml 多溴联苯标准溶液 GC-MS 谱图（EI 源）

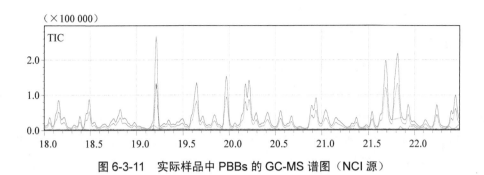

图 6-3-11　实际样品中 PBBs 的 GC-MS 谱图（NCI 源）

6.3.6.3　GC-MS 分析条件

进样方式为不分流进样，进样量 2 μl，进样口温度 270℃，柱流量 2.07 ml/min，线速度 74.3 cm/s，线速度控制模式，色质接口温度 300℃，离子源温度 230℃，色谱柱程序升温为 60℃（保持 3 min），以 30℃/min 升至 180℃，以 10℃/min 升至 260℃，以 20℃/min 升至 320℃（保持 5 min），载气总流量 30 ml/min，色谱柱为 DB-1（15 m×0.25 mm i.d.×0.1 μm df）。

样品测试前使用仪器的自动调谐与质量校正，质量稳定性和质谱分辨率需达到规定要求，不符合要求时应重新调谐及质量校正。使用标准溶液确认保留时间，全扫方式确定定性定量离子，标准溶液中化合物对应的检测离子的离子丰度比应与理论离子丰度比一致，变化范围应小于 15%。10 种 PBBs 和内标的定量及参比离子见表 6-3-1。

表 6-3-1　EI 源目标化合物的定量定性离子

化合物	m/z			
	定量离子	参比离子 1	参比离子 2	参比离子 3
BB3	232.0	233.0	152.1	153.1
BB15	311.9	313.9	152.1	151.1
BB18	389.8	390.8	310.9	312.9
BB52	469.8	471.8	388.8	390.8
BB101	547.7	549.7	468.8	470.8
BB153	627.7	629.7	548.7	550.7
$^{13}C_{12}$-BB153	559.7	561.7	639.7	641.7
BB180	705.6	707.6	626.7	628.7
BB194	785.5	787.5	706.6	704.6
BB206	863.4	865.4	784.5	782.5
BB209	943.4	945.4	623.6	625.6
$^{13}C_{12}$-CB209	509.6	511.6	507.7	—

6.3.6.4　定性和定量分析

（1）定性分析

①使用仪器的自动调谐与质量校正，质量稳定性和质谱分辨率达到规定要求后，视仪器灵敏度选择一定浓度的 PBBs 标准溶液做全扫描，四极杆质谱溶液浓度一般选择 0.5～1.0 μg/ml，进样量 1～2 μl，查看 TIC 总离子流图，确保仪器系统的洁净。如果系统受污染，应停止分析，清洗系统直到系统洁净方可再次分析样品。清洗系统步骤：a. 清洗离子源，用软砂布仔细打磨离子源推斥极及腔体内表面，丙酮超声清洗后置于马弗炉中 400℃烘烤 2 h；b. 检查柱子的残留及流失，色谱柱脱离质谱端，高温老化色谱柱 2～4 h，空针进样无明显杂质；c. 检查进样系统，取出衬管，检查衬管是否洁净，更换玻璃棉或更换衬管；d. 清洗进样针，取出进样针，用蘸有丙酮的无尘纸擦拭针杆，并依次用丙酮、甲醇、正己烷手动抽吸清洗；e. 检查进样隔垫的洁净，空针进样，色谱图上无明显杂质峰。

②获取无杂质的 PBBs TIC 总离子流图，确定每一个目标物的保留时间及定性定量离子。对于 PBBs 各目标化合物，一般选择 M、M+2，M-Br、（M-Br）+2 四个定性定量离子，若峰之间分离度不好，可适当调整柱流量，程序升温条件，一般情况下，适当减小柱流量、降低升温速率可提高峰之间的分离度，但同时也会使峰变宽、降低信噪比、出峰时间延长，应根据仪器、色谱柱情况选择合适的仪器参数。PBBs 和内标的定量及参比离子见表 6-3-1。

③实际样品测试，因实际样品中含有大量的基质，即使经过多重净化手段也不能完全去除干扰，固选用 SIM（选择离子）模式对样品进行定性、定量分析。对于 PBBs，在 70 eV 的标准电压下电离，其离子碎片较多。以 BB180（2,2′,3,4,4′,5,5′-七溴联苯）为例（图 6-3-12），其分子质量约为 707，分子离子峰的 m/z 值为 705、707、709 等一簇，即 M-2、M、M+2 值。掉一个溴原子后的 m/z 值为 626、624、628 等一簇，掉两个溴原子后的 m/z 值为 546、548、544 等一簇，依此类推。一般来说，确定定性定量离子的原则是选择 m/z 值大（有分子离子峰时，尽量选择分子离子峰）且响应强度高的碎片离子，综合考虑选择目标物的两个分子离子峰及两个掉一个溴原子的碎片离子峰对目标物进行定性、定量分析。

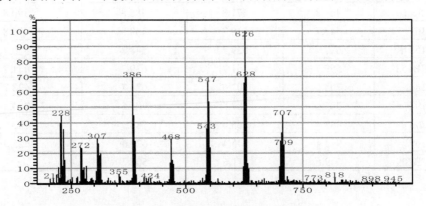

图 6-3-12　BB180 的离子碎片质谱图

对于 BB209，其离子碎片质谱图见图 6-3-13，分子量约为 944，分子离子峰为 944、946、942 等一簇，因其分子离子峰的响应值远低于其他碎片离子峰，又考虑其分子量最大，属于出峰时间最靠后的目标物，此时的干扰相对靠前出峰的目标物较少，故不选择其分子离子峰而选择其掉两个和三个溴原子的响应值较大的碎片离子峰（781、783、704、706）作为定性、定量离子。

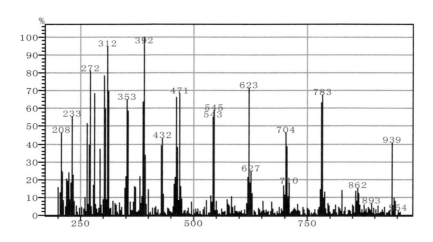

图 6-3-13　BB209 的离子碎片质谱图

定性、定量离子的选择有时需要根据实际样品的背景干扰而做适当变动，如 BB101，其离子碎片质谱图见图 6-3-14，当选择 469、471、388、390 为定性、定量离子时，得到的实际样品 SIM 谱图（图 6-3-15），图中 388、390 离子响应值在此时间段快速升高，属于背景干燥较大的碎片离子，当更改为 467、469、471 时的实际样品 SIM 谱图（图 6-3-16）中基线平稳，峰的信噪比提高。

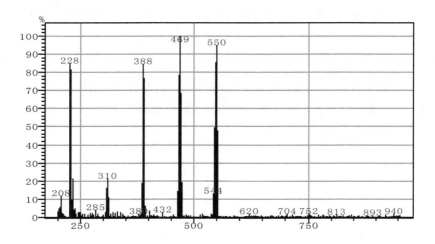

图 6-3-14　BB101 的离子碎片质谱图

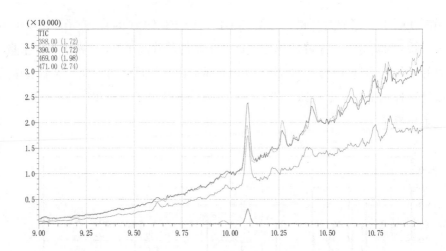

图 6-3-15　BB101 实际样品 SIM（*m/z* 388、390、469 和 471）谱图

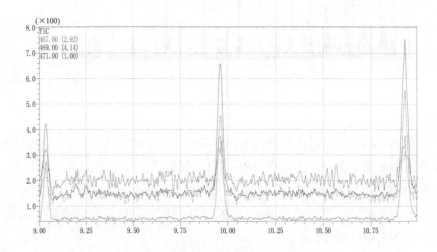

图 6-3-16　BB101 标准溶液 SIM 谱图（*m/z* 467、469 和 471）

由此可见，样品的洁净度与合适的离子选择是准确定性的前提，PBBs 同系物的四个监测离子在指定保留时间（相对偏差小于 0.01 min）窗口内，且其离子丰度比与理论离子丰度比一致，相对偏差＜15%。同时满足上述条件的色谱峰可定性为目标峰。典型 GC-MS谱图如图 6-3-17 所示。

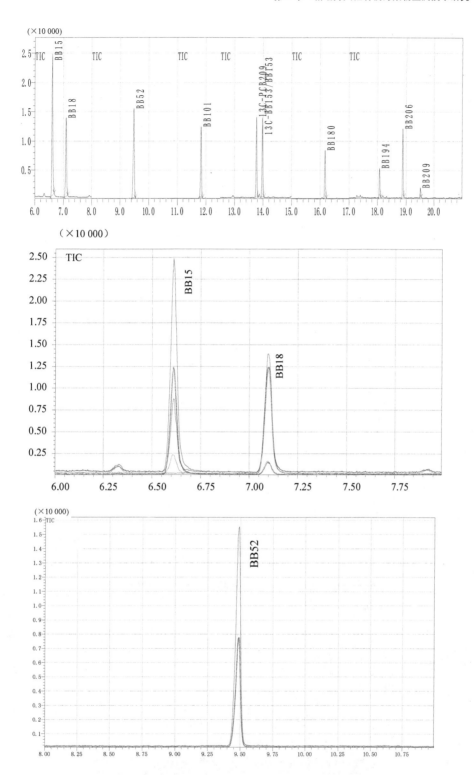

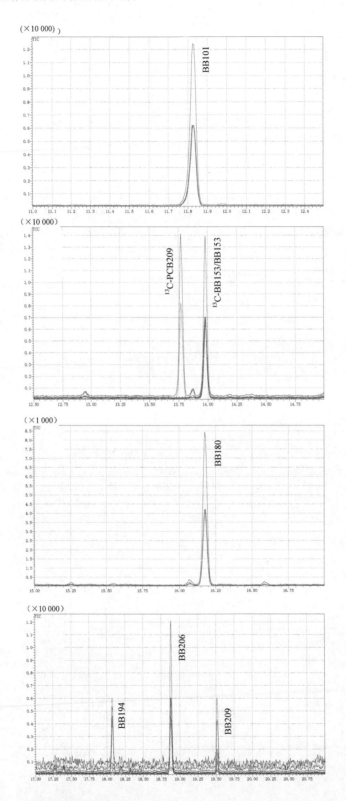

图 6-3-17　PBB GC-MS PBBs 标准溶液（5.85～58.3 ng/g）GC-MS TIC 图和 SIM 谱图

（2）定量分析

①校准曲线。取 5 个 2 ml 进样瓶，分别加入 895 μl、890 μl、880 μl、850 μl、800 μl 的正己烷溶液，再分别添加 5.0 μl、10.0 μl、20.0 μl、50.0 μl、100 μl 标准中间液和 50.0 μl $^{13}C_{12}$-BB153 中间液（2 μg/ml）、50.0 μl $^{13}C_{12}$-BB209 中间溶液（5.0 μg/ml），配制成五个浓度梯度的标准溶液。

②灵敏度确认。标准溶液浓度序列中最低浓度的化合物信噪比（S/N）应大于 10。取噪声最大值和最小值之差的 2/5 作为噪声值 N。以噪声中线为基准，到峰顶的高度为峰高（信号 S）。

③相对响应因子计算。

用下式计算进样内标相对于待测目标物相对响应因子 RRF_{rs}。

$$RRF_{rs} = \frac{Q_{rs}}{Q_{es}} \times \frac{A_{es}}{A_{rs}}$$

式中，RRF_{rs} —— 进样内标相对于待测目标物的相对响应因子；

　　　Q_{rs} —— 标准溶液中进样内标物质的绝对量，ng；

　　　Q_{es} —— 标准溶液中待测目标物质的绝对量，ng；

　　　A_{es} —— 标准溶液中待测目标物质的监测离子峰面积；

　　　A_{rs} —— 标准溶液中进样内标物质的监测离子峰面积。

④样品测定。将空白和样品按照上述的程序进行测定。采用内标法计算分析样品中被检出的 PBBs 的绝对量（Q_i），按下式计算。

$$Q_i = \frac{A_i}{A_{rsi}} \times \frac{Q_{rsi}}{RRF_{rs}}$$

式中，Q_i —— 分析样品中待测化合物的量，ng；

　　　A_i —— 色谱图待测化合物的监测离子峰面积；

　　　A_{rsi} —— 进样内标的监测离子峰面积；

　　　Q_{rsi} —— 进样内标的添加量，ng；

　　　RRF_{rs} —— 进样内标的相对响应因子。

也可根据标准溶液中目标物的峰面积与进样内标峰面积的比以及对应的浓度比建立的校准曲线，由样品溶液中目标物的峰面积与进样内标峰面积的比从定量校正曲线得到样品溶液中目标化合物的浓度。

根据所计算的各同系物的 Q_i，用下式计算样品中的待测化合物浓度，结果修约为 3 位有效数字。

土壤、沉积物和污泥样品中待测化合物含量为：

$$C_i = \frac{Q_i}{M(1-W)}$$

式中，C_i —— 样品中待测化合物的含量，ng/kg；

　　　Q_i —— 样品中待测化合物质量，ng；

　　　M —— 样品量，kg；

　　　W —— 含水率，%。

水质样品中待测化合物含量为：

$$C_i = \frac{Q_i}{V}$$

式中，C_i —— 样品中待测化合物的含量，ng/L；

　　　Q_i —— 样品中待测化合物质量，ng；

　　　V —— 样品体积，L。

环境空气中待测化合物含量为：

$$C_i = \frac{Q_i}{V}$$

式中，C_i —— 样品中待测化合物的含量，ng/m³；

　　　Q_i —— 样品中待测化合物质量，ng；

　　　V —— 采集空气标况体积，m³。

根据回收率指示物峰面积与进样内标峰面积的比以及对应的含量比建立的校准曲线，计算回收率指示物的回收率并确认回收率指示物的回收率在 70%～130%，否则样品重新测试。

6.3.7　分析方法特性参数

6.3.7.1　方法检出限和测定下限

依据标准 HJ 168—2010 中方法检出限及测定下限的测定步骤，对环境空气、土壤/沉积物、水中 PBBs 的方法检出限及定量下限进行测定。

（1）环境空气

取空白石英采样滤膜及采样 PUF，加入绝对量为 0.5～15.0 ng 的标准溶液，按照环境空气样品的前处理方法进行测定，结果见表 6-3-2。检测限=3.14 S（pg/m³）（n=7，a=0.05 时，t=3.14），定量下限=4 倍方法检出限。

表 6-3-2　大气中 PBBs 测定检出限及定量下限

化合物名称	BB18	BB52	BB101	BB153	BB180	BB194	BB206	BB209	单位
加标量	0.50	0.50	1.00	5.00	10.0	15.0	15.0	15.0	pg/m³
AL-1	0.41	0.42	0.95	5.01	9.68	14.6	14.8	15.2	
AL-2	0.39	0.48	0.85	5.16	9.85	15.3	16.3	15.5	
AL-3	0.43	0.51	0.87	5.57	10.80	16.1	15.8	13.8	
AL-4	0.43	0.39	0.98	5.72	10.50	16.3	15.5	14.9	pg/m³
AL-5	0.37	0.43	1.05	4.92	11.10	14.1	14.2	15.1	
AL-6	0.39	0.42	0.92	4.49	11.30	14.8	15.9	14.1	
AL-7	0.42	0.39	0.85	4.83	9.78	15.3	16.8	13.9	
平均值	0.42	0.44	0.93	5.09	10.4	15.2	15.5	14.7	pg/m³
标准偏差 S	0.04	0.05	0.07	0.40	0.64	0.74	0.85	0.65	pg/m³
RSD	9.5	10.8	7.9	7.8	6.1	4.9	5.4	4.4	%
回收率	83.5	88.5	93.3	101	103	101	103	97.9	%
采样体积	1 000	1 000	1 000	1 000	1 000	1 000	1 000	1 000	m³
检出限	0.12	0.15	0.23	1.2	2.0	2.3	2.6	2.0	pg/m³
定量下限	0.48	0.60	0.92	4.8	8.0	9.2	10.4	8.0	pg/m³

（2）土壤和沉积物

称取洁净的土壤（实际样品经过高温灼烧和溶剂回流清洗得到）样品 10 g（精确至 0.01 g），加入各标准物质的绝对量为 0.5～15.0 ng，即含量 0.05～15 ng/g，按照土壤样品的前处理方法测定，结果见表 6-3-3。检测限=3.14 S（ng/g）（n=7，a=0.05 时，t=3.14），定量下限=4 倍方法检出限。

表 6-3-3　土壤/沉积物中 PBBs 测定检出限及定量下限

目标物名称	BB18	BB52	BB101	BB153	BB180	BB194	BB206	BB209	单位
样品加标量	0.050	0.050	0.100	0.500	1.00	1.50	1.50	1.50	ng/g
SL-1	0.039	0.038	0.101	0.45	0.91	1.36	1.45	1.23	
SL-2	0.042	0.037	0.093	0.49	1.08	1.52	1.47	1.36	
SL-3	0.037	0.043	0.087	0.49	0.95	1.68	1.62	1.28	
SL-4	0.036	0.041	0.091 8	0.55	0.98	1.66	1.28	1.48	ng/g
SL-5	0.042	0.037	0.082	0.51	0.87	1.36	1.26	1.29	
SL-6	0.038	0.045	0.087	0.43	1.12	1.44	1.38	1.35	
SL-7	0.046	0.049	0.092	0.52	1.15	1.60	1.44	1.26	
平均值	0.041	0.043	0.092	0.493	1.008	1.52	1.42	1.34	ng/g
标准偏差 S	0.005	0.005	0.006	0.038	0.101	0.125	0.118	0.100	ng/g
RSD	11.6	12.2	7.1	7.7	10.0	8.3	8.3	7.5	%
平均回收率	83	85	92	99	101	101	95	90	%
检出限	0.02	0.02	0.02	0.12	0.32	0.39	0.37	0.31	ng/g
定量下限	0.06	0.07	0.08	0.5	1.3	1.6	1.5	1.3	ng/g

（3）水质

量取洁净的蒸馏水 5.00 L，加入各标准物质绝对量 0.5～15.0 ng，即浓度 0.1～3 ng/L，按照水体样品的前处理方法测定，结果见表 6-3-4。检测限=3.14 S（ng/L）（n=7，a=0.05 时，t=3.14），定量下限=4 倍方法检出限。

表 6-3-4　水体中 PBBs 测定检出限及定量下限

目标物名称	BB18	BB52	BB101	BB153	BB180	BB194	BB206	BB209	单位
样品加标量	0.100	0.100	0.200	1.00	2.00	3.00	3.00	3.00	ng/L
WL-1	0.088	0.084	0.176	0.92	2.16	3.24	3.18	2.67	
WL-2	0.092	0.076	0.212	0.96	1.88	3.12	2.65	2.78	
WL-3	0.076	0.079	0.180	1.06	1.92	2.72	2.95	2.68	
WL-4	0.081	0.092	0.188	1.10	2.08	2.88	2.88	2.53	ng/L
WL-5	0.072	0.081	0.196	1.08	2.00	2.76	3.25	2.48	
WL-6	0.072	0.079	0.208	0.96	1.84	2.94	2.93	3.13	
WL-7	0.085	0.079	0.226	1.14	2.20	3.08	3.23	2.93	
平均值	0.083	0.084	0.198	1.03	2.01	2.97	3.01	2.77	ng/L
标准偏差 S	0.008	0.005	0.018	0.085	0.143	0.196	0.220	0.226	ng/L
RSD	9.3	6.1	9.0	8.3	7.1	6.6	7.3	8.2	%
平均回收率	83	84	99	103	101	99	100	92	%
检出限	0.02	0.02	0.06	0.3	0.4	0.6	0.7	0.7	ng/L
定量下限	0.10	0.06	0.20	1.1	1.8	2.5	2.8	2.8	ng/L

6.3.7.2　精密度和准确度

（1）环境空气

按照环境空气样品的前处理方法，分别对空白基质进行低、高浓度加标回收实验和实际样品基质高浓度加标回收实验。测定结果见表 6-3-5～表 6-3-7。

表 6-3-5　环境空气空白加标（0.5～15 pg/m³）实验重现性和精密度结果

化合物名称		BB18	BB52	BB101	BB153	BB180	BB194	BB206	BB209
加标量/（pg/m³）		0.50	0.50	1.00	5.00	10.0	15.0	15.0	15.0
测定值/（pg/m³）	AL-1	0.41	0.42	0.95	5.01	9.68	14.6	14.8	15.2
	AL-2	0.39	0.48	0.85	5.16	9.85	15.3	16.3	15.5
	AL-3	0.43	0.51	0.87	5.57	10.80	16.1	15.8	13.8
	AL-4	0.43	0.39	0.98	5.72	10.50	16.3	15.5	14.9
	AL-5	0.37	0.43	1.05	4.92	11.10	14.1	14.2	15.1
	AL-6	0.39	0.42	0.92	4.49	11.30	14.8	15.9	14.1
	AL-7	0.42	0.39	0.85	4.83	9.78	15.3	16.8	13.9
平均值/（pg/m³）		0.42	0.44	0.93	5.09	10.4	15.2	15.5	14.7

化合物名称	BB18	BB52	BB101	BB153	BB180	BB194	BB206	BB209
SD/（pg/m³）	0.04	0.05	0.07	0.40	0.64	0.74	0.85	0.65
RSD/%	9.5	10.8	7.9	7.8	6.1	4.9	5.4	4.4
回收率/%	83.5	88.5	93.3	101	103	101	103	97.9

表 6-3-6　环境空气空白加标（加标 5～150 pg/m³）实验重现性和精密度结果

化合物名称		BB18	BB52	BB101	BB153	BB180	BB194	BB206	BB209
加标量/（pg/m³）		5.00	5.00	10.0	50.0	100	150	150	150
测定值/（pg/m³）	AH-1	3.90	4.20	9.90	53.1	98.8	136	148	162
	AH-2	3.80	4.70	8.70	58.6	99.5	143	163	145
	AH-3	4.40	4.50	8.80	48.7	107	161	148	138
	AH-4	4.30	3.80	9.30	47.2	106	153	145	149
	AH-5	4.10	4.10	11.5	46.2	113	141	152	161
	AH-6	3.60	4.20	9.50	47.9	115	138	139	141
	AH-7	3.80	4.10	8.40	43.3	87.8	153	168	138
平均值/（pg/m³）		4.11	4.33	9.51	49.3	103	146	151	148
SD/（pg/m³）		0.42	0.36	0.92	4.38	8.20	8.15	8.87	8.86
RSD/%		10.2	8.3	9.7	8.8	7.9	5.5	5.8	5.9
回收率/%		82	86	95	98	103	98	101	98

表 6-3-7　环境空气基体加标（加标绝对量 5～150 pg/m³）实验重现性和精密度结果

化合物名称		BB18	BB52	BB101	BB153	BB180	BB194	BB206	BB209
加标量/（pg/m³）		5.00	5.00	10.0	50.0	100	150	150	150
测定值/（pg/m³）	样品	nd	nd	nd	nd	nd	nd	nd	nd
	AMH-1	3.50	3.60	9.30	56.1	100	139	158	142
	AMH-2	3.80	4.30	8.70	50.2	93.5	148	153	145
	AMH-3	4.10	3.80	8.50	42.3	109	161	168	148
	AMH-4	4.10	3.80	9.10	45.1	112	163	149	139
	AMH-5	3.80	4.30	9.20	49.0	115	151	159	162
	AMH-6	3.90	4.20	9.70	58.2	105	137	139	141
	AMH-7	4.20	4.40	7.80	53.1	93.8	143	161	136
平均值/（pg/m³）		4.05	4.18	9.04	50.2	104	149	155	145
SD/（pg/m³）		0.4	0.4	0.7	5.0	7.6	8.8	8.3	7.6
RSD/%		10.3	9.9	7.2	9.8	7.3	5.9	5.4	5.2
回收率/%		81	84	90	101	104	99	103	97

（2）土壤和沉积物

按照土壤/沉积物样品的前处理方法，分别对空白基质进行低、高浓度加标回收，实际样品基质高浓度加标回收进行方法的精密度及准确度实验。测试结果见表 6-3-8～表 6-3-10。

表 6-3-8　土壤/沉积物空白基质低浓度下方法重现性和精密度实验（加标量 0.05～1.50 ng/g）单位：ng/g

目标物名称	BB18	BB52	BB101	BB153	BB180	BB194	BB206	BB209
样品加标量	0.050	0.050	0.100	0.500	1.00	1.50	1.50	1.50
SL-1	0.039	0.038	0.101	0.45	0.91	1.36	1.45	1.23
SL-2	0.042	0.037	0.093	0.49	1.08	1.52	1.47	1.36
SL-3	0.037	0.043	0.087	0.49	0.95	1.68	1.62	1.28
SL-4	0.036	0.041	0.091 8	0.55	0.98	1.66	1.28	1.48
SL-5	0.042	0.037	0.082	0.51	0.87	1.36	1.26	1.29
SL-6	0.038	0.045	0.087	0.43	1.12	1.44	1.38	1.35
SL-7	0.046	0.049	0.092	0.52	1.15	1.6	1.44	1.26
平均值	0.041	0.043	0.092	0.493	1.008	1.515	1.425	1.344
SD	0.005	0.005	0.006	0.038	0.101	0.125	0.118	0.100
RSD/%	11.6	12.2	7.1	7.7	10.0	8.3	8.3	7.5
平均回收率/%	83	85	92	99	101	101	95	90

表 6-3-9　土壤/沉积物空白基质高浓度下方法重现性和精密度实验（加标量 0.5～15.0 ng/g）单位：ng/g

目标物名称	BB18	BB52	BB101	BB153	BB180	BB194	BB206	BB209
样品加标量	0.500	0.500	1.00	5.00	10.0	15.0	15.0	15.0
SH-1	0.45	0.46	0.92	4.40	8.82	13.9	14.3	14.8
SH-2	0.41	0.42	1.03	4.53	9.56	15.4	16.5	15.1
SH-3	0.43	0.45	0.91	5.16	9.07	16.1	13.8	12.1
SH-4	0.38	0.46	1.09	5.28	10.90	13.6	13.4	13.9
SH-5	0.39	0.39	1.07	5.03	10.80	14.3	14.0	13.2
SH-6	0.44	0.39	0.94	5.53	9.81	15.8	14.7	12.5
SH-7	0.39	0.41	0.89	5.28	9.32	13.1	14.4	14.4
平均值	0.42	0.44	0.98	5.03	9.78	14.6	14.5	13.9
SD	0.04	0.04	0.08	0.39	0.76	1.08	0.96	1.15
RSD/%	9.43	8.95	7.76	7.69	7.75	7.38	6.64	8.31
平均回收率/%	85	87	98	101	98	98	97	93

表 6-3-10　土壤/沉积物实际样品高浓度下方法重现性和精密度实验（加标量 0.5～15.0 ng/g）单位：ng/g

目标物名称	BB18	BB52	BB101	BB153	BB180	BB194	BB206	BB209
样品加标量	0.500	0.500	1.00	5.00	10.0	15.0	15.0	15.0
基质中 PBBs 浓度	nd	nd	nd	nd	nd	nd	nd	nd
SMH-1	0.417	0.434	1.08	4.45	10.7	16.2	14.6	15.8
SMH-2	0.361	0.417	1.03	4.71	10.0	13.8	12.4	12.2
SMH-3	0.386	0.420	1.00	5.24	9.0	16.2	13.9	14.0
SMH-4	0.417	0.378	1.10	4.84	11.1	14.1	14.4	14.8
SMH-5	0.497	0.484	0.92	5.24	10.7	14.2	15.9	13.5
SMH-6	0.394	0.386	0.87	5.37	9.0	16.2	16.7	12.1

目标物名称	BB18	BB52	BB101	BB153	BB180	BB194	BB206	BB209
SMH-7	0.394	0.393	0.87	5.97	9.7	13.1	13.9	13.7
平均值	0.409	0.416	0.98	5.12	10.0	14.8	14.5	13.7
SD	0.043	0.036	0.095	0.50	0.88	1.30	1.41	1.30
RSD/%	10.5	8.7	9.6	9.8	8.8	8.8	9.7	9.4
平均回收率/%	81	83	98	103	100	98	97	91

（3）水体

按照水体样品的前处理方法，分别对空白基质进行低、高浓度加标回收，实际样品基质高浓度加标回收进行方法的精密度及准确度实验。测试结果见表 6-3-11～表 6-3-13。

表 6-3-11　水体空白基质低浓度下方法重现性和精密度实验（加标量 0.100～3.00 ng/L）单位：ng/L

目标物名称	BB18	BB52	BB101	BB153	BB180	BB194	BB206	BB209
样品加标量	0.100	0.100	0.200	1.00	2.00	3.00	3.00	3.00
WL-1	0.088	0.084	0.176	0.92	2.16	3.24	3.18	2.67
WL-2	0.092	0.076	0.212	0.96	1.88	3.12	2.65	2.78
WL-3	0.076	0.079	0.180	1.06	1.92	2.72	2.95	2.68
WL-4	0.081	0.092	0.188	1.10	2.08	2.88	2.88	2.53
WL-5	0.072	0.081	0.196	1.08	2.00	2.76	3.25	2.48
WL-6	0.072	0.079	0.208	0.96	1.84	2.94	2.93	3.13
WL-7	0.085	0.079	0.226	1.14	2.20	3.08	3.23	2.93
平均值	0.083	0.084	0.198	1.03	2.01	2.97	3.01	2.77
SD	0.008	0.005	0.018	0.085	0.143	0.196	0.220	0.226
RSD/%	9.3	6.1	9.0	8.3	7.1	6.6	7.3	8.2
平均回收率/%	83	84	99	103	101	99	100	92

表 6-3-12　水质空白高浓度加标（加标量 1.00～30.0 ng/L）实验结果　　单位：ng/L

目标物名称	BB18	BB52	BB101	BB153	BB180	BB194	BB206	BB209
样品加标量	1.00	1.00	2.00	10.0	20.0	30.0	30.0	30.0
WH-1	1.01	0.97	2.13	10.4	21.5	33.0	28.7	27.4
WH-2	0.78	1.05	1.62	9.4	20.7	27.0	30.0	25.2
WH-3	0.89	0.89	1.73	8.5	18.2	33.0	27.5	27.3
WH-4	0.76	1.07	2.03	7.9	19.2	29.0	30.2	27.6
WH-5	0.84	1.11	2.06	9.4	21.7	31.0	31.2	26.2
WH-6	0.78	0.89	2.08	10.4	20.7	32.7	31.5	26.5
WH-7	0.94	0.84	1.62	10.9	19.4	27.0	28.5	28.8
平均值	0.875	0.975	1.91	9.61	20.1	30.3	29.7	27.4
SD	0.094	0.103	0.23	1.07	1.29	2.72	1.48	1.15
RSD/%	10.7	10.6	12.0	11.1	6.4	9.0	5.0	4.2
平均回收率/%	88	98	95	96	101	101	99	91

表 6-3-13　水质基体高浓度加标（加标量 1.00～30.0 ng/L）实验结果　　单位：ng/L

目标物名称	BB18	BB52	BB101	BB153	BB180	BB194	BB206	BB209
样品加标量	1.00	1.00	2.00	10.0	20.0	30.0	30.0	30.0
基质中 PBBs 浓度	nd	nd	nd	nd	nd	nd	nd	nd
WMH-1	0.76	0.84	2.06	11.0	21.8	31.3	28.7	27.2
WMH-2	1.02	1.01	2.27	8.9	18.8	34.5	29.5	25.2
WMH-3	0.78	0.86	1.85	9.2	19.3	27.1	32.5	27.6
WMH-4	0.84	0.90	2.27	8.3	17.8	26.9	33.7	26.4
WMH-5	0.78	0.74	2.06	10.0	18.9	32.1	31.2	23.4
WMH-6	1.04	0.78	1.65	11.4	20.8	28.2	27.5	26.6
WMH-7	0.86	1.12	2.27	10.6	21.3	31.3	26.2	23.9
平均值	0.87	0.90	2.06	9.9	19.8	30.2	29.9	25.7
SD	0.12	0.13	0.24	1.15	1.48	2.85	2.71	1.63
RSD/%	13.3	14.8	11.5	11.6	7.4	9.4	9.0	6.3
平均回收率/%	87	90	103	99	99	101	100	86

6.3.8　应用示范研究

随着我国经济的高速发展，生产和使用含 PBBs 的商品越来越多，由此产生的 PBBs 污染问题日益显著。废旧电子设备中常含有铅、汞、镉、铬、多溴联苯及多溴联苯醚等有害物质，浙江台州多年来作为电子垃圾拆解地，由此产生的 PBBs 污染不可忽视，研究电子垃圾拆解地土壤及周边河流沉积物中 PBBs 的污染情况可为当地居民的身体健康评估及土地的修复利用提供参考依据。

6.3.8.1　样品的采集及分析

在台州某电子废弃物场地及其周边河流沉积物中设置 14 个土壤样品采集点和 14 个沉积物样品采集点，土壤样品采集点采集表层土壤（0～15 cm），沉积物样品采集点采集表层沉积物，装于棕色玻璃瓶中带回实验室，剔除杂物后置于洁净空气中自然风干，研磨过筛装于棕色玻璃瓶中密闭保存。土壤点位名称及坐标见表 6-3-14，土壤点位地图见图 6-3-18，沉积物点位名称及坐标见表 6-3-15，沉积物点位地图见图 6-3-19。

表 6-3-14　土壤点位名称及坐标

样品编号	点位	经度	纬度
2012240	齐合天地	E121°22′18″	N28°31′45″
2012241	上寺前村	E121°19′46″	N28°32′15″
2012242	海边		
2012243	桐山村 11#	E121°16′37.5″	N28°23′19″
2012244	桐山村 12#	E121°16′37″	N28°23′19″
2012245	桐山村 18#	E121°16′38″	N28°23′20″
2012246	桐山村 19#	E121°16′36″	N28°23′19″
2012247	桐山村 27#	E121°16′38.5″	N28°23′22.2″
2012248	桐山村 40#	E121°16′29″	N28°23′16″
2012249	桐山村 42#	E121°16′35″	N28°23′12″
2012250	桐山村 45#	E121°16′29″	N28°23′18″
2012251	桐山村 58#	E121°16′31″	N28°23′19″
2012252	桐山村 59#	E121°16′30″	N28°23′23″
2012253	桐山村 70#	E121°16′41″	N28°23′22″

图 6-3-18　土壤点位地图　　　　　　　图 6-3-19　沉积物点位地图

表 6-3-15　沉积物点位名称及坐标

点位名称	经度	纬度
椒江北岸 3 号	E121°21′37″	N28°42′18″
黄琅 1 号	E121°38′42″	N28°30′00″
椒江大桥 4 号	E121°22′33″	N28°41′49″
黄琅 4 号表层	E121°39′06″	N28°29′06″
椒江 2 桥上游西	E121°27′30″	N28°41′07″

点位名称	经度	纬度
椒江黄岩断面中间点	E121°21′27″	N28°42′04″
椒江北岸柱状 10″以后	E121°21′37″	N28°42′18″
黄琅 5 号	E121°37′38″	N28°29′53″
黄琅 6 号柱从底记	E121°37′17″	N28°29′46″
岩头闸上游	E121°28′33″	N28°40′09″
椒江 2 桥下游	E121°28′28″	N28°40′59″
椒江栅浦 1 号	E121°21′26″	N28°41′47″
西琅 2 号柱	E121°38′43″	N28°31′58″
黄琅 3 号表层	E121°38′40″	N28°31′51″

6.3.8.2 结果与讨论

（1）定性和定量分析

图 6-3-20 为沉积物样品（椒江栅浦 1 号）GC-MS（SIM）谱图。虽然沉积物基质复杂，但经过一系列的样品净化后，色谱柱对目标化合物能进行良好的分离，且 PBBs 在 MS 中有良好的响应值。

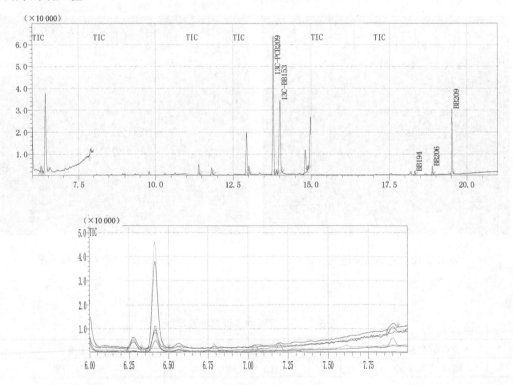

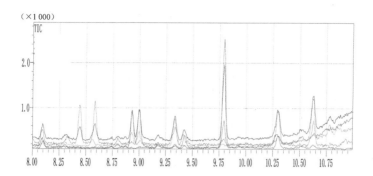

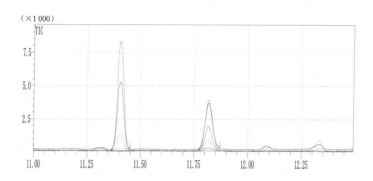

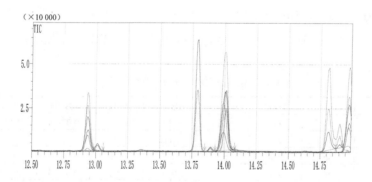

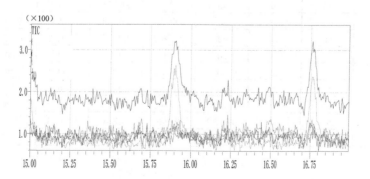

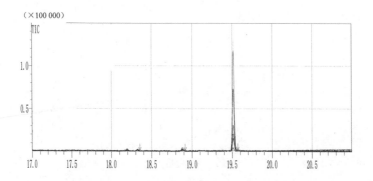

图 6-3-20 沉积物样品（椒江栅浦 1 号）TIC 图及分段 SIM 模式扫描图

（2）土壤

在所采集的 14 个表层土壤样品中，总 PBBs 的含量水平差异较大，其中两个点（样品 2012242、2012248）都未检出 PBBs，最高浓度值是 6.69 ng/g（样品 2012240、2012246），14 个样品的平均浓度值是 1.34 ng/g，从点位地图上看，样品 2012242、2012248 是河岸周边土壤，距离实际拆解区域较远，而样品 2012240、2012246 两点正处于拆解区域，这可能是其浓度相差较大的重要原因。从表 6-3-16 的详细数据可看出，在检出 PBBs 的 12 个土壤样品中，检出的 PBBs 全部是高溴代化合物，其中 BB153 检出率为 100%，其次为 BB209，检出率为 83.3%。但 BB209 浓度占总 PBBs 浓度的比例却最大，为 79.3%，而 BB153 浓度占总 PBBs 浓度的比例仅为 8.3%，这说明拆解地中以 BB209 污染为主。

表 6-3-16 土壤中 PBBs 的含量 单位：ng/g 干重

点位名称	BB15	BB18	BB52	BB101	BB153	BB180	BB194	BB206	BB209
2012240	nd	nd	nd	nd	0.290	0.224	0.036 8	0.327	5.81
2012241	nd	nd	nd	nd	0.110	0.034 5	nd	nd	0.032 6
2012242	nd	nd	nd	nd	nd	nd	nd	nd	nd
2012243	nd	nd	nd	nd	0.031 1	nd	0.010 4	0.131	0.652
2012244	nd	nd	nd	nd	0.011 3	0.010 2	0.045 5	0.077 4	0.665
2012245	nd	nd	nd	nd	0.112	0.017 0	nd	nd	0.022 3
2012246	nd	nd	nd	nd	0.044 5	0.023 1	0.204	0.671	5.70
2012247	nd	nd	nd	nd	0.026 9	0.013 5	0.019 9	0.032 2	0.196
2012248	nd	nd	nd	nd	nd	nd	nd	nd	nd
2012249	nd	nd	nd	nd	0.031 6	nd	nd	nd	0.478
2012250	nd	nd	nd	nd	0.011 3	nd	nd	nd	nd
2012251	nd	nd	nd	nd	0.078 5	nd	nd	nd	nd
2012252	nd	nd	nd	0.010 3	0.706	0.214	0.014 3	0.077 9	0.720
2012253	nd	nd	nd	nd	0.113	0.049 8	0.012 7	0.060 5	0.609

（3）沉积物

14 个沉积物样品中 PBBs 检出率为 35.7%，检出率低于土壤检出率，且 PBBs 总含量也低于土壤中 PBBs，检出的 PBBs 化合物同类物与土壤中检出同类物相似，都是以高溴代 PBBs 为主，总含量范围为 nd～6.05 ng/g，从地图上看，PBBs 检出点主要集中于地图北边，此处距离拆解区最近，隔河较近，而地图东南角点位基本都未检出，此处距拆解区较远，紧贴河流。

表 6-3-17　沉积物中 PBBs 的含量　　　　　　　　　　单位：ng/g 干重

点位	PBB15	PBB18	BB52	PBB101	PBB153	PBB180	PBB194	PBB206	PBB209
椒江北岸 3 号	nd	nd	nd	nd	nd	nd	nd	nd	nd
黄琅 1 号	nd	nd	nd	nd	nd	nd	nd	nd	nd
椒江大桥 4 号	nd	nd	nd	nd	nd	nd	0.020 4	0.253	2.68
黄琅 4 号表层	nd	nd	nd	nd	nd	nd	nd	nd	nd
椒江 2 桥上游西	nd	nd	nd	nd	nd	nd	nd	nd	nd
椒江黄岩断面中间点	nd	nd	nd	nd	nd	nd	nd	0.037 6	0.411
椒江北岸柱状 10″以后	nd	nd	nd	nd	nd	nd	nd	nd	nd
黄琅 5 号	nd	nd	nd	nd	nd	nd	nd	nd	nd
黄琅 6 号柱从底记	nd	nd	nd	nd	nd	nd	nd	nd	nd
岩头闸上游	nd	nd	nd	nd	nd	nd	nd	nd	0.468
椒江 2 桥下游	nd	nd	nd	nd	nd	nd	nd	0.078 1	0.052 9
椒江栅浦 1 号	nd	nd	nd	nd	nd	nd	0.027 5	0.286	5.73
西琅 2 号柱	nd	nd	nd	nd	nd	nd	nd	nd	nd
黄琅 3 号表层	nd	nd	nd	nd	nd	nd	nd	nd	nd

总体而言，我国土壤和沉积物中 PBBs 污染还处于一个较低水平，电子垃圾拆解地土壤中 PBBs 含量（nd～6.69 ng/g）远低于溴系阻燃剂生产工厂周边土壤中 PBBs 含量（16～3 500 mg/kg）。

6.3.9　质量保证和质量控制技术要求

6.3.9.1　空白实验

空白实验分为试剂空白与全程序空白。试剂空白用于检查分析仪器的污染情况；全程序空白用于检查样品制备过程的污染程度。任何样品的仪器分析都应该同时分析待测样品溶液所使用的溶剂作为试剂空白，所有试剂空白测试结果应低于方法检出限的 1/3。全程序空白实验的目的是为了建立一个不受污染干扰的分析环境。全程序空白除无实际样品外，按照与样品分析相同的操作步骤进行样品制备、前处理仪器分析和数据处理，全程序空白应低于方法检出限。如果操作过程中的污染得到了充分的控制，就不必每次重复操作空白实验。但在样品制备过程有重大变化（如使用新的试剂或仪器器具，或者仪器维修后再次使用时）或样品可能导致交叉污染时（如高浓度样品）应进行全程序空白的分析。

6.3.9.2 平行和基体加标实验

平行实验频度取样品总数的10%左右。大于检出限3倍以上的平行实验结果取平均值，单次平行实验结果应在平均值的±30%以内，每10个样品或每批样品分析时进行一个样品的基体加标回收实验。回收率应在70%～130%，若回收率超出70%～130%，应查找原因，重新进行提取和净化操作。

6.3.9.3 回收率指示物

应始终对回收率指示物的回收率进行确认。若回收率指示物的回收率超出70%～130%，应查找原因，重新进行提取和净化操作。

6.3.9.4 检出限确认

本方法规定了两种检出限，即仪器检出限和方法检出限。应对这两种检出限进行检验和确认。经常对仪器进行检查和调谐，当改变测量条件时应确认仪器检出限没有出现异常。应定期检查和确认方法检出限，当样品制备或测试条件改变时应检验和确认方法检出限。不同的实验条件或操作人员可能得到不同的方法检出限。

6.3.9.5 操作要求和注意事项

（1）采样器材

采样设备和材料应当在使用之前充分洗净避免污染。采样工具应冲洗干净以减少引入污染的可能性，必要时应用水和有机溶剂清洗，避免采集的样品间的交叉污染。

（2）样品

采集到的样品应被贮存在密闭容器内以防泄漏或被周围环境所污染。样品运输或贮存时应避光贮存。

（3）样品前处理

样品萃取之前应充分干燥（在干净的空气中风干或冷冻干燥），特别注意在不洁净的实验室可能会引入污染。

由于使用净化柱填充材料的产品厂商及批次的不同，可造成填充材料的活性有所差异，因此在实际测试样品之前需要进行洗脱试验，以确定最佳实验条件，保证样品中的PBBs不会发生损失。

（4）定性和定量

确认气相色谱仪响应的稳定性、每种PBBs的保留时间在合理的范围以及色谱峰有效分离。保留时间的变动通常是由于分离柱的性能退化引起的，如果分析目标化合物不能与其他化合物充分分离，可以尝试把色谱柱的一端或两端截掉10～30 cm；如果问题仍没有解决，则应更换新的色谱柱。

质谱仪必须使用质量校准物质（PFTBA）调谐。通过仪器的质量校正程序进行质量校正。检查仪器的基本参数，如灵敏度等，记录和贮存调试结果。

为保证气相色谱/质谱联用仪的工作性能，应定期检查和维护 GC-MS 系统，定期更换玷污的衬管和清洗离子源。

6.3.10　小结

本研究根据 PBBs 的生产及使用状况，确定了 PBBs 的主要研究同类物，以商业六溴、八溴、十溴联苯产品的主要同系物为主，包括 BB18、BB52、BB101、BB153、BB180、BB194、BB206、BB209。所建立的多环境介质（环境空气、水、土壤/沉积物）中 PBBs（BB18、BB52、BB101、BB153、BB180、BB194、BB206、BB209）的分析方法，包括采样、前处理及仪器分析技术。并按照本方法建立的分析步骤，对方法进行精密度及准确度实验，环境空气中 PBBs 的方法检出限为 0.12～2.6 pg/m³，土壤/沉积物中 PBBs 的方法检出限为 0.02～0.39 μg/kg，水体中 PBBs 的方法检出限为 0.02～0.7 ng/L。

环境空气中 PBBs 的空白基质加标实验结果表明，加标回收率为 81%～105%，相对标准偏差为 4.4%～10%。实际样品加标回收实验：回收率为 81%～105%，相对标准偏差为 5.2%～10%。土壤/沉积物中 PBBs 的空白基质加标实验结果表明，回收率为 83%～101%，相对标准偏差为 9.4%～11%；实际样品加标回收实验：回收率为 81%～103%，相对标准偏差为 8.7%～11%。水体中 PBBs 的空白基质加标实验：回收率为 83%～103%，相对标准偏差为 4.2%～12%，实际样品加标回收实验：回收率为 86%～103%，相对标准偏差为 6.3%～14%。方法的精密度和准确度满足质控要求（回收率 70%～130%，相对标准偏差小于 20%）。

应用本研究方法分别对北京中日友好环境保护中心楼顶大气、浙江台州某电子垃圾拆解地的土壤/沉积物、北京元大都公园的地表水进行了监测，大气中 PBBs 的含量小于 2.6 pg/m³，北京元大都公园地表水中 PBBs 的含量小于 0.7 ng/L，浙江台州某电子垃圾拆解地的土壤/沉积物中 PBBs 的含量 0～6.69 ng/g。根据本研究所监测的数据，我国城市大气、地表水中 PBBs 的污染程度较轻，但电子垃圾拆解地及其周边土壤、沉积物受不同程度污染。

6.4　环境中十氯酮监测技术研究

尽管十氯酮在国内的生产和使用状况未见详细报道，但是由于十氯酮是灭蚁灵的降解产物，并且工业级的灭蚁灵中含有十氯酮，我国直至 2009 年 5 月还尚未停止生产和使用灭蚁灵，尤其在江苏。因此，有可能存在十氯酮的污染，也更需要加快开展对各种环境介质中十氯酮的污染现状研究，以保护环境和人类的健康。本书从建立环境介质中的十氯酮的分析方法入手，调查我国环境介质中十氯酮的污染状况。

6.4.1　方法概要

水环境中十氯酮采用液液萃取的方式提取，用液液分配净化方法，浓缩后进液相色谱串联质谱（LC/MS/MS）定性定量分析。土壤和沉积物中十氯酮采用索氏抽提的方式提取，用液液分配净化方法，浓缩后进液相色谱串联质谱（LC/MS/MS）定性定量分析。

6.4.2　试剂与仪器

6.4.2.1　试剂与材料

（1）丙酮、正己烷、二氯甲烷、乙酸乙酯、甲苯：农药残留分析纯级（美国 JT Baker 公司）。

（2）甲醇、乙腈：HPLC 级（美国 Honeywell 公司）。

（3）无水硫酸钠：分析纯（天津市津科精细化工研究所），400℃下加热 6 h 后自然冷却。保存在密封干净的试剂瓶中。

（4）氯化钠（NaCl）：分析纯（国药集团化学试剂有限公司），在 400℃下烘烤 6 h，冷却后，贮于磨口玻璃瓶中密封保存。

（5）硅胶：层析填充柱用硅胶（70～230 目）（美国 Sigma 公司），在烧杯中用甲醇洗净，甲醇挥发完全后，在蒸发皿中摊开，厚度小于 10 mm。130℃下干燥 18 h，然后放入干燥器冷却 30 min，装入试剂瓶中密封，保存在干燥器中，硅胶采用 3%灭活硅胶。

（6）十氯酮：纯度 99.9%（美国 AccuStandard 公司）。

（7）硫丹醚和硫丹内酯：纯度 99.9%（美国 Sigma-Aldrich 公司）。

（8）α-硫丹、β-硫丹和硫丹硫酸盐的正己烷标准溶液：10 μg/ml（美国 Sigma-Aldrich 公司）。

（9）$^{13}C_{12}$-PCB101 标准溶液：质量浓度 40 μg/ml（溶剂壬烷）（美国 Cambridge Isotope Laboratories（CIL）公司）。

（10）$^{13}C_{12}$-kepone 标准溶液：质量浓度 100 μg/ml（溶剂壬烷）[美国 Cambridge Isotope Laboratories（CIL）公司]。

（11）实验用水：新制备的去离子水或蒸馏水或通过纯水设备制备的液相色谱级用水。

6.4.2.2　仪器和设备

（1）分析天平（日本柴田公司）；

（2）ASE300 快速溶剂萃取仪（美国 DIONEX 公司）；

（3）RE111 旋转蒸发浓缩仪（瑞士 Büchi）；

（4）索氏抽提装置（日本柴田公司）；

（5）Agilent 7890/5975C 气相色谱质谱联用仪（美国安捷伦科技有限公司）；

（6）Agilent1200-6410A 高效液相色谱-质谱联用仪（HPLC-MS/MS）（美国安捷伦科技有限公司）。

6.4.3　样品采集和保存

6.4.3.1　水质样品

样品必须采集在预先洗净烘干的采样瓶中，采样前不能用水样预洗采样瓶，以防止样品的玷污或吸附。采样瓶要完全注满，不留气泡。若水中有残余氯存在，要在每升水中加入 80 mg 硫代硫酸钠除氯。样品采集后应避光于 4℃以下冷藏，在 7 d 内萃取，萃取后的样品应避光于 4℃以下冷藏，在 40 d 内分析完毕。

6.4.3.2　土壤样品

土壤样品参照《土壤环境监测技术规范》（HJ/T 166—2004）和《海洋监测规范　第 3 部分：样品采集、储存与运输》（GB 17378.3—2007）的有关要求采集。样品保存在事先清洗洁净，并用有机溶剂处理不存在干扰物的磨口棕色玻璃瓶中。运输过程中应密封避光、冷藏保存，途中避免干扰引入或样品的破坏，尽快运回实验室进行分析。如暂不能分析应在 4℃以下冷藏保存。

6.4.4　样品制备和萃取

6.4.4.1　水质样品

水质样品前处理方法是对痕量有机污染物进行测定分析的关键步骤，本研究采用液-液萃取的方式。

摇匀水样，量取 1 000 ml 样品（萃取所用水样体积根据水质情况可适当增减），倒入 2 000 ml 的分液漏斗中，加入 30 ml 二氯甲烷，振摇 10 min，静置分层，收集有机相，在漏斗里加入无水硫酸钠，放入 250 ml 接收瓶中，重复萃取三遍，合并有机相，旋转蒸发浓缩并交换溶剂为正己烷，氮吹浓缩定容至 1 ml，待净化。如果是饮用水和地下水的萃取液可不经过柱净化，直接加入 10 μl 5 μg/ml $^{13}C_{12}$-PCB101 进样内标，上机分析。

注：在萃取过程中出现乳化现象时，可采用搅动、离心、用玻璃棉过滤等方法破乳，也可采用冷冻的方法破乳。另外，在样品分析时若预处理过程中溶剂转换不完全（即有残存正己烷或二氯甲烷），会出现保留时间漂移、峰变宽的现象。

为了考察 NaCl 浓度对萃取效率的影响，萃取时在空白水样（农夫山泉）中分别加入 1%NaCl 和 3%NaCl，然后加入 10 μl 质量浓度为 100 μg/ml 十氯酮混合标准溶液，按上述步骤进行液-液萃取。结果表明，NaCl 浓度对各化合物的回收率没有影响（图 6-4-1）。

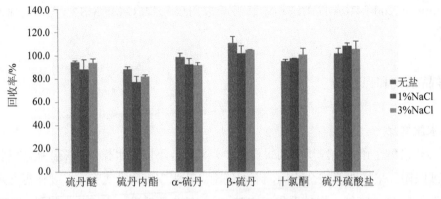

图 6-4-1　NaCl 对萃取效率的影响

6.4.4.2　土壤样品

土壤样品经风干过筛后，一般称取 10 g 左右进行萃取，萃取方法选择索氏萃取，萃取溶剂为丙酮/正己烷（1+1），回流 16 h。样品溶液经过旋转蒸发浓缩后用 10 ml 正己烷进行溶剂交换，浓缩至 1 ml 左右，进行净化。

研究中考察了溶剂对萃取效率的影响。称取 1.00 g 土壤样品于试管中，分别加入 10 ml 正己烷、丙酮、甲醇、二氯甲烷和甲苯溶剂，然后添加 10 μl 400 μg/ml 十氯酮标准溶液，振荡半小时后，离心分离，移取 1.00 ml 上清液并加入内标溶液，上机待测。实验结果（表 6-4-1）表明使用丙酮萃取十氯酮的效果最好，正己烷的萃取效果最差。由于十氯酮属于中等极性化合物，在土壤中的吸附力较强，所以必须采用极性有机溶剂。

表 6-4-1　采用不同萃取溶剂十氯酮的回收率　　　　　　　　单位：%

溶剂	正己烷	丙酮	甲醇	二氯甲烷	甲苯
十氯酮回收率	6.42	106	66.4	23.9	19.0

6.4.5　样品净化条件研究

净化是指通过物理或化学的方法去除提取物中对测定有干扰作用的杂质的过程。由于十氯酮极性较强，在土壤中有较强的吸附性，萃取时所采用的有机溶剂的极性强，共萃取的杂质较多，因此如何有效地净化样品，达到很好的净化效果，降低杂质的干扰是非常重要的环节。

6.4.5.1 柱层析净化

柱层析法是一种应用最普遍的方法，常用来做净化处理的层析柱主要有佛罗里硅土柱、氧化铝柱、硅胶柱、活性炭柱以及其他复合填料柱等，本书选用的是硅胶柱。

（1）硅胶层析柱的制备

先将用有机溶剂浸提干净的脱脂棉填入玻璃层析柱底部，依次加入 1 g 无水硫酸钠、6 g 硅胶吸附剂，轻敲柱子，再添加 1 g 无水硫酸钠。用 60 ml 正己烷淋洗，避免填料中存在明显的气泡。当溶剂通过柱子开始流出后关闭柱阀，浸泡填料至少 10 min，然后打开柱阀继续加入正己烷，至全部流出，剩余溶剂刚好淹没硫酸钠层，关闭柱阀待用。如果填料干枯，需要重新处理。临用时装填。

（2）淋洗条件和层析柱选择

在净化柱上添加 1 μg/ml 混合标准溶液 100 μl（100 ng），进行净化实验。

①实验 1：采用 6 g 硅胶柱，淋洗液为 120 ml 20%二氯甲烷/正己烷，仅有α-硫丹、硫丹醚、硫丹硫酸盐完全洗脱，β-硫丹还未洗脱完毕，未见硫丹内酯和十氯酮。说明洗脱液的极性不够，硫丹内酯和十氯酮极性较大，在柱中保留较强。

②实验 2：采用 6 g 硅胶柱，淋洗液为 120 ml 40%二氯甲烷/正己烷，α-硫丹（0～30 ml，120%）、硫丹醚（20～45 ml，68.2%）、硫丹硫酸盐（20～45 ml，106%）、β-硫丹（30～45 ml，73.4%）、硫丹内酯（75～120 ml，107%）完全洗脱，十氯酮未被洗脱。

③实验 3：采用 6 g 硅胶柱，淋洗液为 90 ml 30%二氯甲烷/正己烷和 60 ml 10%乙酸乙酯/正己烷，α-硫丹（10～30 ml，84.8%）、硫丹醚（30～60 ml，99.3%）、硫丹硫酸盐（40～60 ml，98%）、β-硫丹（40～70 ml，120%）、硫丹内酯（120～150 ml，100%）完全洗脱，十氯酮未被洗脱。

④实验 4：采用 4 g 硅胶柱和 4 g 氧化铝柱，淋洗液为 120 ml 30%二氯甲烷/正己烷和 50 ml 50%二氯甲烷/正己烷，α-硫丹（10～30 ml，89.1%）、硫丹醚（20～50 ml，96.1%）、硫丹硫酸盐（30～50 ml，94.5%）、β-硫丹（30～60 ml，113%）完全洗脱，硫丹内酯、十氯酮未被洗脱。

比较四组实验结果（表 6-4-2），各化合物在柱上的保留性依次为：α-硫丹＜硫丹醚＜硫丹硫酸盐＜β-硫丹＜硫丹内酯＜十氯酮。通常采用的洗脱溶剂的强度可以将α-硫丹、硫丹醚、硫丹硫酸盐和β-硫丹完全洗脱，而要将极性较强的硫丹内酯和十氯酮洗脱下来必须使用较强的洗脱溶剂。与硅胶柱相比，氧化铝柱对硫丹内酯和十氯酮保留性更强。

表 6-4-2　四次净化实验的结果比较

编号	净化柱	淋洗液		α-硫丹	硫丹醚	硫丹硫酸盐	β-硫丹	硫丹内酯	十氯酮
实验1	硅胶 (6 g)	20%二氯甲烷-己烷（120 ml）	淋洗液体积/ml	20～45	45～120	70～120	80～120	未被洗脱	未被洗脱
			回收率/%	96.2	98.4	97.8	68.6		
实验2	硅胶 (6 g)	40%二氯甲烷-己烷（120 ml）	淋洗液体积/ml	0～30	20～45	20～45	30～45	75～120	未被洗脱
			回收率/%	120	68.2	106	73.4	107	
实验3	硅胶 (6 g)	30% 二氯甲烷-己烷（90 ml）+ 10%乙酸乙酯-己烷（60）	淋洗液体积/ml	10～30	30～60	40～60	40～70	120～150	未被洗脱
			回收率/%	84.8	99.3	98	120	100	
实验4	硅胶 (4 g) + 氧化铝 (4 g)	30%二氯甲烷-己烷（120 ml）+ 50%二氯甲烷-己烷（50 ml）	淋洗液体积/ml	10～30	20～50	30～50	30～60	未被洗脱	未被洗脱
			回收率/%	89.1	96.1	94.5	113		

综合以上实验结果，结合 Moseman 等研究的方法，本研究采用硅胶柱填料，以 2%甲醇+10%甲苯的正己烷溶液进行样品的净化，洗脱曲线见图 6-4-2。本研究发现，采用 3%灭活硅胶湿法填柱淋洗曲线比较稳定，并且应该每隔一段时间重新做一次洗脱曲线。

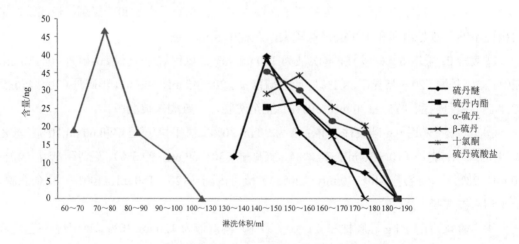

图 6-4-2　各化合物淋洗曲线示意图

6.4.5.2　硫酸净化实验

在分液漏斗中加入 2 ml 左右正己烷，然后加入 10 μl 质量浓度为 10 μg/ml 的十氯酮和硫丹类混合标准溶液，再加入 3 ml 左右浓硫酸进行酸洗，之后有机相经 3%NaHCO₃ 溶液洗涤后，通过加入无水硫酸钠的漏斗收集到茄形瓶中，经过旋转蒸发浓缩、氮吹浓缩后，定容到 1 ml，加入内标上机待测。

实验结果表明，十氯酮和硫丹类化合物均不耐受浓硫酸，在浓硫酸中发生分解反应。

将上述步骤中的浓硫酸改为 60% 的硫酸溶液后,实验结果表明硫丹类化合物的回收率大约为 70%,而十氯酮的回收率大约仅为 30%。因此,硫酸不适用于此类化合物的净化。

6.4.5.3　液-液分配净化实验

（1）一步反萃取

在 200 ml 实验用水中加入 50 ng 十氯酮的标准溶液（丙酮溶剂）,分别以 20 ml 二氯甲烷萃取两次,合并萃取液,浓缩后用 15 ml 丙酮交换一次,然后氮吹浓缩,用乙腈定容,上机待测（目的是除去极性化合物）。此时十氯酮的回收率为 84%。

（2）两步反萃

在 200 ml 实验用水中加入 50 ng 十氯酮的标准溶液（丙酮溶剂）,分别以 20 ml 二氯甲烷萃取两次,合并萃取液,浓缩后用 15 ml 正己烷交换一次,提取定容至 6 ml 左右。再加入 2 ml 乙腈进行液-液分配,提取乙腈相,然后氮吹浓缩,用乙腈定容后,上机待测（目的是先除去极性化合物,然后是非极性化合物）。此时十氯酮的回收率为 75%。

6.4.6　样品浓缩

在 20 ml 丙酮溶液中加入 40.0 ng 十氯酮标准溶液,经旋转蒸发浓缩后进行测定。另外,在 10 ml 丙酮溶液中加入 50.0 ng 十氯酮标准溶液,经氮气吹扫浓缩后进行测定。实验结果（表 6-4-3）表明,旋转蒸发和氮气吹扫浓缩过程对十氯酮均无影响。

表 6-4-3　旋转蒸发和氮气吹扫浓缩过程对十氯酮回收率（%）的影响

浓缩方式	实验次数			平均值	标准偏差	相对标准偏差/%
	1	2	3			
旋转蒸发	99.5	94.5	92.5	107	3.61	3.78
氮气吹扫	103	101	105	103	2.12	2.06

6.4.7　气相色谱-质谱分析

十氯酮的测定目前主要通过气相色谱电子捕获检测器（GC/ECD）以及色谱和质谱联用技术进行,可选用的检测方法有气相色谱质谱（GC/MS）、液相色谱质谱（HPLC/MS/MS）等仪器分析方法,气相色谱-质谱法通常是有机物分析中常用的检测手段除了灵敏度高外,还能克服基质干扰的影响,避免实际分析中错误识别化合物。本书分别建立了气相色谱质谱（GC/MS）和液相色谱质谱（HPLC/MS/MS）的仪器分析方法。

6.4.7.1　气相色谱条件

进样口温度为 260℃,不分流,或分流进样（样品浓度较高或仪器灵敏度足够时）;进样量为 2 μl,柱流量为 1.55 ml/min（恒流）。

柱温：60℃（1 min）→50℃/min→180℃（1 min）→5℃/min →240℃（2 min）→

30℃/min→300℃（5 min）。

色谱柱为 30 m×0.25 mm×0.25 μm（固定相为 5%苯基-甲基聚硅氧烷），气相色谱-质谱图见图 6-4-3（由于本方法同时适用硫丹类化合物，本书也列出了其他化合物的出峰顺序）。各化合物在图中的出峰顺序依次为：硫丹醚、硫丹内酯、α-硫丹、β-硫丹、十氯酮、硫丹硫酸盐、$^{13}C_{12}$-PCB101（内标）。

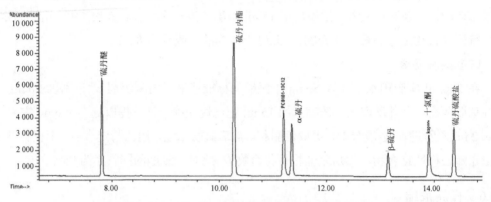

图 6-4-3　100 ng/ml 十氯酮等混合标准溶液 SIM 图

（1）色谱柱选择

色谱柱最好的是 J&W 公司的 DB5MS 柱，如果是其他公司的 5MS 色谱柱则需要经过拖尾检验。本实验发现 Rtx-5MS 色谱柱拖尾比较厉害，而 J&K 5MS 色谱柱进样后则没有化合物的峰丢失。

（2）进样口惰性检查

进样系统需保持清洁（如衬管和色谱柱），每隔一段时间视进样的数量和清洁度，检查十氯酮的降解程度。如果十氯酮响应很差或出现较差的色谱峰，则需要更换衬管或老化色谱柱。图 6-4-3 是衬管清洁时十氯酮标准溶液谱图，图 6-4-4 是衬管受污染情况时十氯酮标准溶液谱图。

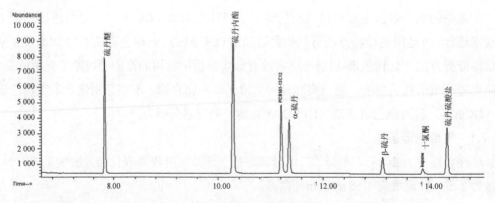

图 6-4-4　100 ng/ml 十氯酮等混合标准溶液 SIM 图（衬管受污染情况）

6.4.7.2　质谱分析条件

样品中目标物的定性可通过全扫模式进行标准谱库谱图检索，必要时借助软件扣除干扰的功能发现化合物主离子和特征离子并和标准谱图进行比对，难以分辨的同分异构体可通过标准物质的保留时间辅助谱库检索来定性。也可通过提取离子分析主离子碎片、特征碎片的丰度比与标准物谱图匹配来定性。

6.4.7.3　定性和定量分析

（1）定性分析

样品中目标物的定性可通过全扫模式进行标准谱库谱图检索，必要时借助软件扣除干扰的功能发现化合物主离子和特征离子并和标准谱图进行比对，难以分辨的同分异构体可通过标准物质的保留时间辅助谱库检索来定性。也可通过提取离子分析主离子碎片、特征碎片的丰度比与标准物谱图匹配来定性。

用质谱图中主离子作为定量离子的峰面积定量，内标法定量。定量离子参见表 6-4-4。当样品中目标物的主离子有干扰时，可以使用特征离子定量。

表 6-4-4　十氯酮及硫丹类化合物定量离子及特征离子质量数

编号	化合物名称	英文名称	CAS	定量离子（m/z）	参考离子（m/z）
1	硫丹醚	Endosulfan ether	3369-52-6	238.9	240.9、276.9
2	硫丹内酯	Endosulfan lacton	3868-61-9	276.9	320.9、238.8
3	α-硫丹	α-Endosulfan	959-98-8	236.8	240.9、194.9
4	β-硫丹	β-Endosulfan	33213-65-9	194.9	236.8/160.0
5	十氯酮	Kepone/chlordecone	143-50-0	271.8	273.8、236.8
6	硫丹硫酸盐	Endosulfan sulfate	1031-07-8	271.8	273.8/386.8
7（IS）	$^{13}C_{12}$-PCB101	—	—	337.9	339.9

（2）定量分析

用质谱图中主离子作为定量离子的峰面积定量，内标法定量。定量离子参见表 6-4-4。当样品中目标物的主离子有干扰时，可以使用特征离子定量。

配制 5 个不同浓度的标准系列：10.0 ng/ml、50.0 ng/ml、100 ng/ml、200 ng/ml、500 ng/ml，同时，向每个浓度的溶液中加入 10 μl 内标使用液使内标含量为 40 ng。化合物的校正曲线见图 6-4-5（由于本方法同时适用硫丹类化合物，本书也列出了其校准曲线）。

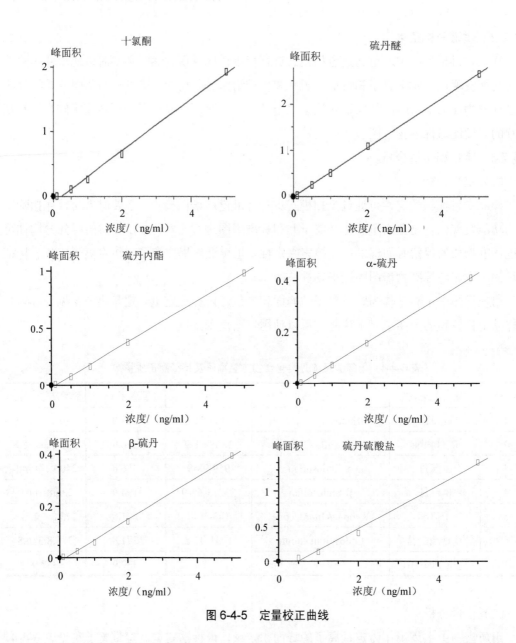

图 6-4-5 定量校正曲线

6.4.8 高效液相色谱-三重四极杆串联质谱分析

由于十氯酮是中等极性化合物,在使用气相色谱分析时,在色谱柱中容易拖尾(尤其是在某些色谱柱中拖尾严重),并且在衬管中易分解,因此更适用于液相色谱质谱分析(LC/MS/MS)。

6.4.8.1　液相色谱分析条件

色谱柱为 Eclipse plus C18 柱（100 mm×2.1 mm，3.5 μm），流动相流速为 0.3 ml/min，柱温 30 ℃，进样量 10 μl，流动相：A 为水相和 B 为乙腈，梯度洗脱条件：0～1.0 min，50% B；1.0～3.0 min，50%～100% B；3.0～6.0 min，100% B；6.0～8.0 min，100% ～ 50% B；8.0～9.0 min，50% B。

由于十氯酮在不同溶剂中的存在形式不一样，所以实验中考察了乙腈/水和甲醇/水两种流动相对十氯酮的影响。对丙酮溶剂的十氯酮标准溶液，全扫描模式（MS^2 Scan）下的结果表明，在甲醇/水中出现两个化合物而乙腈/水出现一个化合物（图 6-4-6 和图 6-4-7），再一次证实了十氯酮在甲醇和丙酮中的存在形态不同。因此本书采用乙腈/水流动相。

6.4.8.2　三重四极杆串联质谱分析条件

电喷雾负离子模式 ESI（－），毛细管电压 4 000 V，雾化器压力 35 psi，干燥气流速 10 L/min，干燥气温度 350℃。十氯酮的质谱监测离子对质谱条件见表 6-4-5。

表 6-4-5　十氯酮质谱监测离子对质谱条件

编号	化合物名称	英文名称	MRM 离子对（m/z）	电离能	碰撞能/eV
1	十氯酮	Kepone/chlordecone	506.7→490.6	130	35
2（IS）	$^{13}C_{12}$-kepone	—	516.8→435.7	140	25

鉴于十氯酮在甲醇和丙酮两种溶剂中的存在形态不同，通过全扫描模式（MS^2 Scan），在甲醇溶剂的标准溶液中得到十氯酮的母离子质荷比（m/z）是 520.8，而丙酮/乙腈溶剂中得到的母离子 m/z 为 506.7。这充分说明了十氯酮在甲醇中以半缩醛的形式存在，而在丙酮中以偕二醇的形式存在。在甲醇中得到母离子 m/z 为 520.8，而十氯酮的分子量是 490.6，因此从 520.8→490.6 丢失的质荷比为 30.2，如果以半缩醛的形式存在则是在其分析结构式上连接一个甲氧基（—CH_3O），当采用 ESI 负模式电离时，连接的—OH 失去 H 原子，其分子量为 520.8，这一过程证实了十氯酮在甲醇中以半缩醛的形式存在（图 6-4-8）。

在丙酮/乙腈溶剂中得到母离子 m/z 为 506.7，而十氯酮的分子量是 490.6，因此 506.7→490.6（图 6-4-9）。考虑到样品前处理的方式，本书采用丙酮溶剂的十氯酮标准溶液。

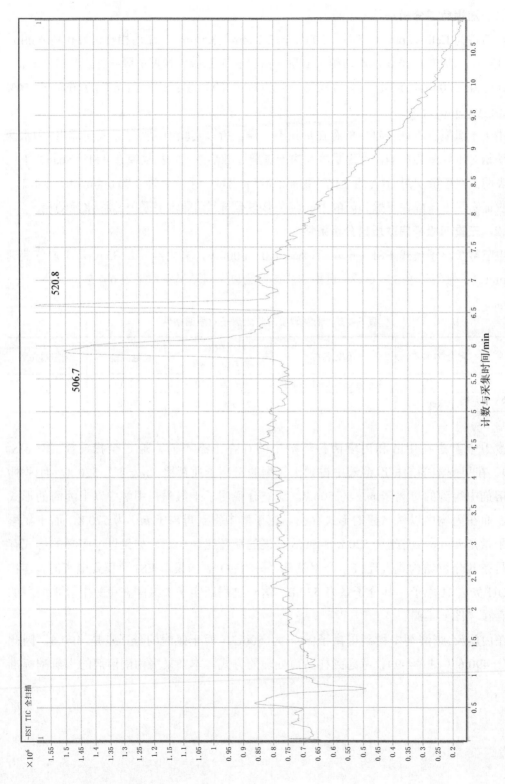

图 6-4-6　1 μg/ml 十氯酮标准溶液在甲醇/水流动相中的全扫描色谱图（MS² Scan）

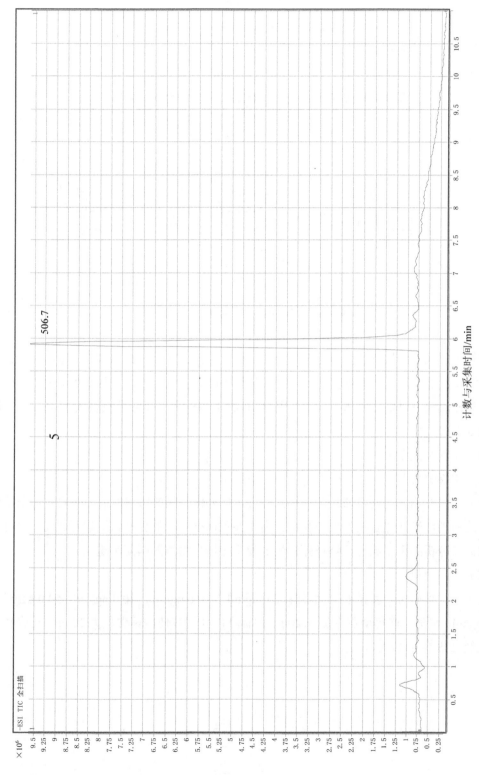

图 6-4-7　1 μg/ml 十氯酮标准溶液在乙腈/水流动相中的全扫描谱图（MS² Scan）

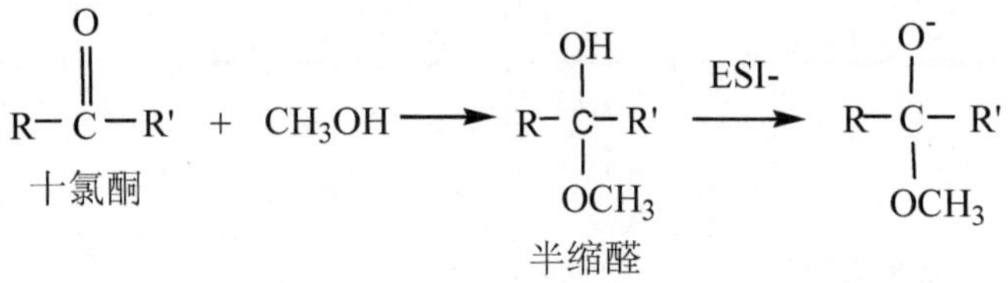

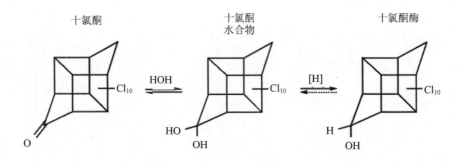

図 6-4-8　十氯酮在甲醇中的存在形式及 ESI 负模式结构式

十氯酮

十氯酮
水合物

十氯酮酶

図 6-4-9　十氯酮在丙酮中的存在形式

根据十氯酮的结构特征，本实验选择电喷雾离子源负离子模式（ESI-），通过对采集时间、干燥器流速、碰撞能量等参数的进行调整，获得了优化后的选择监测离子参数。适当提高干燥器流速可以优化色谱峰形，对应的 LC-MS /MS 的多反应监测模式（MRM）色谱图见图 6-4-10。

6.4.8.3　定性和定量分析

（1）定性分析

样品中目标物的定性可通过全扫模式进行，根据化合物的保留时间，必要时借助软件扣除干扰的功能发现化合物主离子和特征离子并和标准溶液的标准谱图进行比对，也可通过提取离子分析主离子碎片、特征碎片的丰度比与标准物谱图匹配来定性。

（2）定量分析

配制 5 个不同浓度的标准系列：5.0 ng/ml、10.0 ng/ml、20.0 ng/ml、50.0 ng/ml、100.0 ng/ml。同时，向每个点中加入 20 μl 内标中间使用液使内标含量为 20 ng。化合物的校正曲线见图 6-4-11。

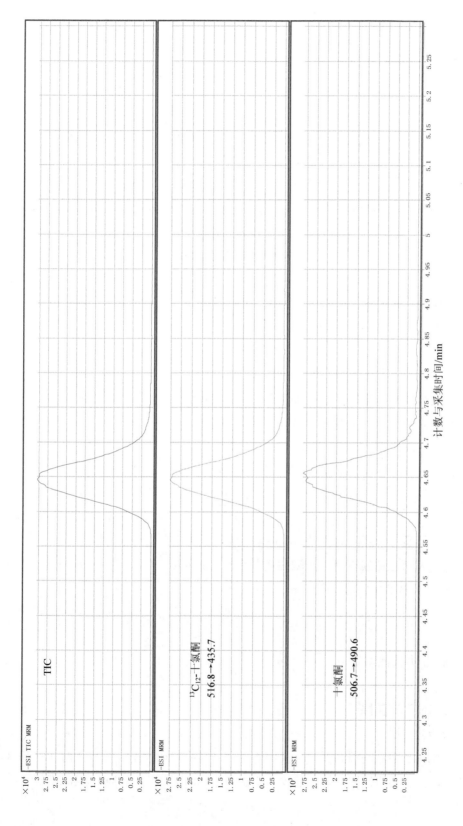

图 6-4-10　十氯酮的 MRM 色谱图

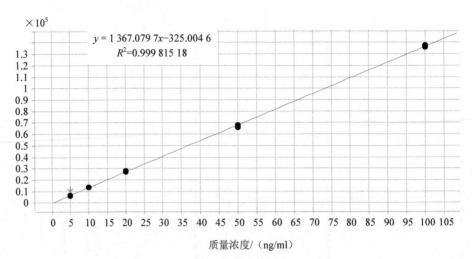

图 6-4-11　定量校正曲线

水质样品中十氯酮的含量按式（1）进行计算。

$$\rho = \frac{C \times V_1}{V} \tag{1}$$

式中：ρ —— 样品中十氯酮的含量，ng/L；

　　　C —— 从标准曲线查得十氯酮的质量浓度，ng/ml；

　　　V_1 —— 进样瓶中定容体积，ml；

　　　V —— 水样体积，L。

土壤样品中十氯酮的含量按式（2）进行计算。

$$\rho = \frac{C \times V_1}{m} \tag{2}$$

式中：ρ —— 样品中十氯酮的含量，μg/kg；

　　　C —— 从标准曲线查得十氯酮的质量浓度，ng/ml；

　　　V_1 —— 进样瓶中定容体积，ml；

　　　m —— 试样量，g。

6.4.9　分析方法特性参数

6.4.9.1　检出限和定量限

（1）仪器检出限

将十氯酮标准溶液逐级稀释，至仪器响应信号与噪声比大于或等于 3 时（$S/N \geqslant 3$）十氯酮的浓度即为仪器检出限。该方法仪器检出限为 0.01 ng（进样体积为 10 μl）。

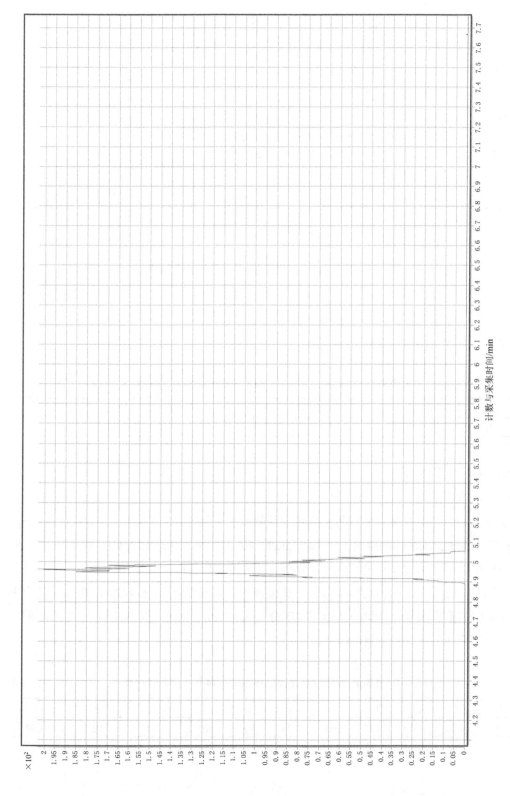

图 6-4-12　1 ng/ml 十氯酮标准溶液选择离子色谱图（SIM）

（2）水中十氯酮分析

分别向 7 份 1.0 L 空白水样（本实验选用农夫山泉水作为空白水样）中加入 5 ng 十氯酮标准溶液，按照样品分析的相同步骤，经过液-液萃取、净化、浓缩和仪器分析，测定空白加标样品结果，经过统计计算，获得检出限和测定下限结果（表 6-4-6）。本方法检出限为 0.7 ng/L，定量限为 2.8 ng/L。

表 6-4-6　水中十氯酮分析的方法检出限和测定下限

化合物	平均值/ng	标准偏差/ng	t 值	检出限/（ng/L） 1 L 水样	测定下限/（ng/L）
十氯酮	4.80	0.22	3.143	0.7	2.8

（3）土壤中十氯酮分析

分别向 7 份 10.0 g（精确至 0.01 g）空白土样（为经过丙酮萃取两遍、使用前于 500℃ 马弗炉中灼烧 4 h 后冷却后备用）中加入 10 ng 十氯酮标准溶液，按照样品分析的相同步骤进行分析，测定结果经过统计计算，获得检出限和测定下限结果（表 6-4-7）。本方法检出限为 0.1 μg/kg，测定下限为 0.4 μg/kg。

表 6-4-7　土壤中十氯酮分析的方法检出限和测定下限

化合物	平均值/ng	标准偏差/ng	t 值	检出限/（μg/kg）	测定下限/（μg/kg）
十氯酮	9.91	0.32	3.143	0.1	0.4

6.4.9.2　精密度和准确度

（1）水质样品

量取 1.00 L 实际水样（采自北京市元大都附近小月河惠新东桥西处），分别加入 5 ng、40 ng 和 100 ng 十氯酮标准溶液，配制成 5 ng/L、40 ng/L 和 100 ng/L 含量的基体加标样品，按照与样品分析相同的步骤进行分析，分别计算各浓度样品中十氯酮的含量和 7 个平行结果的平均值、标准偏差和相对标准偏差。结果表明（表 6-4-8～表 6-4-10），实际样品中未检出十氯酮，不同浓度十氯酮的加标回收率分别为 95.1%、96.0% 和 98.9%，三个浓度的相对偏差分别为 4.72%、3.85% 和 4.45%。

表 6-4-8　5 ng/L 水质样品基体加标精密度和准确度测定结果　　　　　　单位：ng/L

化合物	1	2	3	4	5	6	7	均值	回收率/%	RSD/%
十氯酮	4.32	4.87	4.81	4.98	4.74	4.93	4.63	4.75	95.1	4.72

表 6-4-9　40 ng/L 水质样品基体加标精密度和准确度测定结果　　　　单位：ng/L

化合物	1	2	3	4	5	6	7	均值	回收率/%	RSD/%
十氯酮	37.1	36.2	39.1	38.9	37.5	40.3	39.6	38.4	96.0	3.85

表 6-4-10　100 ng/L 水质样品基体加标精密度和准确度测定结果　　　　单位：ng/L

化合物	1	2	3	4	5	6	7	均值	回收率/%	RSD/%
十氯酮	96.3	97.6	102	99.2	96.8	107	93.6	98.9	98.9	4.45

（2）土壤样品

称取 10 g 实际土样（采自江苏农田土样），分别加入 10 ng、40 ng 和 100 ng 十氯酮标准溶液，配制成 1 μg/kg、4 μg/kg 和 10 μg/kg 含量的样品，按照与样品分析相同的步骤进行分析，分别计算各浓度样品中十氯酮的含量和 7 个平行结果的平均值、标准偏差和相对标准偏差。结果表明（表 6-4-11～表 6-4-13）实际土壤样品中未检出十氯酮，不同浓度十氯酮的加标回收率分别为 99.6%、98.5%和 99.0%，相对偏差分别为 5.94%、4.76%和 3.26%。

表 6-4-11　1 μg/kg 土壤样品基体加标精密度和准确度测定结果　　　　单位：μg/L

化合物	1	2	3	4	5	6	7	均值	回收率/%	RSD/%
十氯酮	0.92	0.96	1.07	0.95	0.94	0.98	1.04	0.98	99.6	5.94

表 6-4-12　4 μg/kg 土壤样品基体加标精密度和准确度测定结果　　　　单位：μg/L

化合物	1	2	3	4	5	6	7	均值	回收率/%	RSD/%
十氯酮	4.03	4.10	3.95	4.21	3.77	3.85	3.68	3.94	98.5	4.76

表 6-4-13　10 μg/kg 土壤样品基体加标精密度和准确度测定结果　　　　单位：μg/L

化合物	1	2	3	4	5	6	7	均值	回收率/%	RSD/%
十氯酮	9.75	10.1	9.66	9.53	9.82	9.94	10.5	9.90	99.0	3.26

6.4.10　质量保证和质量控制技术要求

6.4.10.1　空白试验

（1）试剂空白

所使用的有机试剂均应浓缩后（浓缩倍数视分析过程中最大浓缩倍数而定）进行空白检查，试剂空白测试结果中目标物浓度应低于方法检出限。

（2）方法空白

每批样品（不超过 20 个样品）应做一个方法空白试验，其测定结果中目标物浓度应不超过方法检出限。方法空白中每个内标特征离子的峰面积要在同批连续校准点中内标特征离子的峰面积的−50%～100%。其每个内标的保留时间与在同批连续校准点中相应内标保留时间相比，偏差要求在 30 s 以内。

6.4.10.2 基体加标

每批样品（不超过 20 个样品）应分析一对基体加标样品，加标浓度为原样品浓度的 1～5 倍或曲线中间浓度点，加标回收率范围可参考 60%～120%。

6.4.10.3 仪器性能检查

（1）气相色谱-质谱联用仪

①系统空白：将未经浓缩的正己烷加入 2 ml 样品瓶中，按照样品分析的仪器条件进样，TIC 谱图中应没有干扰物。当谱图中干扰较多或样品浓度较高时，应进行如此空白检查，如果出现较多的干扰峰或高温区出现干扰峰或流失过多，应检查污染来源，必要时采取更换衬管、清洗离子源或保养、更换色谱柱等措施。

②仪器真空度检查：应保证质谱系统保持 10^{-5}～10^{-6}Torr 的真空，水和空气的质量碎片峰低于 69 质量碎片的 20%。

③质谱检查：配制 50 mg/ml 十氟三苯基磷（DFTPP）溶液，注射 1 μl 入色谱仪中，得到的质谱图应全部符合表 6-4-14 中的标准。

表 6-4-14　十氟三苯基磷（DFTPP）离子丰度规范要求

质荷比（m/z）	相对丰度规范	质荷比（m/z）	相对丰度规范
51	198 峰（基峰）的 30%～60%	199	198 峰的 5%～9%
68	小于 69 峰的 2%	275	基峰的 10%～30%
70	小于 69 峰的 2%	365	大于基峰的 1%
127	基峰的 40%～60%	441	存在且小于 443 峰
197	小于 198 峰的 1%	442	基峰或大于 198 峰的 40%
198	基峰，丰度 100%	443	442 峰的 17%～23%

④定性分析：对标准样品的定性采用全扫模式，在初次分析、气相色谱条件改变、重新调谐、色谱柱变化（如切短等）的条件下，进行全扫描，确定化合物的保留时间，同时进行标准谱库谱图检索。必要时，借助软件扣除干扰的功能发现化合物主离子和特征离子并和标准谱图进行比对，难以分辨的同分异构体可通过标准物质的保留时间辅助谱库检索来定性。也可通过提取离子分析主离子碎片、特征碎片的丰度比与标准物谱图匹配来定性。

样品中目标化合物的保留时间与标准溶液中目标化合物的保留时间差在±5 s以内，同时，样品中目标化合物的定量离子的色谱峰强度对参考离子1的色谱峰的相对强度与标准溶液中目标化合物的定量离子的色谱峰强度对参考离子1色谱峰的相对强度比较误差在±20%以下时，判定该目标化合物的存在。若误差＞±20%，则要分析原因，有可能是由于杂质峰引起的或其他原因引起的，然后查看参考离子2的峰是否在范围内，若在范围内则是此化合物，若不在范围内则不是。

（2）液相色谱-三重四极杆质谱联用仪

①系统空白：将未经浓缩的甲醇加入2 ml样品瓶中，按照样品分析的仪器条件进样，TIC谱图中应没有干扰物。当谱图中干扰较多或样品含量较高时，应进行空白检查，如果出现较多的干扰峰或流失过多，应检查污染来源，必要时采取冲洗色谱柱、喷雾室和毛细管、更换过滤器筛板和泵油等措施。

②定性分析：对标准样品的定性采用全扫模式，在初次分析、液相色谱条件改变、重新调谐、更换液相色谱柱的条件下，进行全扫描，确定化合物的保留时间以及化合物的离子碎片的特征。也可通过提取离子分析主离子碎片、特征碎片的丰度比与标准物谱图匹配来定性。

③定量分析：对于未知样的定量气相色谱质谱采用选择离子模式（SIM）分析，液相色谱串联质谱采用多反应监测模式（MRM）分析。通常用校准曲线进行定量。校准曲线法可选用外标校准和内标校准两种方法。用校准曲线定量目标化合物时，目标化合物的浓度不得超过校准曲线的上限，超过初始校准曲线上限的样品应稀释后重新进行分析。

采用外标校准曲线法时，配制5个浓度水平的待测标准溶液，最低浓度应接近或略高于检出限。采用内标校准曲线法时，配制含恒定内标物质的5个浓度水平的待测标准溶液，低浓度也应接近或略高于检出限。最高浓度均不得超出仪器的线性响应范围。

6.4.10.4 定量校准

连续进样分析时，每12 h测定目标物定量校准曲线中中间浓度的标准溶液，确认其灵敏度变化与制作校准曲线的灵敏度差别。用混合物标样做校准曲线的校核时，单次测定不得有5%以上的化合物超差。超过此范围时需要查明原因，重新制作校准曲线，并全部重新测定该批样品。

6.4.11 小结

采用气相色谱-质谱联用技术分析环境样品中的十氯酮时，会出现色谱峰拖尾、衬管受污染时降解的现象。因此，研究结果表明十氯酮不适于用气相色谱质谱分析。

利用液相色谱-串联质谱联用技术测定环境样品中十氯酮的结果表明十氯酮在甲醇和

丙酮-乙腈溶剂中的存在形态不同。在甲醇中十氯酮以半缩醛的形式存在，而在丙酮/乙腈中以偕二醇的形式存在。

　　研究所开发的液相色谱-三重四极杆串联质谱联用技术的仪器检出限为 0.01 ng，在水环境中检出限及测定下限分别为 0.7 ng/L 和 2.8 ng/L；在土壤中检出限及测定下限分别为 0.1 μg/kg 和 0.4 μg/kg。

第7章 新增 POPs 有证标准物质研究

标准物质是指具有一种或多种足够均匀和稳定的特定特性，用于校准测量装置、评价测量方法或给材料赋值的材料或物质，是分析测量物质成分或特性的一种计量标准，可直接决定化学测量结果的可靠性和溯源性。现代环境领域测量对象也逐渐以多组分、（超）痕量和复杂基质为主。由于基于仪器的测试方法都是采用相对测量原理，需要标准物质开发测量方法，进行方法评价以及对仪器定期进行校准，使现代化学分析测量更加依赖标准物质。随着对于环境监测分析管理的加强，准确的测量结果已经成为经济、技术和法规决策的主要依据。对于检测结果的可靠性要求逐渐提高，因而对于标准物质的需求相应提高。标准物质作为计量标准，在我国已经被纳入法制化管理。可靠的标准物质对于确保各级部门检测数据的量值统一、准确和可溯源性，测量结果的国际互认具有重要意义。

7.1 新增 POPs 有证标准物质研究进展

目前，国际上开展持久有机污染物（POPs）有证标准物质的研制和销售的专业机构主要包括美国 AccuStandard、英国 Cambridge Isotope Lab（CIL）、美国 Wellington 和德国 Dr Ehranstorfer 等，其研制的有证标准物质几乎涵盖了全部新增 POPs。其中，美国 AccuStandar 是唯一经过 NIST（美国国家标准与技术研究所）、NALAP（美国国家实验室自愿认可程序）和 EPA（美国环境保护局）三方认证的有证标准物质供应商，该公司已经通过 ISO 9001 & 17025 质量管理体系认证。AccuStandard 拥有多种新增的 POPs 有证标准物质。针对多溴联苯醚系列相关标准物质 AccuStandard 可供应的各种不同包装标样共计 495 种，其中包括 209 种多溴联苯醚单成分标准物质以及多种混合标准溶液和标准物质。对于其他新增的 POPs，包括多溴联苯、十氯酮和全氟辛烷磺酸钾盐（PFOS）、全氟辛基羧酸（PFOA），AccuStandard 公司都能提供相应的有证标准物质。英国 CIL 公司是世界上碳 13 的最大生产商，也是诊断和研究应用领域碳 13 的重要供应商。CIL 使一系列环境标准的概念得以发展，这些国际标准均由世界上先进的超痕量分析实验室检测和校正。20 多年来，CIL 具有非常强的环境标样研制能力，能够提供包括多种多溴联苯醚以及溴代二噁英等新增 POPs

有证标准物质。德国 Dr. Ehrenstorfer 公司是欧洲主要提供环境标准品的一家公司，具有超过 35 年的生产经验，销售分析标准，对照材料，以及为追加分析及环境分析所用的校准溶剂，该公司可以提供多种新增 POPs 有证标注样品。在强大的市场需求面前，涉及环境保护、公共安全、大众健康等领域的标准物质称为世界各国研究的重点。因此，新增 POPs 标准物质研发一直是各大公司的热点。

　　虽然我国在 POPs 标准物质研制工作进展较快，但是由于起步较晚，同时标准物质的研制需要经过长时间的研究、复现和比对来最终完成有证申报，所以，我国自主研发的 POPs 有证标准物质仍然相对较少。新增列 POPs 的测定分析所用标准物质都依赖于国外进口，形成了对于国外公司的依赖，因此，非常有必要研制具有自主知识产权的标准物质，在创造一定效益的同时，可以节省成本。

7.2　新增 POPs 有证标准物质制备

　　本研究涉及的新增 POPs 中，包括 BDE28、BDE47、BDE99、BDE100、BDE153、BDE154、BDE183 的多溴联苯醚为实验室合成，BDE209 购于 Dr.Ehrenstorfer GmbH 公司（纯度为 99.5%）。多溴联苯的 BB153 标准物质购于美国 AccuStandard 公司（纯度 100%），十氯酮标准物质购于美国 Accustandard 公司（纯度 99.5%），全氟辛烷磺酸钾盐（PFOS）标准物质购于美国 AccuStandard 公司（纯度 98%）全氟辛基羧酸（PFOA）标准物质购于美国 Sigma Aldrich 公司（纯度：98%）。

7.2.1　多溴联苯醚的合成

　　多溴联苯醚的制备过程分为合成、柱层析分离和结晶提纯三步。

7.2.1.1　合成部分

　　多溴联苯醚的合成方法如图 7-2-1 所示。

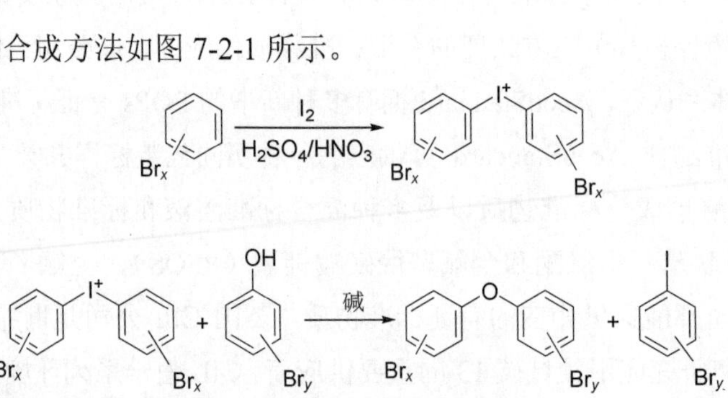

图 7-2-1　多溴联苯醚合成过程

（1）制备溴苯碘盐

针对所要制备的目标物多溴联苯醚，需要选用合适的溴苯化合物。BDE28、BDE47、BDE100 选用 1,3-二溴苯，BDE99、BDE153、BDE154、BDE183 选用 1,2,4-三溴苯，按照图 7-2-1 中反应式所示，在发烟硫酸与发烟硝酸共同作用下，与碘发生反应，分别生成如图 7-2-2 所示的两种碘盐。

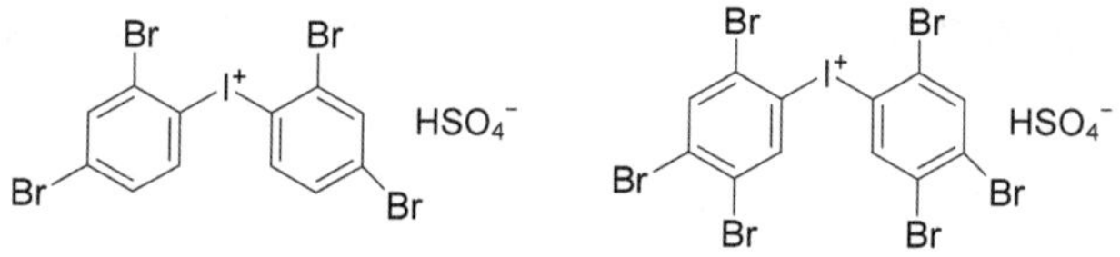

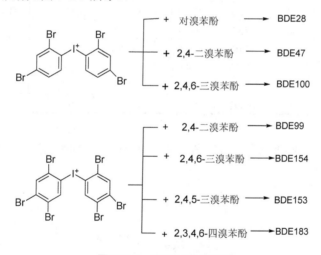

图 7-2-2　溴代苯碘鎓盐

（2）碘盐与溴代苯酚耦联

将溴代苯酚、碱溶于二氧六环与水的混合溶剂中，常温下加入溴苯碘盐，之后 70～80℃加热反应 3 h。反应结束后用水稀释，经二氯甲烷萃取、氢氧化钠溶液洗涤、水洗涤、无水硫酸钠干燥、蒸馏除溶剂得到多溴联苯醚与碘代溴苯的混合物（图 7-2-1 反应式）。选用的碘盐与溴代苯酚如图 7-2-3 所示。

+ 对溴苯酚	⟶	BDE28
+ 2,4-二溴苯酚	⟶	BDE47
+ 2,4,6-三溴苯酚	⟶	BDE100
+ 2,4-二溴苯酚	⟶	BDE99
+ 2,4,6-三溴苯酚	⟶	BDE154
+ 2,4,5-三溴苯酚	⟶	BDE153
+ 2,3,4,6-四溴苯酚	⟶	BDE183

图 7-2-3　碘盐与溴代苯酚

7.2.1.2　纯化

多溴联苯醚与溴代碘苯混合物经过硅胶柱层析分离，可以得到气相色谱分析纯度 98% 以上的多溴联苯醚。若纯度低于 98%，经正己烷或四氢呋喃乙腈混合液重结晶，可以得到纯度 98% 以上的产物。

7.2.2 纯度测定

7.2.2.1 多溴联苯醚

本研究所合成制备的 BDE28、BDE47、BDE99、BDE100、BDE153、BDE154、BDE183 和 BDE209 的纯度分析采用 GC-MS 方法进行，分析条件如表 7-2-1 所示，纯度测定结果如表 7-2-2 和图 7-2-4 所示。

表 7-2-1　多溴联苯醚纯度分析条件

色谱柱：HP-5 15 m×0.25 mm×0.25 μm	载气：高纯氦气
柱温：220℃（2 min）→17℃/min→310℃	尾吹气：50 ml/min
进样口温度：300℃	柱流速：2.0 ml/min
分流比：10∶1	进样量：1.0 μl
EI：70 eV	质量扫描模式：Scan

表 7-2-2　多溴联苯醚纯度分析数据　　　　　　　　单位：%

序号	BDE28	BDE47	BDE99	BDE100	BDE153	BDE154	BDE183	BDE209
1	98.17	99.11	97.97	99.48	98.81	98.18	99.14	99.52
2	98.30	99.40	98.07	99.50	98.83	98.21	99.16	99.50
3	98.25	99.21	98.15	99.45	98.78	98.17	99.20	99.54
平均值	98.2	99.2	98.1	99.5	98.8	98.2	99.2	99.5
RSD	0.067	0.148	0.092	0.025	0.025	0.021	0.031	0.020

由表 7-2-2 可见，本研究所合成制备的 8 种 PBDEs 化合物纯度均大于 98%。

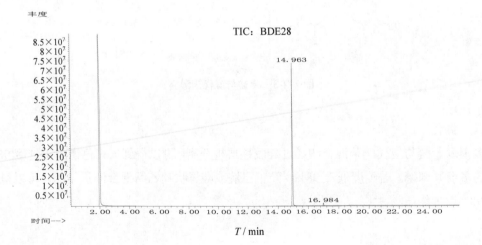

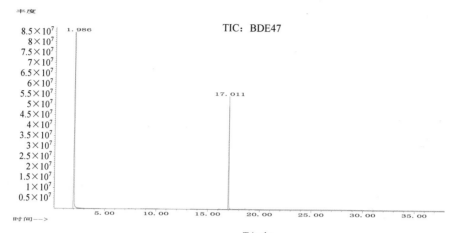

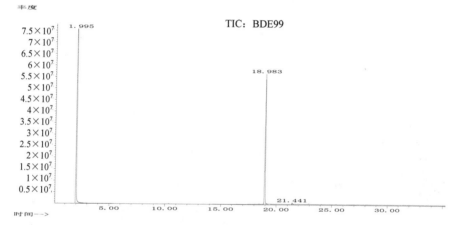

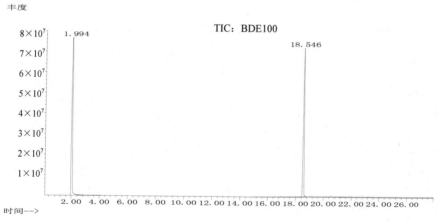

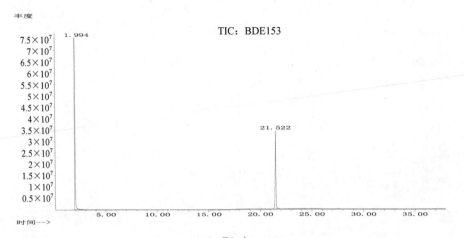

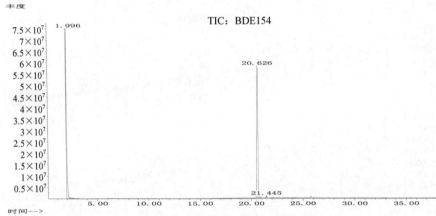

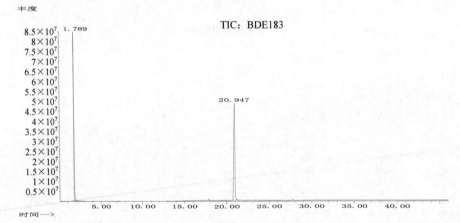

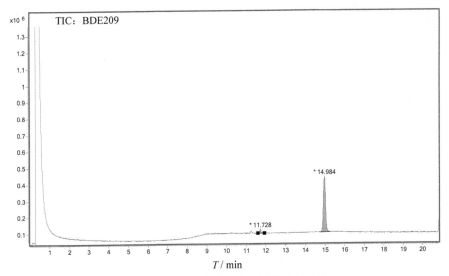

图 7-2-4　多溴联苯醚纯度分析总离子流图

7.2.2.2　多溴联苯 BB153

BB153 纯度测定采用 GC-MS 方法进行，具体分析条件如表 7-2-3 所示。

表 7-2-3　BB153 纯度分析条件

色谱柱：HP-5 15 m×0.25 mm×0.25 μm	载气：高纯氦气
柱温：120℃（2 min）→17℃/min→300℃	尾吹气：50 ml/min
进样口温度：300℃	柱流速：2.0 ml/min
分流比：10∶1	进样量：1.0 μl
EI：70 eV	质量扫描模式：Scan

按照表 7-2-3 中纯度分析条件，对购买的 BB153 纯品进行了 3 次平行分析，测定结果见表 7-2-4，其纯度分析谱图见图 7-2-5。

表 7-2-4　BB153 纯度分析数据

分析序号	纯度测试结果/%
1	98.17
2	98.21
3	98.50
平均值	98.3
RSD	0.538

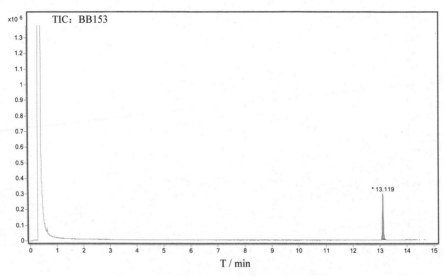

图 7-2-5　BB153 纯度分析的总离子流图

7.2.2.3　十氯酮（开蓬）

十氯酮纯度分析采用 GC-MS 的方法进行，具体条件如表 7-2-5 所示。其纯品测定结果见表 7-2-6，纯度分析谱图见图 7-2-6。

表 7-2-5　十氯酮纯度分析条件

色谱柱：HP-5 15 m×0.25 mm×0.25 μm	载气：高纯氦气
柱温：220℃（2 min）→15℃/min→310℃	尾吹气：50 ml/min
进样口温度：230℃	柱流速：2.0 ml/min
分流比：10∶1	进样量：1.0 μl
EI：70 eV	质量扫描模式：Scan

表 7-2-6　十氯酮纯度分析数据

分析序号	纯度测试结果/%
1	99.50
2	99.72
3	99.62
平均值	99.6
RSD	0.090

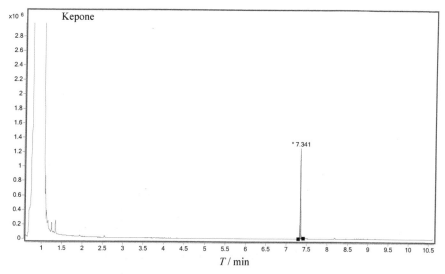

图 7-2-6　十氯酮纯度分析总离子流图

7.2.2.4　PFOA 和 PFOS

PFOA/PFOS 纯度分析采用 HPLC-MS Scan 的方式进行，具体分析条件如表 7-2-7，纯度分析结果见表 7-2-8。

表 7-2-7　PFOA/PFOS 纯度分析条件

色谱柱：ZORBAX Eclipse Plus C18 2.1cm×50 mm，1.8 μm	流速：0.4 ml/min
流动相：A=2 mmol/L 乙酸铵水溶液，B=甲醇	毛细管温度：350℃
毛细管电压：3 500 V	进样量：10.0 μl
ESI：负	质量扫描模式：Scan

表 7-2-8　PFOA/PFOS 的纯度分析数据

分析序号	PFOA/%	PFOS/%
1	99.11	99.48
2	99.40	99.50
3	99.21	99.45
平均值	99.2	99.50
RSD	0.148	0.025

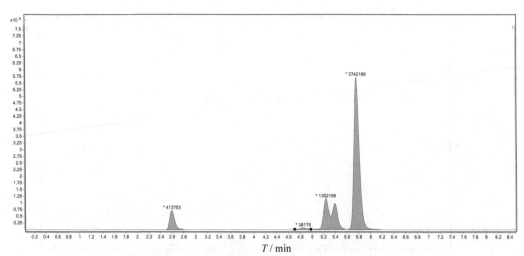

图 7-2-7　PFOA/PFOS 的纯度分析的色谱图

7.2.3　标准物质制备

7.2.3.1　多溴联苯醚标准溶液

将表 7-2-9 中多溴联苯醚（BDE209 除外）混合物加入少量甲醇使其完全溶解，之后全部转移至预先加入约 1 000 ml 壬烷的容量瓶中，定容至 1 000 ml，充分摇匀。使用有机样品自动灌封设备将溶液分装于 2 ml 棕色玻璃安瓿中，每瓶充装量均不少于 1.2 ml，实际得到成品约 800 支。

表 7-2-9　多溴联苯醚称样记录

化合物	BDE28	BDE47	BDE99	BDE100	BDE153	BDE154	BDE183	BDE209
称样量/mg	49.586	49.820	40.069	50.815	45.672	48.303	50.768	110.240

将已称重的 BDE209 加入少量甲醇溶解，之后转移至预先加入近 1 000 ml 壬烷的容量瓶中，定容至 1 000 ml，并充分摇匀，用有机样品自动灌封设备分装于 2 ml 棕色玻璃安瓿中，每瓶均不少于 1.2 ml，实际得到成品约 800 支。

7.2.3.2　多溴联苯 BB153 标准溶液

准确称取 BB153 标准物质 0.032 45 g，使其完全溶解并全部转移到预先加入约 500 ml 壬烷的容量瓶中，定容至 500 ml，并充分摇匀，用有机样品自动灌封设备分装于 2 ml 棕色玻璃安瓿中，每瓶均不少于 1.2 ml，实际得到成品约 300 支。

7.2.3.3　PFOA/PFOS 标准溶液

准确称取 PFOA，PFOS 标准物质 101.463 mg 和 106.792 mg，加入甲醇使其完全溶解并全部转移到预先加入约 1 000 ml 壬烷的容量瓶中，定容至 1 000 ml，并充分摇匀，用有机样品自动灌封设备分装于 2 ml 棕色玻璃安瓿中，每瓶均不少于 1.2 ml，实际得到成品约 800 支。

7.2.3.4　十氯酮标准溶液

准确称取十氯酮标准物质 97.780 mg，加入甲醇使其完全溶解并全部转移到预先加入约 1 000 ml 壬烷的容量瓶中，定容至 1 000 ml，并充分摇匀，用有机样品自动灌封设备分装于 2 ml 棕色玻璃安瓿中，每瓶均不少于 1.2 ml，实际得到成品约 800 支。

7.3　分析测定方法研究

按照前述 PBDEs 的分析方法，结合购买标准溶液和研制标准溶液浓度的具体情况，对于研制完成的标准溶液均采用外标法进行浓度测定。该方法用于本标准样品的均匀性检验、稳定性检验和样品的比对分析等研究工作。

7.3.1　多溴联苯醚的分析测定方法

多溴联苯醚（BDE209 除外）采用 GC-FID 进行分析，测定条件如表 7-3-1 所示。

表 7-3-1　多溴联苯醚气相色谱分析条件

色谱柱：HP-5 15 m×0.25 mm×0.25 μm	载气：高纯氦气
柱温：220℃（2 min）→17℃/min→310℃	尾吹气：50 ml/min
进样口温度：280℃	柱流速：2.0 ml/min
分流比：20∶1	进样量：1.0 μl
空气：50 kPa	检测器温度：280℃

表 7-3-2　BDE209 气相色谱质谱分析条件

色谱柱：HP-5 15 m×0.25 mm×0.25 μm	载气：高纯氦气
柱温：220℃（2 min）→17℃/min→310℃	尾吹气：50 ml/min
进样口温度：300℃	柱流速：2.0 ml/min
分流比：20∶1	进样量：1.0 μl
EI：70 eV	扫描方式：Scan

7.3.2　BB153 的分析方法

采用气相色谱法测定 BB153 标准溶液，分析条件如表 7-3-3 所示。

表 7-3-3　BB153 的气相色谱分析条件

色谱柱：HP-5 15 m×0.25 mm×0.25 μm	载气：高纯氦气
柱温：220℃（2 min）→17℃/min→310℃	尾吹气：50 ml/min
进样口温度：280℃	柱流速：2.0 ml/min
分流比：20∶1	进样量：1.0 μl
空气：50 kPa	检测器温度：280℃

7.3.3　PFOA/PFOS 的分析方法

PFOA/PFOS 使用 HPLC/MS 的方法，分析条件见表 7-3-4。

表 7-3-4　PFOA/PFOS 的液相色谱-质谱分析条件

色谱柱：ZORBAX Eclipse Plus C18 2.1cm×50 mm，1.8 μm	流速：0.4 ml/min
流动相：A=2 mmol/L 乙酸铵水溶液，B=甲醇	毛细管温度：350℃
毛细管电压：3 500 V	进样量：10.0 μl
ESI：负	质量扫描模式：Scan

7.3.4　十氯酮的分析方法

采用气相色谱-质谱法测定十氯酮标准溶液，分析条件见表 7-3-5。

表 7-3-5　十氯酮的气相色谱质谱分析条件

色谱柱：HP-5 15 m×0.25 mm×0.25 μm	载气：高纯氦气
柱温：220℃（2 min）→17℃/min→310℃	尾吹气：50 ml/min
进样口温度：300℃	柱流速：2.0 ml/min
分流比：20∶1	进样量：1.0 μl
EI：70 eV	扫描方式：Scan

7.4 均匀性研究

均匀性是标准物质最重要的,也是基本特征之一,随着现代分析技术精度、准确度的提高,对于标准物质均匀性的要求越来越高。标准物质的均匀性检验作为标准物质研制过程中必不可少的步骤,是标准物质研制的重要研究内容。标准物质制备完成后,只有通过相应的均匀性验证符合要求后,才能进行稳定性验证和定值程序。

7.4.1 抽样方式和数目

均匀性检验过程首先要确定取样的方式和抽样的数目。在均匀性研究中抽取瓶(单元)的抽样方案可以是随机的、随机分层的、有时也可以是系统的。抽样方案应考虑样品制备方法的潜在缺点,对制备的批料进行严格检查。随机分层抽样由于可以保证用于均匀性研究所抽取的瓶均匀分布于整批中,因此,在许多情况下推荐采用之。当实践中不存在批内系统影响或趋势的风险时可采用系统抽样方案。取样方式通常从包装好的总体样本中随机抽取一定量的样品。取样时,应从待定特性量值可能出现差异的部位取样,取样点的分布对于总体样品还应有足够的代表性,应满足规定的测定精度要求。影响溶液标准样品均匀性的可能因素主要是:在样品分装到安瓿时由于样品挥发及经历比较长的时间等带来的误差,即容量瓶内样品的浓度可能在分装的前、中、后期发生变化。所取的样品数取决于总体样品的单元数以及对标准样品的均匀程度的了解,若已知总体样品均匀性良好时(从外观、加工等技术上判断),抽取的样品数可根据实际情况适当减少。此外,抽样数目以及每个样品的重复测量次数还需要满足相应的统计检验要求。一般情况下,当总体单元数少于 500 时,抽取单元数不少于 15 个;当总体单元数大于 500 时,抽取单元数不少于 25 个。对于均匀性好的样品,当总体单元数少于 500 时,抽取单元数不少于 10 个;当总体单元数大于 500 时,抽取单元数不少于 15 个。本书采用分层随机抽样法:在分装样品的前、中、后期随机抽取溶液标准样品 15 支,每支样品重复测定 3 次。

7.4.2 统计分析方法

均匀性检验得统计分析方法包括 t 检验法、方差分析法、极差检验法等。以单因素方差分析法比较常用。本书以单因素方差分析法对测试数据进行统计计算,用瓶间均匀性不确定度评估标准样品的均匀性。

表 7-4-1　单因素方差分析和瓶间均匀性不确定度计算公式

方差来源	方差平方和（SS）	自由度	均方（MS）
组间	$SS_{间} = \sum\limits_{i=1}^{m} \left(\overline{X_i} - \overline{\overline{X}} \right)^2 n_i$	$m-1$	$MS_{间} = \dfrac{SS_{间}}{m-1}$
组内	$SS_{内} = \sum\limits_{i=1}^{m} \sum\limits_{j=1}^{n_i} \left(X_{ij} - \overline{X_i} \right)^2$	$N-m$	$MS_{内} = \dfrac{SS_{内}}{N-m}$
$u_{bb} = S_{bb} = \sqrt{\dfrac{MS_{间} - MS_{内}}{n}}$			

其中，u_{bb} 为瓶间均匀性不确定度，n 为每瓶样品重复测定次数，m 为样品瓶数，$N = \sum\limits_{i=1}^{m} n_i$ 为总测定次数，n_i 为第 i 瓶测定次数，$\overline{X_i}$ 为第 i 瓶的测定平均值，X_{ij} 为某一次测定值，$\overline{\overline{x}} = \dfrac{\sum\limits_{i=1}^{m} x_i}{m}$ 为总平均值。

若瓶间均匀性不确定度远小于标准样品的预期不确定度，则认为所制备的标准样品均匀性良好。否则，样品不均匀。样品的均匀性数据及其统计结果见表 7-4-2。

7.5　稳定性研究

标准物质的稳定性是指在规定的时间间隔和环境条件下，标准物质的特性量值保持在规定范围内的性质，是确保标准样品在有效期限内的量值稳定可靠的基本条件。在完成了标准样品配制和分装后，将样品分别储存在室温和冰箱冷冻室中。按照先密后疏的原则，在一定的时间间隔内，对标准样品进行稳定性检验，测定时间分别为分装后：1 d、1 个月、3 个月、6 个月、9 个月、12 个月。每次随机抽取室温和冷冻条件下样品各 3 支，每支测定 3 次，以 3 瓶样品测定值的总平均值作为单次室温和冷冻条件下的稳定性测定值。

表 7-4-2　多溴联苯醚均匀性实验测定和统计结果

单位：μg/ml

瓶号	BDE 28				BDE 47				BDE 99			
	第 1 次	第 2 次	第 3 次	平均值	第 1 次	第 2 次	第 3 次	平均值	第 1 次	第 2 次	第 3 次	平均值
1#	50.72	51.34	49.38	50.48	48.02	52.46	48.33	49.61	37.51	39.71	37.66	38.30
2#	50.45	51.92	51.59	51.32	50.44	50.47	52.33	51.08	38.71	38.10	38.80	38.54
3#	52.79	51.56	52.12	52.15	49.63	48.82	50.49	49.65	40.11	38.12	36.81	38.35
4#	48.19	49.81	48.74	48.91	53.71	50.35	50.65	51.57	40.32	40.63	39.82	40.26
5#	51.92	52.92	51.56	52.13	47.57	48.35	49.43	48.45	38.94	38.73	38.12	38.60
6#	50.35	51.20	52.73	51.43	49.26	50.01	48.54	49.27	39.06	39.30	40.83	39.73
7#	50.72	51.34	49.38	50.48	52.26	48.65	49.01	49.97	38.79	38.86	38.20	38.62
8#	50.54	51.01	50.70	50.75	48.95	49.71	47.90	48.85	37.64	40.45	37.07	38.39
9#	51.06	52.91	50.74	51.57	50.32	49.34	48.62	49.43	39.56	40.38	41.20	40.38
10#	49.53	49.81	50.12	49.82	47.15	49.19	51.27	49.20	39.43	39.40	39.48	39.44
11#	50.97	54.01	49.57	51.52	48.83	47.53	47.99	48.12	37.28	38.55	36.90	37.57
12#	50.92	51.92	50.56	51.13	50.97	54.01	49.57	51.52	37.57	36.89	37.63	37.36
总平均值	50.95				49.73				38.79			
方差平方和（间）	30.53				42.24				30.70			
方差平方和（内）	24.46				56.43				21.40			
均方 MS（间）	2.54				3.52				2.56			
均方 MS（内）	1.02				2.35				0.89			
不确定度 u_{bb}	0.71				0.62				0.74			

	瓶号	BDE 100				BDE 153				BDE 154			
		第1次	第2次	第3次	平均值	第1次	第2次	第3次	平均值	第1次	第2次	第3次	平均值
瓶间	1#	43.91	45.64	44.64	44.73	43.08	42.66	41.18	42.31	46.85	46.87	47.06	46.93
	2#	45.63	46.23	45.12	45.66	43.97	44.48	45.10	44.52	48.91	48.77	46.56	48.08
	3#	44.66	45.78	45.23	45.23	42.65	44.05	40.36	42.35	47.97	47.15	46.79	47.30
	4#	45.72	45.94	42.56	44.74	42.96	43.24	42.04	42.74	51.23	47.64	44.45	47.77
	5#	43.70	43.89	45.68	44.42	41.21	40.25	40.40	40.62	44.30	45.30	45.92	45.17
	6#	47.73	47.59	47.73	47.68	44.25	44.26	40.14	42.88	49.10	52.25	44.73	48.70
	7#	45.01	44.56	45.79	45.12	42.05	41.68	42.45	42.06	46.62	46.01	46.60	46.41
	8#	45.01	46.54	44.33	45.29	41.79	41.50	41.00	41.43	46.99	48.40	45.22	46.87
	9#	46.06	45.16	44.26	45.16	43.43	45.17	40.71	43.10	48.80	50.12	46.55	48.49
	10#	45.20	45.16	44.43	44.93	41.05	42.71	41.17	41.64	45.28	46.17	45.95	45.80
	11#	46.03	43.31	43.44	44.26	43.37	40.33	39.48	41.06	48.11	44.78	44.44	45.78
	12#	44.65	45.11	45.38	45.05	42.07	39.85	41.17	41.03	46.80	44.40	47.85	46.35
结果	总平均值	45.19				42.15				46.97			
	方差平方和（间）	25.22				39.11				42.03			
	方差平方和（内）	22.65				45.44				83.90			
	均方 MS（间）	2.10				3.25				3.50			
	均方 MS（内）	0.94				1.89				3.49			
	不确定度 u_{bb}	0.62				0.67				0.04			

瓶号	BDE 183				BDE 209			
	第 1 次	第 2 次	第 3 次	平均值	第 1 次	第 2 次	第 3 次	平均值
1#	49.31	48.09	47.87	48.42				
2#	50.88	49.10	44.65	48.21				
3#	48.80	47.73	44.36	46.96				
4#	44.08	46.91	42.48	44.49				
5#	43.62	43.39	42.93	43.32				
6#	50.59	55.89	42.19	49.56				
7#	45.42	44.21	46.43	45.35				
8#	46.66	50.29	43.36	46.77				
9#	47.88	50.94	43.99	47.60				
10#	44.95	45.90	44.81	45.22				
11#	47.49	43.58	41.26	44.12				
12#	44.96	47.55	44.81	45.77				
总平均值				46.32				
方差平方和（间）				121.18				
方差平方和（内）				214.60				
均方 MS（间）				10.09				
均方 MS（内）				8.94				
不确定度 u_{bb}				0.62				

瓶号	PFOA				PFOS			
	第1次	第2次	第3次	平均值	第1次	第2次	第3次	平均值
1#	97.85	96.46	97.37	97.23	100.34	95.36	101.26	98.99
2#	100.73	100.16	97.39	99.43	100.27	99.19	101.77	100.41
3#	101.85	102.14	101.05	101.68	100.03	100.56	99.15	99.91
4#	103.95	103.87	101.55	103.12	101.84	103.15	100.07	101.69
5#	101.50	96.51	102.19	100.07	101.87	99.19	99.16	100.07
6#	99.27	99.89	101.59	100.25	102.16	103.85	99.90	101.97
7#	101.11	98.25	102.28	100.55	101.70	102.78	98.75	101.08
8#	101.45	97.26	102.53	100.41	100.90	100.49	97.83	99.74
9#	98.74	99.61	98.81	99.05	101.07	101.75	97.95	100.26
10#	103.76	97.76	102.38	101.30	99.81	99.53	97.88	99.07
11#	92.30	96.07	99.72	96.03	99.35	101.50	98.06	99.64
12#	95.14	96.16	97.60	96.30	95.09	98.36	98.05	97.17
总平均值			99.88				100.06	
方差平方和（间）			135.01				51.05	
方差平方和（内）			101.28				55.73	
均方 MS（间）			11.25				4.25	
均方 MS（内）			4.22				2.32	
不确定度 u_{bb}			1.53				0.80	

	瓶号	PBB 153				十氯酮			
		第 1 次	第 2 次	第 3 次	平均值	第 1 次	第 2 次	第 3 次	平均值
瓶间	1#	64.73	67.31	65.11	65.72	99.34	96.46	100.86	98.89
	2#	67.45	65.09	65.96	66.17	100.47	98.79	99.28	99.51
	3#	66.23	64.60	63.51	64.78	100.03	100.56	99.25	99.95
	4#	65.35	63.68	62.32	63.78	99.84	98.72	99.97	99.51
	5#	64.27	63.86	63.63	63.92	100.97	98.99	99.76	99.90
	6#	63.16	63.39	61.90	62.82	101.36	102.75	100.19	101.43
	7#	64.83	64.14	67.48	65.48	100.30	101.98	99.75	100.68
	8#	67.51	65.71	69.23	67.48	99.90	98.54	98.93	99.12
	9#	64.13	65.04	65.34	64.84	102.11	100.35	98.29	100.25
	10#	66.03	64.85	66.38	65.76	98.98	97.85	98.98	98.60
	11#	68.06	66.83	66.47	67.12	99.75	100.45	98.56	99.59
	12#	66.15	64.18	68.15	66.16	97.59	97.44	98.44	97.82
结果	总平均值				65.33				99.69
	方差平方和（间）				62.48				28.40
	方差平方和（内）				40.34				21.33
	均方 MS（间）				5.21				2.37
	均方 MS（内）				1.68				0.89
	不确定度 u_{bb}				1.08				0.70

本研究采用《标准样品工作导则　第 3 部分：标准样品定值的一般原则和统计方法》（GB/T 15000.3—2008）推荐的稳定性研究方法对数据进行评估，即假定标准样品特性值（Y）随时间（X）变化的线性方程为：

$$\bar{Y} = b_0 + b_1 \bar{X}$$

式中，b_0、b_1 为回归系数，$b_1 = \dfrac{\sum\limits_{i=1}^{n}(X_i - \bar{X})(Y_i - \bar{Y})}{\sum\limits_{i=1}^{n}(X_i - \bar{X})^2}$，$b_0 = \bar{Y} - b_1 \bar{X}$；

计算斜率的标准偏差 $s(b_1)$：

$$s(b_1) = \dfrac{s}{\sqrt{\sum\limits_{i=1}^{n}(X_i - \bar{X})^2}}$$

式中，

$$s = \sqrt{\dfrac{\sum\limits_{i=1}^{n}(Y_i - b_0 - b_1 X_i)^2}{n-2}}$$

若 $|b_1| < t_{0.95,\ n-2} \times s(b_1)$，则表示溶液标准样品的浓度对时间变量无显著性差异，样品稳定性良好；否则，样品稳定性较差。$t_{0.95,\ n-2}$ 为自由度为 $n-2$ 时 95% 置信水平的 t 分布临界值。

表 7-5-1　多溴联苯醚稳定性研究测定结果　　　　　　　　　单位：μg/ml

测定时间/月		0	1	3	6	9	12
BDE28	室温	50.95	51.20	49.85	50.50	51.35	49.40
	冷冻	51.10	50.40	50.80	48.90	51.80	50.50
BDE47	室温	48.82	49.70	48.90	50.50	49.52	50.25
	冷冻	48.64	50.60	51.20	49.84	50.46	51.34
BDE99	室温	39.20	38.74	37.80	40.27	38.36	39.97
	冷冻	38.50	39.20	38.45	39.74	38.82	40.05
BDE100	室温	45.52	44.74	46.30	45.46	44.80	44.35
	冷冻	44.80	48.95	45.42	46.02	45.63	44.78
BDE153	室温	43.25	43.07	42.25	42.43	42.32	43.28
	冷冻	42.50	44.31	43.10	42.72	42.45	41.96
BDE154	室温	46.83	47.25	46.53	47.36	45.87	48.37
	冷冻	47.55	47.34	46.72	47.51	46.72	47.95

测定时间/月		0	1	3	6	9	12
BDE183	室温	47.53	46.53	46.50	47.39	47.35	46.93
	冷冻	48.25	47.20	47.51	46.58	46.82	47.36
BDE209	室温						
	冷冻						

表 7-5-2　多溴联苯醚稳定性研究统计结果　　　　单位：μg/ml

统计参数	保存温度	b_0	b_1	$s(b_1)$	$t_{0.95,4}$	$t_{0.95,4} \times s(b_1)$
BDE28	室温	50.919	−0.073 0	0.074 3	2.78	0.206 5
	冷冻	50.569	0.002 9	0.102 6	2.78	0.285 3
BDE47	室温	49.148	0.090 4	0.057 0	2.78	0.158 5
	冷冻	49.754	0.114 7	0.088 9	2.78	0.247 1
BDE99	室温	38.689	0.071 1	0.094 2	2.78	0.261 8
	冷冻	38.659	0.090 6	0.053 5	2.78	0.148 7
BDE100	室温	45.626	−0.083 4	0.062 0	2.78	0.172 3
	冷冻	46.613	−0.131 5	0.151 4	2.78	0.420 9
BDE153	室温	42.819	−0.010 2	0.051 1	2.78	0.142 1
	冷冻	43.425	−0.113 1	0.064 9	2.78	0.180 4
BDE154	室温	46.747	0.055 8	0.085 5	2.78	0.237 8
	冷冻	47.196	0.019 8	0.051 2	2.78	0.142 2
BDE183	室温	46.969	0.013 5	0.047 6	2.78	0.132 2
	冷冻	47.612	−0.062 9	0.053 5	2.78	0.148 7
BDE209	室温				2.78	
	冷冻				2.78	

表 7-5-3　BB153 稳定性研究测定结果　　　　单位：μg/ml

测定时间/月	0	1	3	6	9	12
室温	64.57	66.40	63.25	64.48	65.57	66.48
冷冻	65.50	67.20	64.76	65.38	66.62	65.53

表 7-5-4　BB153 稳定性研究统计结果　　　　单位：μg/ml

统计参数	b_0	b_1	$s(b_1)$	$t_{0.95,4}$	$t_{0.95,4} \times s(b_1)$
室温	64.564	0.109	0.121 9	2.78	0.339 0
冷冻	65.882	−0.010	0.095 4	2.78	0.265 3

表 7-5-5　PFOA/PFOS 稳定性研究测定结果　　　　　　　　　单位：μg/ml

测定时间/月		0	1	3	6	9	12
PFOA	室温	100.60	99.54	101.34	99.64	98.76	102.46
	冷冻	98.85	101.02	100.24	100.50	101.25	101.43
PFOS	室温	101.40	101.32	100.56	100.39	100.54	101.25
	冷冻	102.20	101.24	101.24	100.48	101.42	100.81

表 7-5-6　PFOA/PFOS 稳定性研究统计结果

统计参数		b_0	b_1	$s(b_1)$	$t_{0.95, 4}$	$t_{0.95, 4} \times s(b_1)$
PFOA	室温	100.033	0.069 2	0.139 6	2.78	0.388 2
	冷冻	99.795	0.145 7	0.069 2	2.78	0.192 3
PFOS	室温	101.050	−0.027 2	0.046 8	2.78	0.130 2
	冷冻	101.597	−0.070 8	0.051 2	2.78	0.142 3

表 7-5-7　十氯酮稳定性研究测定结果　　　　　　　　　单位：μg/ml

测定时间/月	0	1	3	6	9	12
室温	100.01	99.72	98.65	101.03	99.85	100.12
冷冻	99.54	100.23	99.54	99.98	100.02	99.84

表 7-5-8　十氯酮稳定性研究统计结果

统计参数	b_0	b_1	$s(b_1)$	$t_{0.95, 4}$	$t_{0.95, 4} \times s(b_1)$
室温	99.657	0.046 4	0.078 0	2.78	0.216 8
冷冻	99.794	0.012 5	0.028 7	2.78	0.079 8

由表 7-5-1～表 7-5-8 可以看出，在 12 个月的稳定性检验期内，$|b_1| < t_{0.95, n-2} \times s(b_1)$，说明该溶液标准样品无论在室温下还是在冰箱冷冻室内保存都是稳定的。

7.6　不确定度的评估与表达

7.6.1　不确定度评定的基本模型

标准样品的定值是以称量法为基础的标准样品的配制值为其标准值，其不确定度由配制不确定度、瓶间均匀性不确定度、长期稳定性不确定度和短期稳定性不确定度合成计算得出的，即：

$$u_{CRM} = \sqrt{u_{char}^2 + u_{bb}^2 + u_{lts}^2 + u_{sts}^2}$$

式中，u_{char} —— 称量配制法不确定度分量；

$\quad\quad\ u_{bb}$ —— 瓶间均匀性不确定度分量；

$\quad\quad\ u_{lts}$ —— 长期稳定性不确定度分量；

$\quad\quad\ u_{sts}$ —— 短期稳定性不确定度分量。

7.6.2　不确定度分量的量化

7.6.2.1　配制过程的不确定度来源分析和计算

溶液标准样品的配制值计算公式为：

$$C = 1\,000 \times \frac{mP}{V}$$

式中，C —— 溶液标准样品的质量浓度，μg/ml；

$\quad\quad$ 1 000 —— 从 mg 到 μg 的换算系数；

$\quad\quad m$ —— 固体标准物质的质量，mg；

$\quad\quad P$ —— 标准物质的纯度；

$\quad\quad V$ —— 溶液标准样品的体积，ml。

配制过程的不确定度是由固体标准物质和溶剂的纯度、天平称量质量和容量瓶的体积三方面引起的。其合成标准不确定度为：

$$\frac{u_{char}}{C} = \sqrt{\left(\frac{u(P)}{P}\right)^2 + \left(\frac{u(m)}{m}\right)^2 + \left(\frac{u(V)}{V}\right)^2}$$

（1）纯度 P

由于试剂厂商未提供纯度值的不确定度，通过 GC/FID 色谱峰面积归一化方法对纯品单次重复分析测定其相对标准偏差。考虑到归一化方法的局限性，本研究以 0.5% 估算纯度值的标准不确定度，$u(P) = 0.005$。配制该标准样品所用溶剂中，经检验未检出配制的有机污染物。

（2）质量 m

称量质量的不确定度包括天平校准证书给定的不确定度和天平称量的重复性不确定度。根据天平校准证书的数据，该天平的最大允许误差是 0.7 mg。计算标准不确定度时假设天平的最大允许误差是矩形分布，即 $\dfrac{0.7\,mg}{\sqrt{3}} = 0.4$（mg）。

通过模拟称量过程，可以获得天平称重过程中 10 次重复性实验数据及标准偏差，重复性标准偏差为 0.1 mg。于是得到质量的标准不确定度 $u(m)$：

$$u(m) = \sqrt{(0.1)^2 + (0.4)^2} = 0.41 \text{（mg）}$$

（3）容量瓶的体积 V

体积来自三个方面的主要影响：校准、重复性和温度。

校准：制造商提供的容量瓶在 20℃的体积分别为 500.0 ml±0.25 ml 和 1 000.0 ml± 0.5 ml，给出的不确定度的数值没有置信水平或分布情况信息，假设为三角形分布，即 $0.25 \text{ml}/\sqrt{6}$ =0.11（ml），$0.5 \text{ml}/\sqrt{6}$ =0.21（ml）。

重复性：由容量瓶定容引起的不确定度可通过纯水定容该容量瓶的重复性实验来评估。对 1 000 ml 和 500 ml 容量瓶充满 10 次并称量质量，然后转化成体积的实验结果，得到的标准偏差为 0.10 ml 和 0.08 ml。

温度：该容量瓶已在 20℃校准，超净间的温度在±1℃之间变动。该影响引起的不确定度可通过估算该温度范围的体积变化来进行计算。液体的体积膨胀明显大于容量瓶的体积膨胀，因此只需考虑前者即可。甲醇的体积膨胀系数为 1.19×10^{-3}/℃，因此产生的体积变化为±（1000×1×1.19×10^{-3}）=±1.19（ml）。计算标准不确定度时假设温度变化是矩形分布，即 $\dfrac{1.19}{\sqrt{3}}$ = 0.69（ml）。

500 ml 和 1 000 ml 的容量瓶体积的标准不确定度 $u_1(V)$ 和 $u_2(V)$ 的值为：

$$u_1(V) = \sqrt{(0.21)^2 + (0.10)^2 + (0.69)^2} = 0.73 \text{ ml}$$

$$u_2(V) = \sqrt{(0.11)^2 + (0.08)^2 + (0.35)^2} = 0.38 \text{ ml}$$

$$u_{\text{char}} = C \times \sqrt{\left(\frac{u(P)}{P}\right)^2 + \left(\frac{u(m)}{m}\right)^2 + \left(\frac{u(V)}{V}\right)^2}$$

7.6.2.2　瓶间均匀性不确定度 u_{bb} 的计算

根据均匀性检验研究结果，瓶间均匀性不确定度 u_{bb} 为：

$$u_{\text{bb}} = \sqrt{\frac{\text{MS}_{间} - \text{MS}_{内}}{n}}$$

7.6.2.3　稳定性不确定度的计算

根据 GB/T 15000.3—2008，长期稳定性不确定度分量 u_{lts} 的计算公式为：

$u_{lts} = s(b_1) \times t$，这里 t 为标准样品的稳定性考察时间（月），$s(b_1) = \dfrac{s}{\sqrt{\sum\limits_{i=1}^{n}(X_i - \overline{X})^2}}$；式中

s 由下面的公式计算。

$$s = \sqrt{\dfrac{\sum\limits_{i=1}^{n}(Y_i - b_0 - b_1 X_i)^2}{n-2}}$$

$$b_1 = \dfrac{\sum\limits_{i=1}^{n}(X_i - \overline{X})(Y_i - \overline{Y})}{\sum\limits_{i=1}^{n}(X_i - \overline{X})^2}$$

$$b_0 = \overline{Y} - b_1 \overline{X}$$

由于该标准样品在室温和冰箱冷冻条件下保存 12 个月内均稳定，为了样品存储方便，现以室温的稳定性数据为依据计算该标准样品的长期稳定性不确定度。由于该溶液标准样品在室温下稳定，所以短期稳定性的不确定度 u_{sts} 可以忽略不计。

7.6.2.4　总标准不确定度的计算

$$u_{CRM} = \sqrt{u_{char}^2 + u_{bb}^2 + u_{lts}^2 + u_{sts}^2}$$

所配制的溶液标准样品的定值是以称量法配制值为其标准值，其不确定度用相对不确定度表示，并按照"只进不舍"的原则保留 1 位整数，如表 7-6-1 所示。

表 7-6-1　标准样品的标准值和相对不确定度

样品名称	标准值/（μg/ml）	相对不确定度（$k=2$）/%
BDE28	50.95	3
BDE47	49.73	2
BDE99	38.79	3
BDE100	45.19	2
BDE153	42.15	2
BDE154	46.97	2
BDE183	46.32	2
BB153	65.33	2
PFOA	99.88	3
PFOS	100.06	2
十氯酮	99.69	2

7.7 量值比对验证

量值比对是在规定条件下，对相同准确度等级的同类基准、标准或工作用计量器具之间的量值进行比较，以达到统一量值的目的。按照定值方案确定的定值分析结果是否存在有不可忽略的系统误差，需要与国内外的同类标准物质进行量值的比对实验，或请第三方实验室进行验证。标准物质的量值比对或验证为标准物质的溯源性提供有力的旁证。

利用 7.3 开发的分析方法，分别采用 GC/FID（针对 BDE28、BDE47、BDE99、BDE100、BDE153、BDE154、BDE183 和 BB153）、GC/MS（针对十氯酮）和 HPLC/MS（针对 PFOA/PFOSs）开展量值比对测定，随机选择 3 支样品，每个样品测定 3 次，平均值作为一个独立数据，参加统计计算。

参考标准采用美国 AccuStandard 公司生产的同类标准物质溶液，对配制标准物质溶液的浓度进行了量值分析。测量结果见表 7-7-1。

表 7-7-1 标准物质溶液量值比对结果   单位：μg/ml

化合物	BDE28	BDE47	BDE99	BDE100	BDE153	BDE153	BDE183	PFOA	PFOS	BB153	十氯酮
1	50.5	48.0	41.0	50.7	42.3	48.9	49.4	100	107	65.8	95.6
2	51.3	49.3	38.0	45.7	46.5	48.1	47.2	103	103	67.1	99.6
3	49.0	50.0	39.0	51.0	44.4	47.3	51.0	102	107	66.2	99.8
平均值	50.3	49.1	39.3	49.1	44.4	48.1	49.2	102	106	65.3	98.3
配制值	49.6	49.8	40.1	50.8	45.7	48.3	50.8	101	107	64.9	97.8
样本方差	1.38	1.04	2.33	9.05	4.43	0.66	3.55	1.93	5.35	0.49	5.63
t 值	2.01	2.40	1.67	1.94	2.10	0.85	2.89	1.67	1.65	2.13	0.81

对所得计算结果进行 t 检验，计算结果表明对于各样品其 t 值$<t_{0.025\,(3)}=3.182\,4$。检验统计量不落在拒绝区域内，可见配制标准溶液的测定值与配制值无显著性差异，制备的标准样品与国外进口的有证标准样品（CRM）具有量值上的一致性和可比性。

7.8 小 结

本研究合成和纯化了 7 种多溴联苯醚（BDE28、BDE47、BDE99、BDE100、BDE153、BDE154 和 BDE183）同类物，按照《标准样品工作导则》（GB/T 15000.3—2008）开展了多溴联苯醚（BDE28、BDE47、BDE99、BDE100、BDE153、BDE154 和 BDE183）、多溴联苯（BB153）、十氯酮、全氟辛基羧酸/全氟辛烷磺酸（PFOA/PFOS）11 种新增 POPs 标

准样品的配制，所配标准溶液的均匀性和稳定性良好，对标准溶液的不确定度进行了评估，同时与国外同类产品进行了比对，量值一致性和可比性良好，各项指标均达到国家标准样品（GSB）的研制要求。

标准样品采用 2 ml 棕色安瓿瓶包装，内装 1.2 ml 溶液，避光常温保存，可广泛应用于新增 POPs 研究和检测领域的实验室认可、计量认证、质控考核、方法验证、技术仲裁等工作中，为新增 POPs 检测和监测数据的可靠性与一致性提供了实物保障。

第8章　新增持久性有机污染物监测质量管理技术体系研究

8.1　环境监测质量管理技术要求

环境监测质量管理包括质量管理制度和质量管理技术要求，质量管理技术由质量管理体系和质量保证/质量控制技术组成，环境监测质量管理应当覆盖环境监测的全部领域和贯穿环境监测的全过程。

《环境监测质量管理技术导则》（HJ 630—2011）规定了环境监测质量体系基本要求以及环境监测过程的质量保证与质量控制方法，主要包括"环境监测质量体系基本要求"和"环境监测过程质量保证和质量控制方法"。

环境监测技术流程如图 8-1-1 所示。

环境监测或调查方案。根据目的不同，针对环境污染状况和环境质量评价的监测和调查可分为初步环境污染状况调查、详细环境调查和监测性调查。由于 POPs 及新增 POPs 均为《关于持久性有机污染物的斯德哥尔摩公约》中列出必须在全球消除或削减的化学物质，对于我国而言，其生产和使用在一定程度上缺乏相应的历史跟踪数据，而且由于其持久性，往往在环境中的残留底数不清。因此，与一般的环境监测有较大不同，需要掌握其在环境中的持续性残留的时间变化趋势。为此，在环境监测或现状调查之前，需要确定被监测的目标污染物和环境介质、监测或调查区域和采样点位、采用的采样技术和方法以及样品制备方法等内容，编写监测计划报告。同时，根据监测要求编制标准操作规程。

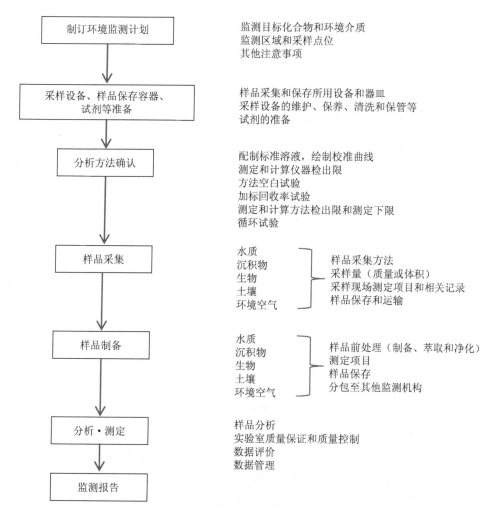

图 8-1-1　环境中新增 POPs 监测技术流程

8.2　新增持久性有机污染物监测质量保证和质量控制

环境监测质量管理内容涵盖标准操作规程（或作业指导书，Standard Operating Procedure，SOP）、监测和分析方法适应性、仪器设备性能评价和维护管理、测定结果的可信度评价等内容，同时，针对不同的目标污染物，还应当遵循具体监测技术规范和分析方法中的相关具体注意事项。

8.2.1　标准操作规程

标准操作规程（SOP）是以文字表述的一系列指令或操作规程，以文件形式规范了实验室日常或重复性的活动。由于 SOP 向每一位实验人员提供了圆满完成一项工作的信息，因此，SOP 的编制及其应用是一个良好质量体系不可缺少的一部分，保证产品（数据）最终结果的质量和完整性方面的一致性。SOP 要具体明确描述实验室活动，以助于实验室保持其质量控制和质量保证过程以及保证其检测活动遵从政府规章。如果 SOP 编写不正确，其使用价值会极为有限的。同时，即使好的 SOP 不执行，其意义也将失去。

SOP 描述了实验室基于其工作方案或质量保证计划方案下进行管理的技术和基础程序操作要素，详细表述了实验室内必须指导或遵循的常规重复性的工作步骤，其以文件形式规定了方法活动的执行与技术和质量体系要求一致相符性和保证数据质量。例如，SOP可以描述实验室主要纲领性行为和技术措施，如分析步骤、维护保养过程、仪器设备的校准和使用等。实验室应当按照标准操作规程进行操作以保证操作过程的可重复性。

实验室应当就以下内容制定操作过程和要求，作业指导书应做到内容具体、易理解，重要的是相关技术人员能够完全掌握。

（1）样品采集、运输和保存设备及器皿的准备、维护和保养、保管和获取方法等；

（2）样品前处理所用试剂的准备、纯化、保存及使用方法等；

（3）分析试剂、标准物质的准备、标准溶液配制、保存和使用方法；

（4）水质、沉积物、土壤和环境空气等样品前处理和净化操作过程；

（5）分析仪器的测定条件设定、调谐、校准和操作步骤；

（6）分析方法全过程的记录（包括使用计算机硬件和软件部分的记录）。

8.2.2　样品采集

针对新增 POPs 的调查监测，在样品采集过程中必须保证所需采样设备、器皿、耗材和试剂等对目标化合物的测定不产生干扰，当有目标化合物被检测出时，需要查明原因，其浓度不得超过各分析方法的目标检出限。通常，为了保证同一规格的试剂和材料的质量，实验室必须规定所用器皿、材料和试剂的规格。

样品采集过程中，根据监测目的要求采集具有代表性和能够保证监测精度样品，在防止样品之间互相玷污的同时，进行必要的样品混合、添加固定剂和去除杂物等操作。样品运输和保存过程中，需要尽量避免来自外环境的样品污染、分解或吸附等因素，保证样品质量不发生变化。

样品采集时应当是气候条件比较稳定时期，尽量避免雨季和强风季节，采样之前应当确认现场及周边无施工等影响。

8.2.2.1　水质样品

对新增列 POPs 的环境污染状况监测和调查在采样时尽量选择不受特定污染源影响的采样地点采集环境样品，当同一点位同时采集水质和沉积物时，应当尽量选择泥分高的地点。如果需要对监测结果进行评价时，优先选择具有相关水文、气象和土地利用等数据信息的地点。

（1）采样点位要求

水质采样原则选择在连续晴天和水质比较稳定的时间。通常采集表层水，河流采样点位原则设在河中心位置。表层是指水深 1/5 的位置，通常采集水面下 0 至数十厘米水位的样品。水深较浅的地点需注意水质样品中混入浮泥。当观测到有水面垃圾或油脂类漂浮时，采样时应避开 0～2 cm 的深度。

根据采样地点的状况，可以选择的采水器有水斗、带柄采水器（舀子）、大负荷采水器、Van Dorn 采水器等，材质包括玻璃、不锈钢和聚四氟乙烯树脂涂层等，要求不含目标化合物或对目标化合物测定产生干扰的其他物质。使用前采水器必须清洗，必须确认采水器上附带的吊绳未受到待测化学物质的玷污或渗出。另外，也可以直接用样品瓶直接采集水质样品。

（2）样品容器

为了避免在运输和保存过程中样品的玷污或损失，针对不同的检测目标化学物质必须准备相应的样品容器。尽管样品容器的名称、质量和形状以及其清洗方法在各分析方法中都有一般性要求，但是由于新增 POPs 在环境中的浓度极低，因此要求使用能够保证达到目标检出限值的样品容器。

一般来说，对于新增 POPs 中极性较弱的中等挥发性或难挥发性的有机化学物质使用螺口无色或棕色硬质玻璃瓶。样品瓶使用前经水洗和有机溶剂洗涤后干燥。但是，对于全氟化合物而言，必须根据方法要求配备特殊的样品容器。

（3）样品采集

根据采样点的实际情况和测定目标化合物的性质，选择合适的采水器采集表层水。采水器经表层水冲洗 2～3 次后，所采集的表层水样品转移至样品瓶中。对于新增 POPs 等的中等挥发性和难挥发性的有机物，采集水样并装入样品瓶中充满后拧紧瓶盖。但是，如果被测化合物为易于吸附于样品瓶内壁的疏水性有机物（水中溶解度低于 1 μg/ml）时，不应用样品洗涤样品瓶。另外，为了稳定目标 POPs 在运输和保存过程中不发生化学或物理变化，某些项目的监测在采样现场必须添加还原剂或无机酸、回收率指示物标准溶液时，需要根据分析方法的要求进行样品处理。采集水样的体积和样品个数取决于分析方法和调查、监测项目的种类和数量，还必须考虑预留样品平行测定的要求。

另外，在水质样品采样的同时，现场还必须记录水温、外观、颜色、臭味、夹杂物、油污等信息。

8.2.2.2　沉积物样品

沉积物的采集与水质样品采集的原则性要求是一致的。

（1）采样点位要求

一般来说，沉积物的性状随水流速度不同而不同，为了采集到能够反映采样地点特性的样品，应当尽可能在能够采集到含泥分率高的沉积物的地点采样。另外，江河的沉积物样品布点设在其中心和两个岸边三点位，湖泊和近岸海域以 50 m 间隔的三点位分别采集样品，混匀后作为一个样品。

（2）采样器要求

沉积物采样器包括 Ekman 采泥器或与其等效的采泥器如 SK 式采泥器等，需要采集不同深度沉积物样品时，必须使用柱状采样器。

（3）样品保存容器

针对 POPs 类污染物，一般使用螺口瓶盖的硬质玻璃、硬质塑料广口样品瓶或聚乙烯袋等。但是，无论使用何种容器，必须保证样品容器材料不会释放对目标污染物测定产生影响的物质，并且能够确保调查和监测的目标检测下限。

（4）沉积物采集操作

为了能够反映水体环境中 POPs 污染现状，原则上采集沉积物表层 10 cm 左右的样品，使用 Ekman 采泥器等在单个点位采集 3 次以上的样品。将采集的表层沉积物放入不锈钢材质或珐琅涂层的平底盘中，使用竹片、竹制镊子等轻轻混合，剔除石子、贝壳、动植物碎片等夹杂物。采样的同时，需要记录沉积物温度、外观、颜色、臭味和夹杂物等信息。样品混匀后转移至样品容器中。沉积物采样量和样品个数取决于分析方法和调查、监测项目的种类和数量，还必须考虑预留样品平行测定的要求。

（5）沉积物运输和保存

采集的样品应当放入未受污染、易于运输和搬运的容器中，避光、冷藏或冷冻状态下将样品运输至实验室中。样品运至实验室后，应当尽快进行样品制备和分析。不得已必须保存时，应当将样品放入无污染的冷藏场所中（4℃以下）保存。

如果样品制备实验室与分析实验室为不同的机构，样品制备后水质样品以避光和保温状态、沉积物和生物样品以冷冻状态运送到分析实验室。

（6）现场记录和样品信息记录

现场记录。内容包括采样日期和采样人员，采样点位名称、准确位置（附地图）、一般环境状况、周围设施及其他人类活动的状况、潮汐状况、气象条件、水深、流速和流量，水温、泥温、透明度、水底状态、pH、盐分、溶解氧、色度、臭味和夹杂物等，稳定样品处理、运输和运输条件。

样品信息。包括对测定结果表达所必要的项目或对结果评价有参考意义的项目，最好将样品数据与样品制备信息合并，进行测定、整理和记录。水质样品的悬浮物质量、有机物含量（COD、BOD、TOC 等）、氯离子（或盐分）等信息。沉积物样品的水分含量、热灼减率、泥分率、粒度组成、有机碳含量和硫化物等。

8.2.2.3　土壤样品

按照对土壤中 POPs 或新增 POPs 监测或调查目的不同，所采用的现场方案有所不同。针对污染场地的环境监测应针对环境调查与风险评估、治理修复、工程验收及回顾性评估等各阶段环境管理的目的和要求开展，确保监测结果的代表性、准确性和时效性，在点位选择和现场方案设计时可执行《场地环境监测技术导则》（HJ 25.2—2014）。针对有意生产或使用新增 POPs 的企业周边的环境质量调查，应当执行《土壤环境监测技术规范》（HJ/T 166—2004）。

采集土壤样品有以下要求：

（1）土壤采样器、样品容器的准备和保管。需要使用的采样器、样品容器等需要清洗干净后使用，并且保证其外部不受污染或玷污并进行保管。

（2）确保样品代表性。必须采集与调查或监测目的相一致的代表性样品。

（3）样品的保管和运输。样品采集后为了防止来自外部的污染或样品分解，应当装入能够密封和避光的容器中保存和运输。另外，完成测定的剩余样品应当在冷冻状态下长期保存。

8.2.2.4　环境空气样品

（1）点位设置

环境空气采样点位可以按照以下类型进行选择。①城市，城市环境空气采样点位依据城市功能区细分为中心城市商业区、商贸街区、居住区、工业地带或工业园区等。②农村地区。③山区、近海岸或岛屿等背景区。采样点应当能够反映上述功能区的污染状况，电源配备完好，能够进行长时间样品采集活动。为了掌握调查或监测点及其周边环境空气状况，在点位选择上应当避免特定污染源或直接交通污染的影响。

采样器放置地点原则要求其采样口高于地面 150 cm。但是，当周围有高大建筑物时，作为该区域人群呼吸的大气采样点，采样器可放置在屋顶上。固定采样器所用物品不能使用塑料或橡胶带等化学合成材料，原则上采用电线等金属制品。木材制品上可能涂有防白蚁的药剂等，原则上也应避免使用。采样器附近应不受室内空气或附近排气口的影响。另外，空调室外机可能有制冷剂的泄漏，在放置采样器附近不能有空调的户外设施。一个点位上放置多个采样器时，必须注意采样器自身排气不被其他采样器吸入。

（2）采样器

累计流量计或其他类型的流量计的采样器或采样泵原则要求每年使用基准流量计校准一次，同时基准流量计也需要每年校准或检定一次。校准完成后记录附在采样器上。为了防止采集气体的泄漏，应当定期确认垫片或 O 形圈是否老化，必要时需要定期更换。

8.2.3　样品保存

样品采集结束后，应当在能够保证其稳定性的期间内完成样品前处理和分析，对 POPs 类物质由于在水中稳定性相对较差，原则上应当尽快（约为 1 周时间）进行样品前处理。包括运输过程在内直至样品萃取期间应当在冷藏（4℃）避光条件下保存。POPs 中的疏水性化合物易于附着在水中悬浮颗粒物上，PFCs 等易于吸附在玻璃容器表面，因此，应当严格执行分析方法中的条件要求。

在水中不稳定的化合物在有机溶剂中也有可能发生变化，当多个组分同时分析难以操作时，应当完成样品前处理操作，将最终样品溶液冷藏避光保存。

8.2.4　样品制备

水质样品原则上是分析含有悬浮物的样品，沉积物样品经孔径为 2 mm（8.6 目）的筛进行筛分，离心（3 000 r/min）20 min 除去间隙水，混合均匀后作为样品。另外，制备之后的沉积物样品测定其泥分率（通过筛后的重量/筛分之前的样品重量，%）、水分含量（105～110℃烘干 2 h）及热灼减率（600℃±25℃加热约 2 h）。

8.2.5　实验室内环境和器皿、试剂及材料

（1）实验室内环境

应当在实验开始之前，对进行器皿和耗材的清洗、干燥、保管、样品制备、前处理和分析测定的实验室空气中目标物浓度进行实际测定，确认室内环境污染对样品测定不造成干扰和影响。如果存在干扰，应当查明原因，采取相应的措施排除影响。

（2）器皿和器材

器皿和器材类属于易损物品，应当选择不析出对测定产生干扰的成分，不发生挥发、黏附/吸附和分解等原因引起的组分损失，或可以通过清洗等措施避免上述因素的保证质量和形状合适的产品。清洗干净后的器皿或器材的保管应当根据目标化合物的特点而采取相应的措施。

（3）试剂类

实验中所用试剂质量和纯度应当满足要求，通过实验室空白试验或加标回收率试验，确认是否存在干扰物质。由于试剂中的不纯物、分解物和添加物对测定影响的可能性较高，在记录产品批次号和使用情况的同时，还必须注意在其保管时开封分取后质量的变化。

（4）标准物质（标准溶液）

由于测定结果是基于标准溶液的浓度而得到的，为确保其信赖度，应当尽可能使用可溯源的有证标准物质或标准溶液。如果无法获取有证标准物质，应当使用纯度为 98% 以上的高纯物质或特级物质。准确记录标准物质和标准溶液的厂商、批号、供货商、配制方法和日期等。标准溶液的保管应当注明有效期，使用前应当确认其浓度有无变化。

（5）内标和替代物（回收率指示物）

内标为内标定量法中添加至样品溶液中的标准物质。内标物质是在样品溶液测定之前添加至样品溶液中，补偿修正因进样误差或分析仪器变动导致的偏差。

替代物（回收率指示物）为样品采集时或样品前处理阶段添加的标准物质，用以评价在其加入之后至样品测定过程中分析操作的变动。在使用替代物评价方法的效果时，需注意其回收率达到要求只是样品分析达到质量要求的必要条件，而不是充分条件。由于将替代物加入到样品中的形态和样品中待测化合物不完全一样，因此，替代物回收率能够反映从样品中已经萃取出来的化合物在样品前处理和分析过程中损失的情况，但不一定能够反映样品中待测化合物是否完全被萃取出来。

内标物质和替代物的选择、在全过程中添加的阶段及加入量等是以与目标化合物相区别、样品基体中不存在、分析操作过程中稳定、尽可能与目标化合物性质相近、检测灵敏度高等因素为条件的。GC/MS 和 LC/MS 常常使用 ^{2}H 或 ^{13}C 标记的稳定同位素物质，但是，由于不完全反应残留的非同位素标记物的含量对测定值有重大影响，应当尽可能使用高纯度标准物质，同时正确记录生产商、批号、供应商、配制方法及日期等信息，明确标识配制标准溶液的有效期。

8.2.6　样品萃取和净化

8.2.6.1　样品制备

样品干燥、混合、均质等过程中需要严格避免交叉污染。同时，必须充分考虑到实验室内环境、所使用设备和器皿等外部因素可能带来的污染。

8.2.6.2　样品萃取和净化操作

在样品萃取、净化、浓缩和衍生化等前处理操作过程中，由于个人所掌握的基础知识和熟练程度不同，很容易造成人为的误差。因此，相关实验人员必须充分理解分析方法中的每一个实验步骤和注意事项，正确操作，完成实验过程。每一步操作步骤是否正确可以同空白加标回收率试验来确认。

8.2.7 分析仪器校准

按照实验室标准操作规程（SOP）要求，设定适合样品分析的测定条件和进行校准。此时，除了确认灵敏度、线性及线性范围和仪器稳定性等性能不存在任何问题之外，还应当确认是否存在干扰及其大小、仪器纠错功能是否正常等内容。

8.2.8 分析结果可信度评价

8.2.8.1 仪器性能的波动

每天至少一次定期测定校准曲线中间浓度的标准溶液，比较并确认目标化合物和内标的测定灵敏度是否与校准曲线制作时有较大变动。以目标化合物与内标的信号强度比值作为相对灵敏度，当与校准曲线制作时的相对灵敏度比较超过±20%的范围时，应当查找原因并且排除出现问题的因素，之前测定的样品必须重新测定。气相色谱和液相色谱等分析仪器的色谱柱性能降低而导致保留时间变化时，应当采取相应的措施。但是，如果在比较短的时间内发生保留时间变动（通常情况下保留时间每天超过±5%，与内标的保留时间比超过±2%）时，应当查找原因并且排除影响因素，此前的样品需要重新测定。而由于色谱柱性能恶化导致保留时间长期缓慢地发生变化时，可以采取相应的措施。

8.2.8.2 校准曲线线性确认

校准曲线通常使用 5 个质量浓度的标准溶液制作而成，采用内标定量方法时，应当先求出所用分析仪器固有的相对响应因子（relative response factor，RRF）。分别测定 3 次用于校准曲线制作时的各质量浓度标准溶液，由目标化合物与内标（或回收率指示物）的质量浓度比值和响应信号（峰面积）比值的关系，按照下式计算相对响应因子。

$$RRF = (C_{is}/C_s) \times (A_s/A_{is})$$

式中，C_{is} —— 标准溶液中内标的质量浓度；

C_s —— 标准溶液中目标化合物的质量浓度；

A_s —— 标准溶液中目标化合物的响应值；

A_{is} —— 标准溶液中内标的响应值。

计算标准曲线的各质量浓度标准溶液测定得到的相对响应因子平均值，作为实际样品分析时校准曲线确认的基准，当 RRF 的平均值的相对标准偏差波动超过 5%时，必须检查仪器的设定条件。另外，由校准曲线数据进行最小二乘法一次线性回归时，应当确认其斜率是否符合基准 RRF、截距是否接近零点。如果由于维护保养等原因导致分析仪器运行状况发生变化，或者制备了新的标准溶液时，以相同的标准溶液重复测定计算 RRF，在实际样品测定之前，测定绘制校准曲线时的 2～3 个浓度的标准溶液，分析计算其 RRE 并与基准 RFF 值比较，确认二者相差在 20% 以内。如果超出这一值，需要排查原因之后，再次分析标准溶液并确认 RFF。

实际样品分析开始后，定期测定与样品溶液浓度相近的标准溶液，确认 RRF 值是否在 20% 以内变动。采用 GC/MS 或 LC/MS 方法时，还需要确认目标化合物与内标的保留时间比是否在 0.5% 以内。

如果未计算 RRF 时，每次在实际样品分析时必须同时测定制作校准曲线时的 5 个以上浓度的标准溶液，以浓度比值和响应值比值的关系制作校准曲线。最好在系列分析的开始、中间和结束时制作该校准曲线，确认一次回归直线的斜率变动在 20% 以内。

如果方法中不使用内标或回收率指示物，在实际样品分析时，与上述内容相同，分析测定标准溶液，以目标化合物的浓度与响应值的关系制作校准曲线，即绝对校准曲线法（外标法）。其频率最好为每批次样品 3 次以上，一次回归直线的斜率波动不超过 20%。

8.2.8.3　方法空白试验

实验室空白试验是为了确认样品溶液制备及其向分析仪器中导入过程中引起的玷污，保证测定环境对样品分析无影响，确保分析结果的可靠性。除了不含样品基体外，其试验依照分析方法规定的操作要求进行。如此获得样品溶液中是否有目标化合物检出、如果检出时其浓度水平是否还有其他对测定结果有影响的组分存在等信息必须充分掌握，必要时需要报告该结果。

实验空白值较高时不仅检出限和定量下限值会偏高，而且由于人为因素导致异常值出现的可能性也会很高，使分析结果可靠性降低。为此，应当尽量降低实验空白对分析结果的影响，按照样品浓度单位的换算值制定目标定量下限，并进行质量控制。空白试验频次以 10% 的样品数量或每天一次为妥。

8.2.8.4　检出限和测定下限确认

检出限和测定下限是由分析仪器和分析方法经多次重复测定所得到的分析结果的标准偏差计算得出的，样品测定时的检出限和测定下限值是由实际样品测定时信噪比（S/N 比）推算得出的。

（1）仪器检出限（instrument detection limit，IDL）和定量限（instrument quantification limit，IQL）

由仪器检出限（IDL）判断分析所使用仪器是否满足分析方法所要求的检出限和定量限。IDL 是基于重复测定标准溶液的分析值的波动计算而得，以绘制校准曲线的标准溶液最低浓度（接近定量下限）或信噪比（S/N）的 5～15 倍的标准溶液进行 7 次测定，计算所得结果的标准偏差（S），按照下式计算检出限。

$$IDL = 2 \times S \times t_{(n-1, 0.05)}$$

由于上式是以标准溶液重复测定结果为正态分布为前提，当重复分析结果中判断出现偏离值或异常值时，必须重新调节和校准分析仪器。根据采样量、最终样品溶液体积和注射入色谱仪器中的样品量换算为样品的 IDL，应当确认仪器检出限该 IDL 值低于分析方法的目标检出限。如果不能满足此要求，应当重新调节和校准分析仪器，查明原因并排除干扰因素。另外，当仪器灵敏度无法改善时，应当适当增加样品量和样品溶液浓缩倍数以期达到目标检出限要求。分析仪器的测定下限（IQL）按照上式中标准偏差的 10 倍计算。

$$IQL = 10 \times S$$

（2）方法检出限（method detection limit，MDL）和测定下限

重复测定浓度接近测定下限的样品，将其分析结果换算为样品浓度，以 7 次重复测定结果的标准偏差按照下式计算得到分析方法的检出限。

$$MDL = 2 \times S \times t_{(n-1, 0.05)}$$

式中，MDL 为方法检出限，$t_{(n-1, 0.05)}$ 为置信限 95%、自由度 $n-1$ 的 t 值（单侧），S 为标准偏差。

表 8-2-1　学生 t 分布（置信限 95%）

重复次数（n）	自由度（$n-1$）	$t_{(n-1, 0.05)}$
7	6	1.943
8	7	1.895
9	8	1.860
10	9	1.833

实验室应当确认其 MDL 满足分析方法的目标检出限，如果不能满足，应当重新调节和校准仪器，或者适当增加样品量和提高样品溶液浓缩倍数，记录所有实验过程。由于 MDL 随分析仪器及其操作条件变化而不同，因此，当仪器及使用条件发生变化时，应当重新测定 MDL，并确认其能够满足分析方法的目标检出限。

（1）选择适合 MDL 测定的样品

一般来说，选择用于 MDL 测定的样品应当尽可能不含目标化合物或干扰组分，当样品中目标物含量不明确时，使用与实际样品等量的样品按照方法的前处理操作、样品溶液制备和分析过程进行实际测定。包括实验室空白值、目标物检出浓度低于 5 倍目标检出限，同时未检测出干扰物质，该样品即可作为 MDL 测定用样品。

（2）样品溶液的制备

根据实验室空白及用于 MDL 测定的样品分析结果按照以下要求制备样品溶液。

①实验室空白及 MDL 测定用样品分析结果无目标化合物检出（低于目标检出限）时，在选定样品中添加浓度为 5 倍目标检出限的目标化合物，同时加入相应的替代物（回收率指示物），混合均匀，按照方法前处理、样品溶液制备和分析过程进行测定。由于 MDL 计算基于 7 次以上的重复分析结果，因此要求样品均匀性极为重要，应当保证重复测定的样品量充分，最好定期进行制备。

②实验室空白或用于 MDL 测定的样品中有目标化合物存在时，在浓度低于 5 倍目标检出限的样品中添加目标化合物，使其分析结果为约 5 倍的目标检出限。添加后的实验同上说述。但是，当判断由于目标化合物添加过程导致人为偏差的可能性较高时，应直接选用未添加目标化合物的样品进行测定。另外，当实验室空白试验中检测出目标物，并且其浓度超过 5 倍目标检出限时，无法计算 MDL，应当检查溶剂、试剂、器皿等，排除其影响。

（3）样品溶液分析

按照分析方法要求从样品萃取开始样品前处理、样品溶液制备和测定，得到分析结果。分析方法测定下限（MQL）按照 7 次平行测定分析结果标准偏差 S 的 10 倍计算。

$$MDL=10\times S$$

由于 MDL 和 MQL 随着样品前处理和测定条件不同而变化，因此需要定期进行确认，必须保证日常 MQL 低于目标测定下限。由于样品量和前处理操作浓缩比例不同也会导致 MDL 和 MQL 变化，应当按照实际进行计算。

（4）样品测定时的检出限（practice detection limit，PDL）和测定下限（practice quantification limit，PQL）

实际样品分析中当低于 MDL 的目标物质检测出时，由其色谱图的 S/N 比值推定样品测定时的检出限（PDL）和测定下限（PQL），即分别将 $S/N=3$ 和 $S/N=10$ 时的色谱峰面积代入浓度计算公式中，对应的样品浓度即为 PDL 和 PQL。

无色谱峰检出时，测量色谱峰附近（在 10 倍半峰宽左右的范围内）的基线噪音，以其 2 倍标准偏差作为噪音值（N）。经验来讲，由于测量范围的噪音的最大值和最小值幅度约为 5 倍标准偏差，因此也可以以最大值和最小值之差的 2/5 作为 N。其次，以噪音中间值作为基线，设定 3 倍噪音谱峰峰高，由标准溶液得到该谱峰的半峰宽值，计算其面积并代入浓度计算公式中求得 PDL。同样，设定 $S/N=10$ 的谱峰，与 PDL 相同求得 PQL。

PDL 和 PQL 必须低于 MDL 和 MQL，如何无法满足这一要求，应当确认在样品前处理操作和测定方法等是否存在问题，必要时应当进行再次分析或测定。另外，MDL 测定所用样品的性状，或者分析方法适用范围中的样品性状可能与实际样品有较大差异，可以考虑使用与实际样品性状相近的样品再次测定 MDL。

8.2.8.5　加标回收率试验

一般来说，向样品溶液中添加含目标化合物为方法测定下限 10 倍浓度的标准物质和相应的回收率指示物溶液，以相同分析方法（包括样品前处理、样品溶液配制、仪器分析）进行测定，由目标化合物添加量和分析结果计算其回收率。

在此过程中如果实验空白值较高或样品中含有目标化合物时，以其浓度对回收率不产生影响为原则适当增加标准物质的添加量。回收率结果一般允许范围为 70%~120%，以同位素稀释法测定时，回收率指示物的回收率允许范围为 50%~120%。如果回收率结果远远超出允许的范围，必须在查明原因后重新采集样品或从样品萃取溶液开始重新分析测定。回收率试验应当在实际样品分析前进行测定。另外，使用的器皿、试剂类的制造商或产品批次发生变化时也可能会影响回收率试验的回收率结果，因此也有必要再次进行加标回收率试验确认回收率结果。

8.2.8.6　平行实验

为了确保在样品采集、样品前处理和仪器分析过程的综合可靠性，在相同条件下平行测定 2 个以上相同样品。测定频次为每批次样品抽取 10%，要求目标化合物浓度高于测定下限值的 2 个以上测定结果之差与其平均值之比应当小于 30%。当测定结果之差过高时，应当排查原因后再进行重新测定。

8.2.8.7　运输空白试验

运输空白试验是为了确认在样品采集准备开始直至样品测定结束的全过程中是否存在污染环节而设定的，除了采样环节外，与实际样品完全相同处理和运输并进行测定，得到运输空白结果。如果在样品运输过程中有可能出现玷污或污染时，需要以同批采集样品数的 10%或至少 3 个的运输空白试验。

8.2.9　数据管理和评价

8.2.9.1　异常值和欠测值的处理

当实验空白值较大、平行试验测定结果相差过大和运输空白值较高等问题出现，不能满足质量管理要求时，测定结果的可靠性必将值得怀疑，作为缺失数据处理需要进行重新采样、分析和测定。但是，由于重新测定不仅有大量的实验量、消耗时间和经费，而且由于样品的采集时间不同，在数据分析上将产生一系列问题，影响调查结果的全面评价。

为此，必须注意调查监测全过程充分进行前期检查，尽可能不出现异常值或缺失数据。当出现异常结果或缺失数据时，应对原因进行充分检查并做好实验记录，以保证今后不再发生类似的现象。

8.2.9.2　分析过程记录

从样品采集和运输、样品制备、萃取和净化直至仪器分析测定的所有操作过程应当完整记录、整理和保存，根据提交报告的要求随时准备调阅。

（1）样品采集、保管和运输方法。包括采样装置或器皿的特定状态、校准和操作状态等，采集对象的条件和状况（如采样方法、采样地点和采样日期等），气象条件，容器的处理和曝光状况，运输方法等。

（2）与样品相关的其他信息。包括水质样品的 pH、TOC、悬浮颗粒物浓度等，沉积物样品的外观、臭味、夹杂物、水分和热灼减量等。对环境空气样品还应记录气象参数和对周围环境的描述等。

（3）样品制备的条件和方法。包括水质样品是否过滤及过滤的方式等，沉积物是否除去间隙水及其方法、是否干燥及其方式等。

（4）样品前处理方法。包括对方法偏离、改进及其验证结果，其他特记事项。

（5）样品前处理设备和分析仪器的操作条件及校准、检定记录。包括制造商、仪器编号、运行状态等，维护保养记录。

（6）获得测定结果过程中的各种数据。包括样品量、萃取溶液体积和浓缩倍数等，各种设备和仪器的设定条件等。

8.2.10　质量管理记录

质量管理相关记录包括以下内容。

（1）样品采集和运输、保存的履历。

（2）分析操作过程的记录，包括样品前处理和仪器分析记录；

（3）分析仪器的检出限和定量下限；

（4）分析方法的检出限和定量下限；

（5）样品测定时的检出限和定量下限；

（6）实验室空白结果；

（7）加标回收率试验结果；

（8）平行样品测定结果；

（9）运输空白试验结果；

（10）SOP 中规定的记录内容，包括分析仪器的种类和测定条件、日常维护保养和校准检定记录、有证标准物质和标准溶液履历和配制保存方法、分析仪器灵敏度波动的记录等。

8.2.11 注意事项

8.2.11.1 多溴联苯醚

样品分析开始之前，需要确认是否能够达到以往记录的检出限值，如果未达到检出限值，除了应当考虑增加样品量外，还应当再次检查仪器性能。

由于某些新增 POPs（如 PBDEs）容易发生光降解反应，在实验操作过程中应当避免强光直射，尽可能在避光的条件下进行样品前处理操作，所得到的样品溶液也应当在棕色或避光的容器中低温保存。

水质样品采集之后应当低温避光保存，尽快完成样品萃取过程。同时要注意样品在长期保存过程中由于微生物等的存在形成微生物群落。另外，在前处理时样品中如果存在较多浮游物质时，应当在萃取之前使用玻璃纤维滤纸过滤。之后滤纸用少量二氯甲烷进行超声波萃取（2 次，各 15 min），萃取液与滤液合并后进行萃取。但是，回收率指示物应当在过滤前添加。

由于二氯甲烷沸点低，在浓缩时要注意样品溶液不能干涸。另外，在干涸之前通过多次加入少量正己烷，完成正己烷溶剂转换。在旋转蒸发器浓缩操作时，可以加入 100 μl 壬烷防止样品溶液干涸。

玻璃柱色谱中各硅胶在湿式填充法填充时需注意轻微振动玻璃柱保证填充均匀。同时，用己烷淋洗填充色谱柱时如果观察到气泡时，应当采用氮气等惰性气体向柱内加压，使气泡消失。另外为了防止 PBDEs 发生光分解，在净化过程中填充柱用铝箔等材料避光，或者使用棕色玻璃柱。

采用固相萃取小柱进行固相萃取时，所使用的洗脱液中含有丙酮或二氯甲烷等极性溶剂时，应先将溶剂系统转换为己烷后再进行柱色谱净化。

在进行多层硅胶柱净化时需事先使用 PBDE 标准溶液确认其淋洗曲线特性。

如果空白实验样品中检测出各 PBDE 同类物的结果超过实际样品中其结果的 10%时，原则上此结果不能被采用。同时，应当查明受污染或玷污的原因后，重新进行分析测定。

由于十溴联苯醚（DeBDE）对热和光极为不稳定，当气相色谱进样口温度超过 260℃时易发生热分解反应，因此必须使用 ^{13}C-DeBDE 作为回收率指示物。另外，还可以考虑使用冷柱上进样的方式消除 DeBDE 的热降解。

为了防止仪器分析过程中样品和样品之间的交叉污染，当测定高浓度样品之后，需要使用溶剂作为样品确认是否存在过载现象。

空白实验测定值高时不仅分析灵敏度降低，样品测定值的可靠性也下降。因此，必须尽可能减小空白结果。

8.2.11.2　全氟烷基化合物

由于 PFOS 和 PFOA 有从聚四氟乙烯（Teflon）中释放出来的可能性，因此在实验操作的全过程中尽可能不使用聚四氟乙烯或 Teflon 材质的容器。另外，全氟化合物对热和酸极为稳定，即使采用高温处理也还将有残留。为此，实验所使用的器皿用甲醇充分清洗，确认没有目标化合物色谱峰出现后再使用。

当悬浮物较多时，使用孔径为 1 μm 的玻璃纤维滤纸过滤，过滤后的悬浮颗粒物分别用 10 ml 甲醇萃取 3 次，之后浓缩至 1 ml 左右后并入滤液中。

第9章 结 论

2014 年 3 月 25 日，环境保护部、外交部、国家发展和改革委员会、科学技术部、工业和信息化部、住房和城乡建设部、农业部、商务部、卫生计生委、海关总署、质检总局和安全监管总局共同发布了《关于〈关于持久性有机污染物的斯德哥尔摩公约〉新增列九种持久性有机污染物的〈关于附件 A、附件 B 和附件 C 修正案〉和新增列硫丹的〈关于附件 A 修正案〉生效的公告》（2014 年第 21 号公告），公告指出："2013 年 8 月 30 日，第十二届全国人大常委会第四次会议审议批准《关于持久性有机污染物的斯德哥尔摩公约》（以下简称《公约》）新增列九种持久性有机污染物的《关于附件 A、附件 B 和附件 C 修正案》和新增列硫丹的《关于附件 A 修正案》（以下简称《修正案》）。2013 年 12 月 26 日，我国政府向《公约》保存人联合国秘书长交存我国批准《修正案》的批准书。按照《公约》有关规定，《修正案》将自 2014 年 3 月 26 日对我国生效。"公告要求："各级环境保护、发展改革、工业和信息化、住房城乡建设、农业、商务、卫生计生、海关、质检、安全监管等部门，应按照国家有关法律法规的规定，加强对上述 10 种持久性有机污染物生产、流通、使用和进出口的监督管理。"为此，本研究所开展的新增列 POPs 环境监测技术和质量管理体系研究成果将为之后各级政府和管理部门开展对新增列 POPs 的环境监管中发挥重要作用。

参考文献

[1] 陈社军, 麦碧娴, 曾永平, 等. 珠江三角洲及南海北部海域表层沉积物中多溴联苯醚的分布特征. 环境科学学报, 2005, 25: 1265-1271.

[2] 陈长仁, 赵洪霞, 谢晴, 等. 超声萃取气相色谱质谱法测定松针中的多溴联苯醚. 色谱, 2009, 27: 59-62.

[3] 傅海辉, 黄启飞, 孟昭福, 等. 加速溶剂萃取-气质联用同步测定土壤中 17 组分多溴二苯醚. 环境科学研究, 2012, 25: 599-604.

[4] 何松洁, 李明圆, 金军, 等. 凝胶渗透色谱柱去脂-气相色谱-质谱法测定人血清中新型卤系阻燃剂. 分析化学研究报告[J]. 2012, 40（10）: 1519-1523.

[5] 黄飞飞, 赵云峰, 李敬光, 等. 固相萃取-气相色谱-负化学源质谱法测定人血清中的多溴联苯醚. 色谱, 2011, 29: 743-749.

[6] 刘芃岩, 高丽, 赵雅娴, 等. 分散液相微萃取气相色谱/气相色谱质谱法测定白洋淀水中多溴联苯醚. 分析化学, 2010, 38: 498-502.

[7] 刘潇, 李敬光, 黄飞飞, 等. 气相色谱-质谱法测定人血清中多溴联苯. 色谱[J]. 2012, 30（5）: 468-473.

[8] 刘晓华, 高子, 于红霞. GC-MS 法测定生物样品中多溴联苯醚类化合物. 环境科学, 2007, 28: 1595-1599.

[9] 刘印平, 代澎, 李敬光, 等. 气相色谱-负化学源质谱快速测定母乳中的多溴联苯醚. 色谱, 2008: 687-691.

[10] 饶勇, 毕鸿亮, 孙翠香, 等. 超声波辅助萃取测定土壤中的多溴联苯醚. 环境污染与防治, 2007, 29: 704-707.

[11] 史双昕, 曾良子, 周丽, 等. 江苏经济高速发展城市香樟树皮中的多溴联苯醚. 环境科学, 2011, 32: 2654-2660.

[12] 孙翠香, 高原雪, 刘婷琳, 等. 土壤中十氯酮检测方法研究[J]. 生态环境学报, 2011, 20（4）: 727-729.

[13] 汪洋, 于志强, 罗湘凡, 等. 全二维气相色谱/飞行时间质谱法定性筛查鱼肉组织中含卤有机污染物. 分析化学研究报告[J]. 2012, 40（8）: 1187-1193.

[14] 王杰明, 潘媛媛, 史亚利, 等. 牛奶、母乳中全氟化合物分析方法的研究. 分析试验室. 2009, 28: 33-37.

[15] 王旭亮, 何欢, 李文超, 等. 加速溶剂萃取/凝胶渗透色谱净化/气相色谱-负化学离子源质谱测定生

物样品中的四溴联苯醚. 环境化学, 2011, 30: 1186-1191.

[16] 王亚伟, 张庆华, 刘汉霞, 等. 高分辨气相色谱-高分辨质谱测定活性污泥中的多溴联苯醚. 色谱, 2005, 23: 492-495.

[17] 王亚韡, 蔡亚岐, 江桂斌. 斯德哥尔摩公约新增持久性有机污染物的一些研究进展. 中国科学: 化学, 2010, 40: 99-123.

[18] 吴磊, 谢绍东. 杀虫剂十氯酮的多介质环境行为模拟[J]. 环境污染与防治, 2007, 29: 583-586.

[19] 向彩红, 罗孝俊, 余梅, 等. 珠江河口水生生物中多溴联苯醚的分布. 环境科学, 2006, 27: 1732-1737.

[20] 张向荣, 薛科社. 高效液相色谱法测定沉积物中的多溴联苯醚. 光谱实验室, 2009, 26: 986-989.

[21] 赵欣, 王格慧, 刘树深, 等. 气相色谱离子阱串联质谱法检测大气中的多溴二苯醚. 分析化学, 2008, 36: 137-142.

[22] 赵玉丽, 杨利民, 王秋泉. 脉冲大体积进样-气相色谱/电子捕获负化学离子化-四极杆质谱同时测定28 种卤代持久性有机污染物. 持久性有机污染物论坛 2007 暨第二届持久性有机污染物全国学术研讨会论文集[C].

[23] Kuklenyik Z, Reich J A, Tully J S, et al. Perfluorinated contaminants in fur seal pups and penguin eggs from South Shetland, Antarctica. Sci Total Environ, 2009, 407: 3899-3904.

[24] Wang N, Szostek B, Folsom P W, et al. Aerobic biotransformation of C-14-labeled 8-2 telomer B alcohol by activated sludge from a domestic sewage treatment plant. Environ Sci Technol, 2005, 39: 531-538.

[25] World Health Organization (WHO). Environmental health criteria 152. Polybrominated biphenyls. International Programon Chemical Safety, WHO, Geneva, Switzerland; 1994[S]. http: //www. inchem. org/documents/ehc/ehc/ehc152. htm.

[26] de Boer J, Allchin C, Law R, et al. Method for the analysis of polybrominated diphenyl ethers in sediments and biota. Trends Anal Chem. 2001, 20: 591-599.

[27] Pirard G, Eppe G, Massart AC, et al., Evaluation of GC-MS/MS for determination of PBDEs in fish and shellfish samples. Organohalogen Compd, 2005, 67: 171-174.

[28] Adrian Covacia, Stefan Voorspoelsa, Jacob de Boer. Determination of brominated flame retardants, with emphasis on polybrominated diphenyl ethers (PBDEs) in environmental and human samples—a review. Environment International. 2003, 29: 735-756.

[29] Alaee M, Backus S, Cannon C. Potential interference of PBDEs in the determination of PCBs and other organochlorine contaminants using electron capture detection. J Sep Sci, 2001, 24: 465-469.

[30] Allchin, R. J. Law, S. Morris. Polybrominated diphenylethers in sediments and biota downstream of potential sources in the UK. Environ. Pollut. 1999, 105: 197-207.

[31] Alzaga R., Bayona J. M. Determination of perfluorocarboxylic acids in aqueous matrices by ion-pair solid-phase microextraction-in-port derivatization-gas chromatography-negative ion chemical ionization

mass spectrometry. J Chromatogr A，2004，1042：155-162.

[32] Alzaga R，Salgado-Petinal C，Jover E，et al. Development of a procedure for the determination of perfluorocarboxylic acids in sediments by pressurised fluid extraction，headspace solid-phase microextraction followed by gas chromatographic-mass spectrometric determination [J]. J Chromatogr A，2005，1083：1-6.

[33] ATSDR，1995. Toxicological Profile for Mirex and Chlordecone[EB/ OL]. [2012-05-02]. Agency for Toxic Substances and Disease Registry. http：//www. atsdr. cdc. gov/ toxprofiles/ tp66. pdf.

[34] Barber J L，Berger U，Chaemfa C，et al. Christian Analysis of per- and polyfluorinated alkyl substances in air samples from Northwest Europe. J. Environ. Monit. 2007，9，530-541.

[35] BARRY V，Prakash B，Domino M M，et al. Development of U. S. EPA Method 527 for the Analysis of Selected Pesticides and Flame Retardants in the UCMR Survey. Environ Sci Technol. 2005，39，4996-5004.

[36] Bayen S，Lee H K，Obbard J P. Determination of polybrominated diphenyl ethers in marine biological tissues using microwave-assisted extraction. J Chromatogr A，2004，1035：291-294.

[37] Belisle J，Hagen D F. Method for the determination of perfluorooctanoic acid in blood and other biological samples. Anal Biochem，1980，101：369-376.

[38] Berger U，Haukas M. Validation of a screening method based on liquid chromatography coupled to high-resolution mass spectrometry for analysis of perfluoroalkylated ubstances in biota. J Chromatogr A，2005，1081：210-217.

[39] Berger U，Langlois I，Oehme M，et al. Comparison of three types of mass spectrometer for high-performance liquid chromatography/mass spectrometry analysis of perfluoroalkylated substances and fluorotelomer alcohols. Eur J Mass Spectrom，2004，10：579-588.

[40] Bertrand J，Bodiguel X，Abarnou A，et al. Chlordecone in the marine environment around the French West Indies：From measurement to pollution management decisions[EB/ OL]. [2012-03-18]. ICES Conference and Meeting（CM），2010，Nantes. http：//archimer ifremer. fr/ doc/00014/12511/.

[41] Bjorklund E，Nilsson T，Bøwadt SS. Pressurised liquid extraction of persistent organic pollutants in environmental analysis. Trends Anal Chem. 2000，19：434-445.

[42] Björklund J A，Thuresson K，de Wit C A. Perfluoroalkyl compounds（PFASs） in indoor dust：concentrations，human exposure estimates，and sources. Environ. Sci. Technol.，2009，43，2276-2281.

[43] Bocquené G，Franco A. Pesticide contamination of the coastline of Martinique[J]. Mar Poll Bull，2005，51：612-619.

[44] BooijK，Zegers B N，Boon J P. Levels of some polybrominated diphenyl ether（PBDEs） flame retardants along the Dutch coast as derived from their accumulation in SPMDs and blue mussels（Mytilu sedulis） .

Chemosphere，2002，46：683-688.

[45] Bordeta F C，Thieffinnea A，Malleta J，et al. In-house validation for analytical methods and quality control for risk evaluation of chlordecone in food[J]. Intern J Environ Anal Chem，2007，87：985-998.

[46] B Clarke，N Porter，R Symons，et al. Polybrominated diphenyl ethers and polybrominated biphenyls in Australian sewage sludge. Chemosphere，2008，78，980-989.

[47] Brunet D，Woignier T，Lesueur-Jannoyer M，et al. Determination of soil content in chlordecone （organochlorine pesticide） using near infrared reflectance spectroscopy （NIRS） [J]. Environmental Pollution，2009，157（11）：3120-3125.

[48] Buckler D R，Mayer F L，Huckins J N，et al. Acute and chronic effects of Kepone and mirex on the fathead minnow[J]. Trans Am Fish Soc，1981，110：270-280.

[49] Cabidoche Y M，Achard R，Cattan P，et al. Long-term pollution by chlordecone of tropical volcanic soils in the French West Indies：A simple leaching model accounts for current residue[J]. Environmental Pollution，2009，157（5）：1697-1705.

[50] Cajka T，Hajslová J，Kazda R，Poustka J. Challenges of gas chromatography-high-resolution time-of-flight mass spectrometry for simultaneous analysis of polybrominated diphenyl ethers and other halogenated persistent organic pollutants in environmental samples. J Sep Sci，2005，28：601-611.

[51] Caplan Y H，Thompson B C，Hebb J H. A method for the determination of chlordecone （Kepone） in human serum and blood[J]. J Anal Toxicol，1979，3（5）：202-205.

[52] Chung S W C，Chen B L S. Determination of organochlorine pesticide residues in fatty foods：A critical review on the analytical methods and their testing capabilities[J]. Journal of Chromatography A，2011，1218（33）：5555-5567.

[53] Coat S，Bocquené G，Godard E. Contamination of some aquatic species with the organochlorine pesticide chlordecone in Martinique[J]. Aquat Living Resour，2006，19：181-187.

[54] Coat S，Monti D，Legendre P，et al. Organochlorine pollution in tropical rivers （Guadeloupe）：Role of ecological factors in food web bioaccumulation[J]. Environmental Pollution，2011，159（6）：1692-1701.

[55] Covaci A，Gheorghe A，Voorspoels S，et al. Polybrominated diphenyl ethers，polychlorinated biphenyls and organochlorine pesticides in sediment cores from the Western Scheldt river （Belgium）：Analytical aspects and depth profiles. Environ Int，2005，31：367-678.

[56] Covaci A，Voorspoels S，Ramos L，et al. Recent developments in the analysis of brominated flame retardants and brominated natural compounds. J Chromatogr A，2007，1153：145-171.

[57] Covaci A，Vorspoels S，de Boer J. Determination of brominated flame retardants，with emphasis on polybrominated diphenyl ethers （PBDEs） in environmental and human samples. Environ Int，2003，29：735-756.

[58] Covaci A，Gheorghe A，Steen Redekker E，Schepens P. Distribution of organochlorine and organobromine pollutants in two sediment cores from the Scheldt estuary（Belgium）. Organohalog Compd. 2002b，57：329-332.

[59] Cynthia A. de Wit. An overview of brominated flame retardants in the environment. Chemosphere. 2002，46，583-624.

[60] De Boer J，Allchin C，Law R，et al. Method for the analysis of polybrominated diphenyl ethers in sediments and biota. Trends in Anal Chem，2001，20：591-599.

[61] De Boer J，Cofino WP. First world-wide interlaboratory study on polybrominated diphenylethers（PBDEs）. Chemosphere，2002，46：625-633.

[62] de Boer J，Allchin C，Law R，Zegers B，Booij JP. Method for the analysis of polybrominated diphenyl ethers in sediments and biota. Trends Anal Chem，2001，20：591-599.

[63] de Wit C. An overview of brominated flame retardants in the environment. Chemosphere 2002，46：583-624.

[64] Di Carlo F J，Seiffer J，DeCarlo V J. Environ. Health Perspect，1978，23，351.

[65] EPA METHOD 537 2009. Determination of selected perfuorinated alkyl acids in drinking water by solid phase extraction and liquid chromatography/tandem mass spectrometry（LC/MS/MS）. http：//www. epa. gov/microbes/documents/Method%20537_FINAL_rev1. 1. pdf.

[66] EPA，2009. Toxicological Review of Chlordecone（Kepone） [EB/ OL]. [2012-09-02]. US-EPA Publications EPA/635/ R-07/004F.

[67] Epstein S. Kepone-Hazard Evaluation[J]. Science of the Total Environment，1978，9：1-62.

[68] Fajar NM，Carro AM，Lorenzo RA，et al. Optimization of microwave-assisted extraction with saponification（MAES）for the determination of polybrominated flame retardants in aquaculture samples. Food Addit Contam Part A Chem Anal Control Expo Risk Assess，2008，25：1015-1023.

[69] Fontanals N，Barri T，Bergström S，Jönsson JA. Determination of polybrominated diphenyl ethers at trace levels in environmental waters using hollow-fiber microporous membrane liquid-liquid extraction and gas chromatography-mass spectrometry. J. Chromatogr A，2006，1133：41-48.

[70] Fries G F. CRC Crit. Rev. Toxicol. 1984，16，105.

[71] Fromme H，Schlummer M，Möller A，et al. Exposure of an Adult Population to Perfluorinated Substances Using Duplicate Diet Portions and Biomonitoring Data. Environ Sci Technol. 2007，41：7928-7933.

[72] Gevao B，Semple KT，Jones KC. Bound pesticide residues in soil：a review. Environ Pollut. 2001，108：3-14.

[73] Gilbert E E，Lombardo P，Rumanowski E J，et al. Preparation and insecticidal evaluation of alcoholic analogs of Kepone[J]. J Agr Food Chem，1966，14（2）：111-114.

[74] Gómara B，Herrero L，Bordajandi LR，González MJ. Quantitative analysis of polybrominated diphenyl ethers in adipose tissue，human serum and foodstuff samples by gas chromatography with ion trap tandem mass spectrometry and isotope dilution. Rapid Commun Mass Spectrom，2006，20：69-74.

[75] Goodman L R，Hansen D J，Manning C S，et al. Effects of Kepone on the sheepshead minnow in an entire life-cycle toxicity test[J]. Archives of Environmental Contamination and Toxicology，1982，11：335-342.

[76] Goosey E，Harrad S. Perfluoroalkyl substances in UK indoor and outdoor air：Spatial and seasonal variation，and implications for human exposure. Environ. Int. 2012，45：86-90.

[77] Guldner L，Multigner L，Héraud F，et al. Pesticide exposure of pregnant women in Guadeloupe：Ability of a food frequency questionnaire to estimate blood concentration of chlordecone[J]. Environmental Research，2010，110（2）：146-151.

[78] Guzelian P S. The clinical toxicology of chlordecone as an example of toxicological risk assessment for man[J]. Toxicology Letters，1992，64/65：589-596.

[79] Hansen K J，Clemen L A，Ellefson M E，Johnson H O. Compound-specific，quantitative characterization of organic fluorochemicals in biological matrices. Environ Sci Technol，2001，35：766-770.

[80] Hansen K J，Clemen L A，Ellefson M E，Johnson H O. Development of a solid-phase extraction-HPLC/ single quadrupole MS method for quantification of perfluorochemicals in whole blood. Anal Chem，2005，77：864-870.

[81] Harada K，Nakanishi S，Sasaki K，Furuyama K，Nakayama S，Saito N，Yamakawa K，Koizumi A. Particle size distribution and respiratory deposition estimates of airborne：perfluorooctanoate and perfluorooctanesulfonate in Kyoto Area，Japan Bull. Environ. Contam. Toxicol. 2006，76：306-310.

[82] Harless R L，Harris D E，Sovocool G W，et al. Mass spectrometric analyses and characterization of Kepone in environmental and human samples[J]. Biomed Mass Spectrom，1978，5（3）：232-237.

[83] Harris R L，Huggett R J，Slone H D. Determination of dissolved Kepone by direct addition of XAD-2 resin to water[J]. Anal Chem，1980，52（4）：779-780.

[84] Hartonen K，Bowadt S，Hawthorne S B，Riekkola M L. Supercritical fluid extraction with solid phase trapping of chlorinated and brominated pollutants from sediment samples. J Chromatogr，A 1997，774：229-242.

[85] Hekster F M，Laane R，De Voogt P. Environmental and toxicity effects of perfluoroalkylated substances. Rev Environ. Contam. Toxicol.，179，2003，179：99-121.

[86] Herzke，D，Nygård T，Berger U，et al. Perfluorinated and other persistent halogenated organic compounds in European shag（Phalacrocorax aristotelis）and commoneider（Somateria mollissima）from Norway：A suburban to remote pollutant gradient. Sci. Total Environ. 2009，408，340-348.

[87] Higgins C P，Field J A，Criddle C S，et al. Quantitative determination of perfluorochemicals in sediments

and domestic sludge. Environ Sci Technol, 2005, 39: 3946-3956.

[88] Hodgson D W, Kantor E J, Mann J B. Analytical methodology for the determination of Kepone residues in fish, shellfish, and Hi-Vol air filters[J]. Archives of Environmental Contamination and Toxicology, 1978, 7 (1): 99-112.

[89] Holm A, Wilson S R, Molander P, et al. Determination of perfluorooctane sulfonate and perfluorooctanoic acid in human plasma by large volume injection capillary column switching liquid chromatography coupled to electrospray ionization mass spectrometry. J Sep Sci. 2004, 27: 1071-1079.

[90] Huckins J N, Stalling D L, Petty J D, et al. Fate of Kepone and mirex in the aquatic environment[J]. J Agric Food Chem, 1982, 30 (6): 1020-1027.

[91] Huggett R J, Bender M E. Kepone in the James River[J]. Environ Sci Technol, 1980, 14 (8): 918-923.

[92] Ingelido AM, Ballard T, Dellatte E, et al. Polychlorinated biphenyls (PCBs) and polybrominated diphenyl ethers (PBDEs) in milk from Italian women living in Rome and Venice. Chemosphere, 2007, 67: 301-306.

[93] IPCS, 1984. Environmental Health Criteria 43 (EHC 43): Chlordecone[EB/ OL]. [2012-03-10]. IPCS International Programme on Chemical Safety. United Nations Environment Programme. International Labour Organisation. World Health Organization. Geneva 1990. http: //www. inchem. org/ documents/ ehc/ ehc/ ehc43. htm.

[94] ISO 25101: 2009. Water quality—Determination of perfluorooctanesulfonate (PFOS) and perfluorooctanoate (PFOA)—Method for unfiltered samples using solid phase extraction and liquid chromatography/mass spectrometry.

[95] Jahnke A, Huber S, Temmea C, et al. Development and application of a simplified sampling method for volatile polyfluorinated alkyl substances in indoor and environmental air. J. Chromatography A. 2007, 1164: 1-9.

[96] Jansson B, Andersson R, Asplund L, et al. Chlorinated and brominated persistent organic compounds in biological samples from the environment. Environ. Toxicol. Chem. 12, 1163-1174.

[97] Jaward FM, Zhang G, Nam JJ, et al. Passive air sampling of polychlorinated biphenyls, organochlorine compounds, and polybrominated diphenyl ethers across Asia. Environ Sci Technol, 2005, 39: 8638-8645.

[98] Jensen S, Renberg L, Reutergardh L. Residue analysis of sediment and sewage sludge for organochlorines in the presence of elemental sulfur. Anal Chem. 1997, 49: 316-318.

[99] Gieroń J, Grochowalski A, Chrzaszcz R. PBB levels in fish from the Baltic and North seas and in selected food products from Poland. Chemosphere. 2010, 78: 1272-1278.

[100] Gieroń J, Grochowalski A, Chrzaszcz R. Distribution and levels of brominated flame retardants in sewage sludge. Chemosphere 2002, 48: 805-809.

[101] Karlsson M，Ericson I，Van BB，et al. Levels of brominated flame retardants in Northern Fulmar （Fulmarus glacialis） eggs from the Faroe Islands. Sci Total Environ. 1993，367：840-846.

[102] Kaserzon S L，KennedyK，Hawker D W，et al. Development and Calibration of a Passive Sampler for Perfluorinated Alkyl Carboxylates and Sulfonates in Water. Environ. Sci. Technol.，2012，46：4985-4993.

[103] Kemmlein S. Polybromierte Flammschutzmittel：Entwicklung eines Analyseverfahrens und Untersuchung und Bewertung der Belastungssituation ausgewa"hlter Umweltkompartimente. PhD Thesis. Technical University of Berlin，Germany. 2000.

[104] Kudo N，Bandai N，Kawashima Y. Determination of perfluorocarboxylic acids by gas-liquid chromatography in rat tissues. Toxicology Letters，1998，99：183-190.

[105] Kuklenyik Z，Needham L L，Calafat A M. Measurement of 18 perfluorinated organic acids and amides in human serum using on-line solid-phase extraction. Anal Chem. 2005，77：6085-6091.

[106] Kuklenyik Z，Reich J A，Tully J S，et al. Automated solid-phase extraction and measurement of perfluorinated organic acids and amides in human serum and milk. Environ Sci Technol，2004，38：3698-3704.

[107] Lagalante AF，Oswald TD. Analysis of polybrominated diphenyl ethers （PBDEs） by liquid chromatography with negative-ion atmospheric pressure photoionization tandem mass spectrometry （LC/NI-APPI/MS/MS）：Application to house dust. Anal Bioanal Chem，2008，39：2249-2256.

[108] Larsen B S，Kaiser M A. Challenges in perfluorocarboxylic acid measurements. Anal Chem，2007，79：3966-3973.

[109] Larson P S，Egle Jr J L，Hennigar G R，et al. Acute，subchronic，and chronic toxicity of chlordecone[J]. Toxicology and Applied Pharmacology，1979，48（1）：29-41.

[110] Lau C，Anitole K，Hodes C，et al. Perfluoroalkyl acids：A review of monitoring and toxicological findings. Toxicol Sci，2007，99：366-394.

[111] Lau C，Butenhoff J L，Rogers J M. The developmental toxicity of perfluoroalkyl acids and their derivatives. Toxicol Appl Pharmacol，2004，198：231-241.

[112] Lee SJ，Ikonomou MG，Park H，Baek SY，Chang YS. Polybrominated diphenyl ethers in blood from Korean incinerator workers and general population. Chemosphere，2007，67：489-497.

[113] Li YY，Wei H，Hu J，et al. Dispersive liquid-liquid microextraction followed by reversed phase-high performance liquid chromatography for the determination of polybrominated diphenyl ethers at trace levels in landfill leachate and environmental water samples. Anal Chim Acta，2008，615：96-103.

[114] Zhu LY，Hites RA. Brominated flame retardants in sediment cores from Lakes Michigan and Erie. Environ Sci Technol 39，3488-3494.

[115] Llorca PJ，Martínez SG，Alvarez B，et al. Analysis of nine polybrominated diphenyl ethers in water

samples by means of stir bar sorptive extraction-thermal desorption-gas chromatography-mass spectrometry. Anal Chim Acta，2006，569：113-118.

[116] Luellen D R，Vadas G G，Unger M A. Kepone in James River fish：1976—2002[J]. Science of the Total Environment，2006，358（1/3）：286-297.

[117] Luross，L Alaee M，Sergeant DB，et al. Spatial distribution of polybrominated diphenyl ethers and polybrominated biphenyls in lake trout from the Laurentian Great Lakes. Chemosphere. 2002，46，665-672.

[118] Polo M，Gómeznoya G，Quintana JB，et al. Development of a solid-phase microextraction gas chromatography/ tandem mass spectrometry method for polybrominated diphenyl ethers anal polybrominated biphenyls in water samples. Anal Chem. 2004，76，1054-1062.

[119] Wang M S，Chen S J，Lai Y C，et al. Characterization of persistent organic pollutants in ash collected from different facilities of a municipal solid waste incinerator. Aerosol and Air Quality Research，10：391-402，2010.

[120] Martin J W，Kannan K，Berger U，et al. Peer Reviewed：Analytical Challenges Hamper Perfluoroalkyl Research. Environ Sci Technol，2004，38：248A-255A.

[121] Moseman R F，Crist H L，Edgerton T R，et al. Electron capture gas chromatographic determination of Kepone residues in environmental samples[J]. Archives of Environmental Contamination and Toxicology，1977，6（1）：221-231.

[122] Nichols M. Sedimentologic fate and cycling of Kepone in an estuarine system：example from the James River estuary[J]. Sci Total Environ，1990，97/98：407- 440.

[123] NTP. 2012. CAS Registry Number：143-50-0 Toxicity Effects[EB/ OL]. [2012-04-12]. US Department of Health and Human Services，Testing Information，National Toxicology Program. http：//ntp. niehs. nih. gov/.

[124] NTP. 2011. Report on Carcinogens Twelfth Edition [EB/ OL]. [2012-02-20]. US Department of Health and Human Services，Public Health Service，National Toxicology Program 250p. http：//ntp. niehs. nih. gov/ ntp/ roc/ twelfth/ roc12. pdf.

[125] Olsen GW，Burris JM，Mandel JH，Zobel LR. Serum perfluorooctane sulfonate and hepatic and lipid clinical chemistry tests in fluorochemical production employees. J Occup Environ Med，1999，41：799-806.

[126] Morris PJ，Iii JFQ，Tiedje JM，Boyd SA. 1993. An Assessment of the reductive debromination of polybrominated biphenyls in the Pine River Reservoir. Environ Sci Technol，1993，27：1580-1586.

[127] Pan Y Y，Shi Y L，Cai Y Q. Determination of perfluorinated compounds in human blood Samples by High Performance Liquid Chromatography-Electrospray Tandem Mass Spectrometry. Chinese Journal of Anal

Chem，2008，36：1321-1326.

[128] Pirard C，Pauw ED，Focant JF. Suitability of tandem-in-time mass spectrometry for polybrominated diphenylether measurement in fish and shellfish samples：Comparison with high resolution mass spectrometry. J Chromatogr A，2006，1115：125-132.

[129] Reuber M D. Carcinogenicity of kepone[J]. J Toxicol Environ Health，1978，4：895-911.

[130] Robert F，Swarthout J，John R，Kucklick，Clay D. The determination of polybrominated diphenyl ether congeners by gas chromatography inductively coupled plasma mass spectrometry. J Anal Atom Spectrom，2008，23：1575-1580.

[131] Saito K，Sjodin A，Sandau CD，et al. Development of a accelerated solvent extraction and gel permeation chromatography analytical method for measuring persistent organohalogen compounds in adipose and organ tissue analysis. Chemosphere，2004，57：373-381.

[132] Saleh F Y，Lee G F. Analytical methodology for Kepone in water and sediment[J]. Environ Sci Technol，1978，12：297-301.

[133] Schimmel S C，Wilson A J. Acute toxicity of Kepone to four estuarine animals[J]. Chesapeake Sci，1977，18：224-227.

[134] Schroder H F. Determination of fluorinated surfactants and their metabolites in sewage sludge samples by liquid chromatography with mass spectrometry and tandem mass spectrometry after pressurised liquid extraction and separation on fluorine-modified reversed-phase sorbents [J]. J Chromatogr A，2003，1020：131-151.

[135] Schultz M M，Barofsky D F，Field J A. Quantitative determination of fluorinated alkyl substances by large-volume-injection liquid chromatography tandem mass spectrometry - Characterization of municipal wastewaters. Environ Sci Technol，2006，40：289-295.

[136] Seurin S，Rouget F，Reninger J C，et al. Dietary exposure of 18-month-old Guadeloupian toddlers to chlordecone[J]. Regulatory Toxicology and Pharmacology，2012，63：471-479.

[137] Shoeib M，Harner T，Lee S C，et al. Sorbent-impregnated polyurethane foam disk for passive air sampling of volatile fluorinated chemicals. Anal Chem. 2008，80：675-82.

[138] Shoeib M，Harner T，Webster G M，Lee S C. Indoor sources of poly- and perfluorinated compounds（PFASs）in Vancouver，Canada：implications for human exposure. Environ Sci Technol. 2011，45：7999-8005.

[139] Shoeib M，Harner T. Characterization and comparison of three passive air samplers for persistent organic pollutants. Environ Sci Technol，2002，36：4142-4151.

[140] Smedes F，de Boer J. Determination of PCBs in sediments—analytical methods. Trends Anal Chem. 1997，16：503-17.

[141] Söderström HS，Bergqvist PA. Passive air sampling using semi- permeable membrane devices at different wind-speeds in situ calibrated by performance reference compounds. Environ Sci Technol，2004，38：4828-4834.

[142] Stock N L，Furdui V I，Muir D C G，et al. Perfluoroalkyl contaminants in the Canadian arctic：Evidence of atmospheric transport and local contamination. Environ Sci Technol，2007，41：3529-3536.

[143] Susan D. Richardson. Environmental Mass Spectrometry：Emerging Contaminants and Current Issues. Anal. Chem 2004. 76，3337-3364.

[144] Sweetser P B. Decomposition of organic fluorine compounds by wickbold oxyhydrogen flame combustion method. Anal Chem，1956，28：1766-1768.

[145] Tan J，Cheng SM，Loganath A，et al. Polybrominated diphenyl ethers in house dust in Singapore. Chemosphere，2007，66：985-992.

[146] Taniyasu S，Kannan K，So M K，et al. Analysis of fluorotelomer alcohols，fluorotelorner acids，and short- and long-chain perfluorinated acids in water and biota. J Chromatogr A，2005，1093：89-97.

[147] Thomsen C，Leknes H，Lundanes E，Becher G. A new method for determination of halogenated flame retardants in human milk using solidphase extraction. J Anal Toxicol. 2002，26：129-138.

[148] Thomsen C，Lundanes E，Becher G. Brominated flame retardants in plasma samples from three different occupational groups in Norway. J Environ Monit. 2001，3：366-370.

[149] Tomy G T，Tittlemier S A，Palace V P，et al. Biotransformation of N-ethyl perfluorooctanesulfonamide by rainbow trout（Onchorhynchus mykiss） liver microsomes. Environ Sci Technol，2004，38（3）：758-762.

[150] Tuulia Hyotylainen，Kari Hartonen. Determination of brominated fame retardants in environmental samples. Trends in analytical chemistry，2002，21（1）.

[151] U. S. Agency for Toxic Substances and Disease Registry（USATSDR）. Toxicological Profile for Polybrominated Biphenyls and Polybrominated Diphenyl Ethers（PBBs and PBDEs），Atlanta，GA，2004[S]. http：PPwww. atsdr. cdc. gov/Ptoxprofiles/tp68. html.

[152] UNEP. 2007. Report of the Persistent Organic Pollutants Review Committee on the work of its third meeting[EB/ OL]. [2012-4-25]. Revised risk profile on chlordecone. UNEP/ POPS/ POPRC. 3/20/ Add. 10. http：//www. pops. int/ documents/ meetings/ poprc/ POPRC3/ POPRC3_Report_e/ POPRC3_Report_add10_e. pdf.

[153] US EPA Method 1614：Brominated diphenyl ethers in water soil，sediment and tissue by HRGC/HRMS. United States Environmental Protection Agency.

[154] US EPA Method3545：Pressurized Fluid Extraction（PFE），United States Environmental Protection Agency.

[155] Vetter W, Recke RVD, Herzke D, Nygård T. Detailed analysis of polybrominated biphenyl congeners in bird eggs from Norway. Environ Pollut, 2008, 156: 1204-1210.

[156] Vetter W, Rv R, Symons R, Pyecroft S. Determination of polybrominated biphenyls in Tasmanian devils (Sarcophilus harrisii) by gas chromatography coupled to electron capture negative ion tandem mass spectrometry or electron ionisation high-resolution mass spectrometry. Rapid Commun Mass Spectrom. 2008, 22: 4165-4170.

[157] Von der Recke, W Vetter. Congener pattern of hexabromobiphenyls in marine biota from different proveniences. Sci Total Environ. 2008, 393: 358-366.

[158] Von der Recke, W Vetter l. Anaerobic transformation of polybrominated biphenyls with the goal of identifying unknown hexabromobiphenyls in Baltic cod liver. Chemosphere, 2008, 71: 352-359.

[159] Wang B, Iino F, Yu G, et al. HRGC/ HRMS analysis of mirex in soil of Liyang and preliminary assessment of mirex pollution in China[J]. Chemosphere, 2010, 79: 299-304.

[160] Wang M. S, Chen SJ, Huang KL, et al. Determination of Levels of Persistent Organic Pollutants (PCDD/Fs, PBDD/Fs, PBDEs, PCBs, and PBBs) in Atmosphere near a Municipal Solid Waste Incinerator. Chemosphere, 2009. Minor Revision.

[161] Wang P, Zhang QH, Wang YW, et al. Evaluation of soxhlet extraction, accelerated solvent extraction and microwave-assisted extraction for the determination of polychlorinated biphenyls and polybrominated diphenyl ethers in soil and fish samples. Anal Chim Acta, 2010, 663: 43-48.

[162] Watanabe, Senthilkumar K, Masunaga S, et al. Brominated organic contaminants in the liver and egg of the common cormorants (Phalacrocorax carbo) from Japan. Environ Sci. Technol. 2004, 38: 4071-4077.

[163] Wilford BH, Hamer T, Zhu JP, et al. Passive sampling survey of polybrominated diphenylether flame retardants in indoor and outdoor air in Ottawa, Canada: implications for sources and exposure. Environ Sci Technol, 2004, 38: 5312-5318.

[164] Xiao Q, Hu B, Duan JK, et al. Analysis of PBDEs in soil, dust, spiked lake water, and human serum samples by hollowfiber-liquid phase microextraction combined with GC-ICP-MS. J Am Soc Mass Spectrom, 2007, 18: 1740-1748.

[165] Yamashita N, Kannan K, Taniyasu S, et al. Analysis of perfluorinated acids at parts-per-quadrillion levels in seawater using liquid chromatography-tandem mass spectrometry. Environ Sci Technol, 2004, 38: 5522-5528.

[166] Ye X, Strynar M J, Nakayama S F, et al. Perfluorinated compounds in whole fish homogenates from the Ohio, Missouri, and Upper Mississippi Rivers, USA. Environ Pollut, 2008, 156: 1227-1232.

[167] Yeung L W, Miyake Y, Taniyasu S, et al. Perfluorinated compounds and total and extractable organic fluorine in human blood samples from China. Environ Sci Technol, 2008, 42 (21): 8140-8145.

[168] Ylinen M，Hanhijärvi H，Peura P，Rämö O. Quantitative gas-chromatographic determination of perfluorooctanoic acid as the benzyl ester in plasma and urine. Arch Environ Contam Toxicol，1985，14：713-717.

[169] Zhang X，Niu H，Pan Y，et al. Chitosan-coated octadecyl-functionalized magnetite nanoparticles：preparation and application in extraction of trace pollutants from environmental water samples. Anal Chem，2010，82：2363-2371.

[170] Zhao H X，Chen J W，Quan X，et al. Octanol-air partition coefficients of polybrominated biphenyls. Chemosphere，2009，74：1490-1494.

[171] Zhu L Y，Hites R A. Brominated flam eretardants in sediment cores from lakes Michigan and Erie. Eviron Sci Technol，2005，39：3488-3494.

[172] Zitko. The accumulation of polybrominated biphenyls by fish. Bull Environ Contam Toxicol. 1977，17：285-292.